普通高等教育土木与交通类"十四五"精品教材

环境岩土工程学概论

主 编 朱才辉

副主编 王松鹤 佘芳涛

中国水利水电出版社
www.waterpub.com.cn
·北京·

内 容 提 要

　　本书着重介绍了环境岩土工程的基本概念、基本理论和方法。本书共分7章，主要内容包括绪论、工程环境问题、地震环境问题、地质环境问题、地水环境问题、施工环境问题、固废环境问题等，概述了各类岩土工程问题对环境的影响机制及所采取的措施，涵盖了高层建筑地基、深基坑施工、桩基础施工、强夯施工、地下掘进施工，边坡工程、地下洞室工程、高填方工程、古建筑保护工程，特殊土、特殊地区、区域性地面沉降，地震、地表水、污染土、水土流失、生态修复、地下水、垃圾土、放射性废弃物等环境岩土工程相关领域。

　　本书适用于高等院校岩土工程、地下工程、水利水电工程等专业教学，也可供相关专业工程技术人员参考。

图书在版编目（ＣＩＰ）数据

环境岩土工程学概论 / 朱才辉主编. -- 北京 ： 中国水利水电出版社，2022.6
普通高等教育土木与交通类"十四五"精品教材
ISBN 978-7-5226-0354-4

Ⅰ. ①环… Ⅱ. ①朱… Ⅲ. ①环境工程－岩土工程－高等学校－教材 Ⅳ. ①TU4

中国版本图书馆CIP数据核字(2021)第279879号

书　　名	普通高等教育土木与交通类"十四五"精品教材 **环境岩土工程学概论** HUANJING YANTU GONGCHENGXUE GAILUN
作　　者	主编　朱才辉　副主编　王松鹤　佘芳涛
出版发行	中国水利水电出版社 （北京市海淀区玉渊潭南路1号D座　100038） 网址：www.waterpub.com.cn E-mail：sales@mwr.gov.cn 电话：(010) 68545888（营销中心）
经　　售	北京科水图书销售有限公司 电话：(010) 68545874、63202643 全国各地新华书店和相关出版物销售网点
排　　版	中国水利水电出版社微机排版中心
印　　刷	清淞永业（天津）印刷有限公司
规　　格	184mm×260mm　16开本　15印张　365千字
版　　次	2022年6月第1版　2022年6月第1次印刷
印　　数	0001—2000册
定　　价	**58.00元**

前　言

岩土工程带来的环境问题已成为全球问题，环境变迁的主要原因是人口大集中、城市建设大发展带来急剧的施工扰动、膨胀的人口密度、堆积如山的城市垃圾、剧增的"工业三废"等，还有交通建设对道路沿线的自然环境、生态环境、生活环境及景观环境带来影响，从而产生一系列环境问题，如：空气污染，噪声污染，路基挖填引起的崩塌、滑坡，弃土倾入河谷使河床变窄引发山洪、泥石流，路面对植被的破坏使土地荒漠化、水土流失加剧等。

近年来，随着人类对环保理念的广泛关注，环境岩土工程学已成为一个新兴的交叉学科，但各行业对其理解和定义存在较大的分歧，总体上，对环境岩土工程的共识是：将岩土工程的学科理论、方法和技术应用于实践中，服务于环境保护和治理。环境岩土工程领域新课题如垃圾土利用与处置、放射性废弃的处置等正处于深入研究阶段；同时老课题的研究方法在同步拓展与深入，如震害、滑坡、地面变形等也在从环境保护的角度给予新的审视，将环境地质学、环境工程地质学以及其他环境科学中的新成果与岩土工程的技术和方法相结合，正在逐渐形成自己的体系和特色。

基础设施建设的蓬勃发展是国民经济发展中不可或缺的推动力量，从而带动了岩土工程的广泛应用，但是许多岩土工程对环境的影响日益凸显，这促使环境岩土工程学科逐渐兴起。环境岩土工程问题归纳起来主要包括以下 7 类：①工程环境问题；②地震环境问题；③地质环境问题；④地水环境问题；⑤施工环境问题；⑥固废环境问题；⑦生态环境问题。上述问题产生的主要原因包括：①过度开采岩土资源问题，人类对地球资源的无止境的掠夺已使人类赖以生存的环境资源严重退化；②城市化进程中人口密集、垃圾处置、建筑物堆载、地下空间开发、地下水变化等诱发的局部和区域性地面隆沉问题；③自然灾害问题诱发的地震、滑坡、洪水、泥石流、气候变暖、冻土融化、海平面上升、海水回灌、土壤盐渍化、沼泽化、建（构）筑物破坏等。上述问题是环境岩土工程研究领域的新内容，从立足于系统科学的角度来看，环境岩土工程是围绕岩土工程实施这个中心，探讨环境与岩土工程的内在联系，为人类的岩土工程实施提供理论支撑，从而实现岩土工程建设与环境保护的协调和可持续发展。面临上述问题，国家和地区应结合实际情况：建立岩土资源合理开发利用的科学管理制度；完善城市地下空间资源开发利用风险评估机制及设计标准；建立完善地质灾害的预警体系；树立环保意识，采取科学、有效的措施，着力缓解和控制全球气候变暖进程，合理规划，科学施工，防患于未然。

总之，环境岩土工程带领我们以更广阔的视角，站在更高的层次去研究岩土工程，从而使其更科学、安全、环保，为我们创造更为健康的生存和发展环境。

本书内容主要侧重于环境岩土工程学的基本概念和基本原理，适合于本科教学及工程技术人员参考之用。本书第 1 章绪论，由朱才辉编写，介绍了与环境岩土工程相关的分支学科环境学、环境科学、环境工程学的相互关系、特点及其发展趋势；第 2 章介绍了工程环境问题，由朱才辉编写，主要包括地基工程、边坡工程、洞室工程和高填方工程的环境岩土问题；第 3 章介绍了地震环境问题，由王松鹤编写，主要包括地震特性、地震环境的评价方法、岩土体的地震稳定性分析方法及改善地震环境的对策；第 4 章介绍了地质环境问题，由朱才辉编写，包括特殊土类、特殊地区条件下的环境岩土工程问题；第 5 章介绍了地水环境问题，由朱才辉、佘芳涛编写，主要包括地面水、地下水、污染土、黄土地区水土流失、生态防护技术、植被护坡理论及区域性地面沉降的环境岩土问题；第 6 章介绍了施工环境问题，由朱才辉编写，主要包括深基坑开挖、打桩、强夯、盾构施工、地下施工对古建筑影响评估及保护措施的环境岩土问题；第 7 章介绍了固废环境问题，由朱才辉编写，主要包括垃圾土及放射性废弃物特征及处置方法的环境岩土问题。

本书编写单位及编写人员在前期的教学、科研及工程咨询中积累了较为丰富的理论和工程经验，且有大量的工程背景知识和多维度的专业背景，西安理工大学的谢定义先生、陈存礼教授、邵生俊教授、李宁教授等对本书的完善提出了宝贵的意见和建议，在此表示衷心的感谢！本教材在编写过程中，参阅了大量专家学者的著作、论文及相关规范，在此对所有同行及专家表示诚挚的谢意！研究生彭森、杨奇强、刘高阳、邱嵩等在本教材的资料收集、插图绘制、文稿编排工作中付出了辛勤劳动，在此表示感谢！

由于时间仓促和水平所限，错误或疏漏之处在所难免，期望同行专家及读者提出批评意见和建议，以便在再版中予以完善，作者对此表示衷心感谢！

编者

2021 年 3 月

目　录

前言

第1章　绪论 ……………………………………………………………… 1

1.1　环境与环境科学 ……………………………………………………… 4

1.2　环境工程学与环境岩土工程学 ……………………………………… 8

1.3　环境岩土工程的发展 ………………………………………………… 12

第2章　工程环境问题 …………………………………………………… 16

2.1　概述 …………………………………………………………………… 16

2.2　高层建筑地基问题 …………………………………………………… 17

2.3　边坡工程问题 ………………………………………………………… 26

2.4　洞室工程问题 ………………………………………………………… 35

2.5　高填方工程问题 ……………………………………………………… 56

第3章　地震环境问题 …………………………………………………… 78

3.1　概述 …………………………………………………………………… 78

3.2　地震环境的评价 ……………………………………………………… 83

3.3　岩土体的地震稳定性分析 …………………………………………… 92

3.4　增强岩土体地震稳定性的工程对策 ………………………………… 95

第4章　地质环境问题 …………………………………………………… 98

4.1　概述 …………………………………………………………………… 98

4.2　特殊土类条件下的环境问题 ………………………………………… 98

4.3　特殊地区条件下的环境问题 ………………………………………… 126

第5章　地水环境问题 …………………………………………………… 145

5.1　概述 …………………………………………………………………… 145

5.2　地面水环境问题 ……………………………………………………… 145

5.3　地下水环境问题 ……………………………………………………… 163

第6章　施工环境问题 …………………………………………………… 176

6.1　概述 …………………………………………………………………… 176

6.2　深基坑施工环境问题 ………………………………………………… 177

6.3　打桩施工环境问题 …………………………………………………… 178

6.4　强夯施工环境问题 …………………………………………………… 179

6.5　盾构施工环境问题 …………………………………………………… 181

6.6　地下施工对古建筑影响问题 ………………………………………… 200

第 7 章　固废环境问题·· 208

　7.1　概述 ·· 208

　7.2　城市垃圾环境问题·· 211

　7.3　放射性废弃物环境问题·· 223

参考文献 ·· 228

第1章 绪 论

自工业革命以来，技术飞跃的同时也带来了环境灾害问题，除了人类各类生活、生产、工程活动导致的"工业三废"污染、水污染、土壤污染、空气污染等环境岩土工程问题外，人类其他活动（开挖卸载工程、堆载工程、固土工程、有害物储藏工程）、不良地质（各类特殊土及特殊地区）、自然灾害（温室效应、海平面上升、冰山融化、洪涝、干旱、地震、海啸、飓风、沙尘暴、滑坡、泥石流、水土流失）等诱发的局部区域环境岩土工程问题也在逐年加剧，目前已对人类的生存环境带来了巨大的灾难性后果。因此，研究环境与环境科学，探索环境工程与环境岩土工程之间的内在联系，为岩土工程和环境保护之间搭建桥梁，是环境岩土工程学要解决的关键科学问题。本书拟从工程环境问题、地震环境问题、地质环境问题、地水环境问题、施工环境问题和固废环境问题几个方面着手展开讨论。

（1）工程环境问题。主要包括：高层建筑地基问题、边坡工程问题、洞室工程问题和高填方工程问题。

1）高层建筑地基问题。随着设计、施工、勘察、管理等水平的提高，"智慧建造"的概念日益成为现代化超高层建筑的核心技术，高层建筑也越来越受到青睐，成为各个国家展示经济实力的标志。然而，高层建筑也必然存在深基坑施工带来的环境岩土工程问题。深基坑施工期间，由于管理不善、天气、堆载、基坑降水等导致基坑垮塌、支护结构破坏，从而引起周边地层不均匀沉降和邻近建筑物破坏、地下各类管道的开裂问题，此外地基的不均匀沉降引起高层建筑的变形问题，风荷载及其他撞击荷载引起高层建筑结构发生过量位移甚至破坏等问题，这些问题在近年来已成为关注的热点问题。

2）边坡工程问题。人工边坡和自然边坡都存在长期稳定性问题，因为强降雨、人为堆载卸载、地震、地下水变化等导致的边坡（如隧道进出口边坡、高填方边坡、古滑坡复活、高坝大库边坡、引水工程隧洞边坡、道路交通的沿线边坡、天然边坡植被缺失导致的滑坡、尾矿库或矿渣堆填边坡）失稳或滑坡造成的人类生命和财产安全等损失巨大。关于边坡工程安全评价、稳定性预测、预报，结构性增稳措施及边坡表面的生态修复的研究，已成为环境岩土工程领域的常见问题。

3）洞室工程问题。经大量调查显示，正在运营的隧道渗漏水问题十分严重。据原铁道部工务部门2002年秋检数据统计，截至2002年年底，我国共有铁路隧道5711座，其中严重渗漏水的隧道有1620座、23400处、150km，占总座数的28.4%、总长度的5.3%。而据原交通部2002年数据统计，截至2002年年底，我国共有公路隧道1700座，总延长704km出现渗漏，其中严重渗漏水隧道达500余座，约占总座数的30%。其中，尤其以长距离的公路隧道、铁路隧道、引水隧洞、城市地铁在施工引起的环境灾害问题显得更为突出。地下洞室在施工期遇到的地表沉陷、地表建（构）筑物的开裂变形、隧道围岩的塌方、突涌水、岩爆、高低温、瓦斯突发等问题，已成为隧道建设的常态化问题。

4）高填方工程问题。近年来，由于城市人口密集，对于多山地区的大多数城市而言，要谋发展必须谋取城市空间的扩大、道路交通规模的扩大，因而涌现出了一大批"填沟造地、上山建城、修筑机场"的高填方、深挖方工程（如九黄机场、吕梁机场、延安新区、陇南机场、天水机场等）。该类工程建设体系复杂，涉及高填方边坡、挖方边坡、高填方地基、毁山毁林、破坏生态、水土流失等施工期问题，工程后期存在边坡稳定性、地基大面积不均匀沉降、填挖界面开裂、地下水位变化诱发的长期变形及稳定性问题。这些工程问题将对周边环境产生长期影响，其长期稳定性问题是困扰工程界的一大新问题。

（2）地震环境问题。地震是一种偶发性极高且又难以人为控制的频发的自然灾害问题，会对人类生产生活带来的灾难性后果，从古至今不胜枚举。尽管地震灾害难以防御，但可以采取适当的岩土工程及其他抗震措施，尽量减少灾害带来的危害，如认知地震的发生、发展、消亡、频次等规律，深入调查研究地震灾害特征、评价理论、分析方法等，结合地质特性、结构特性、材料特性，提出适当的抗震措施，这是地震环境问题需要研究的内容。

（3）地质环境问题。地质环境问题主要体现在几类特殊土及特殊地区的地质环境问题，如软土、湿陷性土、膨胀性土、盐渍土、冻土、风化岩、红黏土、地裂缝区、地下岩溶区、采矿区、山区泥石流区、风沙荒漠区等。特殊土及特殊地区主要表现为岩土体的物理力学特性（如承载力、稳定性、长期效应）或所在场地上不适宜于直接作为工程建设地基的特性，这类问题属于区域性环境岩土工程问题，需要具体问题具体对待。

（4）地水环境问题。地水环境问题主要表现为地表水和地下水带来的环境岩土工程问题。地表水环境问题主要以水土污染、有机物污染、水土流失等为主；地下水环境问题主要是以地下水位升降诱发的大面积工程地质体的区域性沉降为主，水位抬升引起地层增湿软化，水位下降引起地层固结排水，二者均会引起地质体不均匀沉降。每年因为区域性地面沉降所带来的损害和经济损失巨大，难以估计。

（5）施工环境问题。由施工引起的环境问题主要表现为深基坑施工、打桩施工、强夯施工、地下掘进施工等，其带来的环境问题主要表现为环境振动和地质体及结构变形。

（6）固废环境问题。近 20 年来，我国城市化高速发展为经济持续发展提供了强劲持久的动力，但也导致城市用地紧张、交通堵塞、垃圾围城、环境污染等一系列问题。密集型人类生活和生产方式必然产生大量的废弃物，而地球岩土圈是废弃物的主要及最终处置场所。

我国的江河湖海沉积着数百亿立方米受污染的底泥，成为水体的内污染源。我国有成千上万座废弃的化工厂址，数以万计的化工品储库、油库、干洗店等，正威胁周边地下环境安全。我国二氧化碳排放量达 140 亿 t，地下埋存被认为是实现碳减排及缓解全球气候变暖的有效措施之一。这些废弃物处置场所都是地下环境集中污染源，是潜在的地下炸弹。近年来我国水土环境污染事故频发，引发一系列社会与环境危机，并造成重大经济损失。2001—2008 年，我国固体废弃物堆填场污染引发的突发环境事件年均 55 次，造成的直接经济损失高达 10 亿元。2008 年山西省襄汾尾矿坝溃坝事故，流失尾矿 26.8 万 m^3，流经长度达 2km，过泥面积达 30.2 万 m^2，造成 278 人死亡和严重的环境污染。2009 年广东某城市固体废弃物填埋场发生污泥坑管涌，流失污泥6万多 m³，流经长度10多km，直达香港后海湾。2010年福建上杭县紫金矿业发生强酸性渗滤液泄漏事件，9100 m³ 的渗滤液顺着排洪涵洞流入汀江，导致汀江部分河段污染及大量鱼类死亡。2011年浙江省德清县浙江海久电池股份有限公司铅污染造成附近部分儿童血铅检测超标，这起事件也引起浙江蓄电池行业内的"大地震"，213家蓄电池企业停产整治。

截至2020年最新统计，我国年均产生30多亿t一般工业固废，5000多万t危废，4亿t生活垃圾。卫生填埋是我国固体废物主要处理处置方式，占处理总量的70%以上，目前垃圾填埋场、危险废物处置场、尾矿库等达5万多个，多年来填埋和堆存量高达270多亿t，年产含有毒有害渗滤液5000多万t，对周边水土环境构成重大威胁。现阶段我国土壤污染问题极为严重。2014年发布《全国土壤污染状况调查公报》数据显示，全国土壤超标占比高达16.1%，面积大于1万 m² 的污染场地有50多万块。

据估计，我国城市工业污染场地有近百万个，多分布在经济发达地区和老工业基地，这些工业企业在建设和运营期，污染控制不严格，导致大量有毒有害重金属、有机污染物侵入了厂区土壤和地下水，代表性污染物包括砷、铅、锌、镉、铬等复合重金属以及苯系物、石油类、农药、多氯联苯等有机污染，使原址场地成为严重污染的工业污染场地。

为此原国家环保总局和原国土资源部于2006年启动了全国首次土壤污染状况调查，《国家中长期科学和技术发展规划纲要2006—2020》中把"污染物控制与废弃物资源化利用技术""长江、黄河等重大江河综合治理"等列为优先主题，设立"水体污染控制与治理"重大专项。《重金属污染综合防治"十二五"规划》是第一个得到国务院批复的"十二五"国家规划。第一次全国污染源普查工作已于2009年结束。原国家生态环境部组织制订了《污染场地风险评估技术导则》《场地环境监测技术导则》《污染场地土壤修复技术导则》等，并于2010年制定了《污染场地土壤环境管理暂行办法》《污染场地风险评估技术导则》等，北京市、浙江省、南京市等多个省市政府也制定了有关污染场地的管理办法。我国环境保护"十二五"规划将"受污染场地和土壤污染治理与修复工程"列为重大环保工程之一。

国家先后出台"水十条"（《水污染防治行动计划》）、"土十条"（《土壤污染防治行动计划》）均将固废处置与污染场地修复作为国家生态文明建设的重点任务，党的十九大报告明确指出加强固废废弃物处置与污染场地修复。《中华人民共和国土壤污染防治法》与《中华人民共和国固体废物污染环境防治法（修订草案）》也于2018年和2019年分别实施，标志着我国全面从严实施固废安全处置与污染场地生态修复的开始。同期，科学技术部发布"固废资源化""场地土壤污染成因与治理技术"两项国家重点研发计划，以加快相关技术攻关积累。环境岩土工程领域面临新的机遇与挑战。

随着中国的科技力量、环保意识及国际经济地位的进一步提升，需践行"绿水青山就是金山银山"发展理念，但经济发展不能以破坏生态为代价，生态本身就是经济，保护生态就是发展生产力。因此，对于环境岩土工程学科而言，环境污染评估、控制及修复已成为我国环保领域的重大需求。鉴于我国目前国情和经济发展水平，利用岩土工程的手段来解决环境污染问题是最为经济、最符合国情的途径之一，也是环境岩土工程工作者的优势所在。因此，环境岩土工程工作者正面临着前所未有的机遇和挑战，向广大环境岩土工作者传递环境岩土工程学的方法论，对推进生态文明建设和建设美丽中国具有重大意义。

1.1　环境与环境科学

1.1.1　环境

1. 环境的定义

环境是相对于某一事物来说的，是指围绕着某一事物（通常称其为主体）并对该事物会产生某些影响的所有外界事物（通常称其为客体），即环境是指相对并相关于某项中心事物的周围事物。环境是相对于主体的客体，如以人类为主体，则环境就是人类生存的客体；即外部客观世界的总体，一般统称为影响生物生命与发展的外围状况。

按环境的属性，可将环境分为自然环境、人工环境和社会环境。

（1）自然环境。自然环境是指未经过人的加工改造而天然存在的环境，包括大气圈、地水圈、岩石圈、生物圈。

（2）人工环境。人工环境是指在自然环境的基础上经过人的加工改造所形成的环境，或人为创造的环境。人工环境与自然环境的区别，主要在于其对自然物质的形态做了较大的改变，使其失去了原有的面貌。

（3）社会环境。社会环境是指由人与人之间的各种社会关系所形成的环境，包括政治制度、经济体制、文化传统、社会治安、邻里关系等。

2. 人与环境的关系

人类与环境的关系是相互依存、相互作用、相互制约、对立统一的。认识过程：认识环境→评价环境→改造环境。研究过程：环境要素→环境结构单元→环境整体系统。

环境要素是构成环境整体的各个独立的、性质不同的，而又服从总体演化规律的基本物质成分（包括水、大气、生物、土壤、岩石和阳光等）。环境结构单元由环境要素组成。环境整体系统由环境的结构单元组成。

以环境的自然环境要素为例，环境结构单元与环境整体系统之间的特点与关联：

（1）环境结构单元。水圈：水→水体→水圈。岩石圈：农田、草地、林地等土壤和岩体→地壳→岩石圈。生物圈：生物体→生物群落→生物圈。大气圈：大气→大气层→大气圈。

（2）环境整体系统。岩石圈的形成为大气的出现提供了条件；岩石圈和大气圈的存在为水的产生提供了条件；前三者为生物产生和发展提供了条件；阳光为它们提供了必要的能量。环境结构单元之间相互作用、相互依存、相互制约的对立统一关系，形成了环境的整体系统，影响着生物的生命与发展。

3. 环境问题

（1）环境问题的定义：环境中出现的对人类生命与发展有害的问题。

（2）环境问题的分类。环境问题有以下几种分类方法。

1）第一种分类方法：分为原生和次生环境问题。原生，第一环境问题，自然因素引起，如地震、洪水、泥石流。次生，第二环境问题，人为因素引起。以后者为主，主要指的是生态环境恶化或自然资源趋向枯竭其诱因主要是，不合理开发利用、人口激增、城市化和工业化引起的生态环境恶化、环境污染和环境破坏、自然资源趋向枯竭。

2）第二种分类方法：分为三个大类环境问题。第一类环境问题（自然与环境之间共同作用问题）：风灾、洪水、泥石流、地震、火山、酸雨、海啸、沙漠化、水土流失、区域性滑坡等。第二类环境问题（人类的生产、生活活动与环境之间的共同作用问题）：工业生产引起的环境污染；无计划无限制的开发使自然环境遭受严重破坏；天然和人工合成的化学物质（杀虫剂、药品等）通过生产、运输、使用、废弃等过程进入大气、水和土壤及食物，如三聚氰胺、瘦肉精、地沟油；废渣、废污、废油、塑料制品、放射性废弃物的不合理处置。例如：美国墨西哥湾原油泄漏、苏联切尔诺贝利核电厂泄漏、日本福岛第一核电站泄漏。第三类环境问题（人类工程活动与环境之间的共同作用）：建筑区打桩引起邻近建筑物和地下管线损坏，排水系统失效；基坑（地铁）开挖的地面变形对地面建筑物的破坏与威胁。

4. 环境问题的发展历史

人类与环境问题是对立统一关系，地球上一诞生人类就出现了环境问题。人类社会在发展变化，环境问题也在发展变化。环境问题是随人类社会的发展而发展变化的。

（1）人类以生活活动为主时期：主要是人口的自然增长引起的盲目采伐和捕猎。

（2）农业和畜牧业时代：大量砍伐森林、破坏草原、盲目开垦所造成的区域性环境破坏。

（3）工农业生产大力发展时期。该时期环境问题如下：

1）工业生产排出的大量废弃物"三废"（废水、废气、废渣）对环境的污染。

2）全球性的大气污染，"温室效应"、酸雨、臭氧层破坏。

3）大范围的生态环境破坏，大面积森林被毁、草场退化、土壤侵蚀、沙漠化。

4）迭起的严重环境污染事件，任意排放农药、核电站泄漏、江河污染事件。

这些问题使人类的健康和生命受到严重的威胁，阻碍着经济的持续发展。人口问题、生态资源破坏和环境污染三大问题成为当代的重要课题。

5. 全球十大环境问题

全球环境问题，也称国际环境问题或者地球环境问题，指超越主权国国界和管辖范围的全球性的环境污染和生态平衡破坏问题。到目前为止已经威胁人类生存并已被人类认识到的环境问题主要有以下几个方面：

（1）全球变暖。全球变暖是指全球气温升高，1981—1990 年全球平均气温比 100 年前上升了 0.48℃，导致全球变暖的主要原因是人类在近 1 个世纪以来大量使用矿物燃料（如煤、石油等），排放出大量的二氧化碳等多种温室气体。

（2）臭氧层破坏。臭氧层能挡住太阳紫外辐射对地球生物的伤害，保护地球上的一切生命。然而人类生产和生活所排放出的一些污染物，如冰箱、空调等设备制冷剂的氟氯烃类化合物以及其他用途的氟溴烃类等化合物，使臭氧层遭到破坏。

（3）酸雨。酸雨是由于空气中二氧化硫和氮氧化物等酸性污染物引起的酸性降水。受酸雨危害的地区，出现了土壤和湖泊酸化，植被和生态系统遭受破坏，建筑材料、金属结构和文物被腐蚀等一系列严重的环境问题。

（4）淡水资源危机（水资源短缺、污染严重）。地球表面只有很少的一部分水可供饮用和其他生活用途。然而，在这样一个缺水的世界里，水却被大量滥用、浪费和污染。加之区域分布不均匀，致使世界上缺水现象十分普遍，全球淡水危机日趋严重。

（5）资源、能源短缺。当前，世界上资源和能源短缺问题已经在大多数国家乃至全球范围内出现。这种现象的出现，主要是人类无计划、不合理地大规模开采所致。

（6）森林锐减。森林是人类赖以生存的生态系统中的一个重要的组成部分。地球上曾经有 76 亿 hm^2 的森林，到 1976 年已经减少到 28 亿 hm^2。由于世界人口的增长，对耕地、牧场、木材的需求量日益增加，导致对森林的过度采伐和开垦，使森林受到前所未有的破坏。

（7）土地荒漠化。荒漠化是由于气候变化和人类不合理的经济活动等因素，使干旱、半干旱和具有干旱灾害的半湿润地区的土地发生了退化。在人类当今诸多的环境问题中，荒漠化是最为严重的灾难之一。对于受荒漠化威胁的人们来说，荒漠化意味着他们将失去最基本的生存基础——有生产能力的土地。

（8）物种加速灭绝。物种就是指生物种类。一般来说物种灭绝速度与物种生成的速度应是平衡的，但由于人类活动破坏了这种平衡，加快了物种灭绝速度。

（9）垃圾成灾（固体废弃物污染）。在许多城市周围，排满了一座座垃圾山，除了占用大量土地外，还污染环境。危险垃圾，特别是有毒、有害垃圾的处理问题，因其造成的危害更为严重，产生的危害更为深远，而成为当今世界各国面临的一个十分棘手的环境问题。

（10）有毒化学品污染。市场上约有 7 万～8 万种化学品，对人体健康和生态环境有危害的约有 3.5 万种，其中有致癌、致畸、致突变作用的约 500 余种。由于化学品的广泛使用，全球的大气、水体、土壤乃至生物都受到了不同程度的污染、毒害，连南极洲的企鹅也未能幸免。

6. 我国环境状况

（1）大气污染属煤烟型污染，以尘和酸雨危害最大，污染程度在加剧。

（2）酸雨主要分布在长江以南、青藏高原以东地区及四川盆地。华中地区酸雨污染最重。

（3）江河湖库水域普遍受到不同程度的污染，除部分内陆河流和大型水库外，污染呈加重趋势，工业发达城镇附近的水域污染尤为突出。

（4）七大水系（珠江、长江、黄河、淮河、海河、辽河、松花江）中，黄河、辽河、松花江流域水污染严重。

（5）大淡水湖泊总磷、总氮污染面广，富营养化严重。

（6）四大海区以渤海和东海污染较重，南海较轻。

（7）渔业水域生态环境恶化的状况没有根本改变，并呈加重趋势。

（8）城市环境污染呈加重趋势。

（9）城市地面水污染普遍严重，呈恶化趋势。绝大多数河流均受到不同程度污染。

（10）全国 2/3 的河流和 1000 多万 hm^2 农田被污染。

7. 解决环境状况的对策

（1）转变经济发展模式。从本质上说，就是从黑色发展模式转向绿色发展模式。它包含 4 个相互关联和互补的方面：①建立资源节约型社会；②建立环境友好型社会；③大力提倡循环经济；④积极发展低碳经济。特别是后者，既是新生事物，也是新的发展方式。

（2）加强科学研究。科学研究主要包括两个方面：①对环境问题产生的原因、对自然环境的破坏程度以及对策等方面的研究；②对环境技术的研究，如清洁能源、新型材料以及在节能减排技术等方面。针对环境问题和环境技术的科学研究面临 3 个方面的困难：①资金问题；②人员问题；③技术转让和信息共享问题。

（3）加强环保教育，改变人们的生活、消费观念。国际社会普遍认为，贫困和过度消费导致人类无节制地开发和破坏自然资源，这是造成环境恶化的罪魁祸首。富裕的人们追求高消费，使环境污染加剧；贫困的人们一边忍受着最恶劣的环境，一边还要为改善基本的生活条件过度地开采地球的有限资源。人们首先需要满足自身生存和发展的需要，于是消费地球的生态环境资源，这一点无可厚非。在工业文明之前，人类的消费和地球的自我恢复能够维持一个基本的平衡。进入工业文明之后，这一平衡被打破首先是因为人口不断增加，其次是人类不满足于基本生存需要，不断追求更高级别的享受甚至奢侈的生活，人类和地球的供给平衡被打破，世界环境开始不断遭到破坏。

1.1.2 环境科学

1. 定义

环境科学是一门介于自然科学、社会科学和技术科学之间的边际学科，是研究人类社会发展活动与环境演化规律之间相互作用关系，寻求人类社会与环境协同演化、持续发展途径与方法的科学，即研究人类环境质量及其控制的科学。

2. 研究对象

环境科学研究的对象是人类和环境的关系学，二者是一对矛盾的对立统一关系。

3. 研究目的

环境科学研究的目的是通过调整人类的社会行为，保护发展和建设环境，从而使环境为人类社会的持续、协调、稳定发展提供良好的支持与保证。

4. 研究内容

（1）全球范围内环境演化的规律。

（2）人类社会经济行为引起的生态破坏与环境污染。

（3）环境系统在人类活动下的变化规律。

（4）环境质量恶化的程度及其与人类社会经济活动的关系。

（5）人类社会经济与环境协调持续发展的途径与方法。

5. 主要分支

环境科学的主要分支有以下 8 个：

（1）环境社会学：环境污染发展史、环境经济学、环境法学、环境管理学等。

（2）环境生物学：污染生态学、环境水生物学、环境微生物学等。

（3）环境化学：环境污染化学、环境分析化学、环境监测学等。

（4）环境物理学：环境声学、环境光学、环境热学、环境电磁学、空气动力学等。

（5）环境地学：环境地质学、环境地球化学、污染气象学、环境海洋学、环境土壤学等。

（6）环境医学：环境流行病学、环境毒理学、环境医学监测、公害病及其防治、环境卫生标准等。

（7）环境工程学：大气污染控制工程、水污染控制工程、噪声污染控制工程、固体废弃物处理工程、环境监测技术和环境质量评价等。

（8）环境学：理论环境学、综合环境学（全球、区域、聚落等环境学、部门环境学等），为解决环境问题提供方向性和战略性的科学依据。

1.2 环境工程学与环境岩土工程学

1.2.1 环境工程学

1. 定义

环境工程学是环境科学中的一个重要分支；是用工程技术的原理和方法来控制环境污染，保护和改善环境质量，合理利用自然资源的一整套技术途径和技术措施。

2. 研究内容

研究内容包括水污染控制工程、大气污染控制工程、噪声污染控制工程、固体废弃物处理工程、环境监测技术与环境质量评价等。

3. 研究目的

（1）在环境保护中，要控制污染，达到保护和改善环境质量，保护人们身心健康，防止机体在环境污染影响下产生遗传变异和退化的要求。

（2）合理开发利用资源，对人类总资源进行最佳利用与管理，达到合理开发利用资源的生产能力，恢复和扩大自然资源的再生产，保障人类社会的持续发展。

4. 特点

环境工程学是一个大系统，它有很强的复杂性、多样性和动态性，关系到广阔的时间与空间。一般工程所考虑的时间在几十年之内，而环境工程不仅要考虑现在，还要考虑更长远的问题。如固体废弃物的填埋处置，既要考虑现在的安全，又要考虑将来的变化和再利用。

1.2.2 环境岩土工程学

1. 定义

到目前为止，环境岩土工程并没有唯一确切的定义，具有代表性的有以下几种：

（1）美籍华人方晓阳教授指出：环境岩土工程是一交叉学科，覆盖了在大气圈、生命圈、地水圈、岩石圈及地质微生物圈等各种环境下土和岩石及其相互作用问题，并首次提出了粒子能场理论，采用了一些理论假设，可以用来分析各种环境下的土性的统一方法。

（2）龚晓南认为：环境岩土工程是岩土工程与环境科学密切结合的一门科学，它是从岩土工程的观点出发、以岩土工程的技术和方法，为治理和保护环境服务的一门科学。

（3）罗国煜在 2000 年出版的《城市环境岩土工程》一书中指出，环境岩土工程属于环境地质学的范畴，并将环境岩土工程分为区域环境岩土工程和城市环境岩土工程。区域环境岩土工程问题指特大型工程引起的地质大环境问题。城市环境岩土工程指城市化带来的旧城大规模改造、高层建筑、地下工程等兴建引起的问题。

（4）胡中雄等认为：环境岩土工程是一门应用岩土工程的概念所进行的环境保护等跨学科的边缘学科，按照研究内容可以将其分为环境工程、环境卫生工程以及人类工程等三大类由人们生活所引起的环境问题。

（5）袁建新认为：环境岩土工程学是一门新兴的综合性交叉学科，涉及岩土力学与岩土工程、卫生工程、环境工程、水文地质、地球物理、地球化学、工程地质等。

（6）施斌认为：环境岩土工程研究的主要内容是用岩土工程的基本原理、方法和手段防止自然和人类活动引起的岩土环境恶化，分析和评价环境与各类岩土工程间的相互作用和影响，改善城市和人类环境的运行和生活质量，保持人类社会经济的可持续发展。

（7）20 世纪 90 年代初，国内学者开始关注环境岩土工程问题，出版了一些专著和相关的论文集，并作了一些探讨性的研究。就目前涉及的问题可以归纳为两大类：第一类是人类与自然环境之间的共同作用问题，这类问题的动因主要是由自然灾害引起的，如地震灾害退化、火山喷发、温室效应、洪水灾害，这些问题通常称为大环境问题；第二类是人类的生活、生产和工程活动与环境之间的共同作用问题，它的动因主要是人类自身。

综上，环境岩土工程学是环境工程学中与岩土密切相关的一个分支，是环境工程学大系统中以工程技术改善与地层岩土相关并影响生命发展外围状况的科学，或者说，它是处理工程岩土体与外围状况相互作用所引起并影响生物生命发展有关问题的科学。

2. 任务

解决、处理岩体、土体、水体在时间、空间上的变化与岩土工程的各种变形与强度的稳定性及其相互作用所引起的各种涉及环境发生恶化的有关问题。

3. 处理问题的原则

将解决岩土工程的技术问题同解决工程带来的环境问题和环境引发的工程问题结合起来，体现"人地调谐原则"的要求，保证可持续协调的发展。例如，一个大型水利工程建设引起上下游生态变化、水气候变化、上游滑坡坍岸，或水库诱发地震、地下水位上升、土地浸没与盐碱化等；尾矿库的淋滤对下游地下水的污染和可能造成的动植物中毒等。

4. 特点

环境岩土工程学是应用岩土工程学的理论、观点、技术和方法来适应、治理和保护环境岩土，在保护、治理大环境的前提下做到岩土工程建设与环境保护治理两个方面的协调与发展，既不使岩土工程建设对生物生命与发展的外围状况造成危害与隐患，又不使环境状况对岩土工程的建造和运营造成损害。其主要存在以下特点：

（1）系统性。人类活动作用的地球表层是宇宙系统中的子系统，其构成因素之间是相互依存、相互制约和相互影响的。

（2）复杂性。环境岩土工程所涉及物理、化学、生物学以及地质学和社会科学等方面，是一门多学科相互交叉的学科，也是多种物理场的相互耦合作用。

（3）广泛性。环境岩土工程由于涉及面广，因此存在的一些问题需要经历长时间才能发现，如固体废弃物的填埋处置、核废料的处置等。

（4）综合性。环境岩土工程的主要内容就是人们利用岩土工程的基本原理、方法和手段，对各类岩土工程之间的相互作用和影响进行分析，并以此防治自然和人类活动所引起的地质环境的恶化，真正意义上改善城市和人类环境的运行和生活质量。

5. 主要内容

（1）第一种观点。

1）针对第一类环境问题，应在环境岩土对工程建设的影响方面，研究既有环境岩土下进行工程建设时出现的岩土工程问题，可称为环境岩土工程；如特殊土类（黄土、软土、膨胀土等）、特殊地区（地震区、采空区、风沙区，泥石流区、地裂区等）中的工程建设问题。

2）针对第二、第三类环境问题，应在工程建设对环境岩土的影响方面，研究进行工程建设后导致岩土环境发生变化而出现的塌陷滑坡等岩土工程问题，称为岩土环境工程。如降水工程引起的地下水位下降、地面沉降、土地沼泽化、盐碱化；基坑工程和地下工程引起的地面变形（侧移与沉降）；桩、夯工程引起的土体扰动、振动与环境噪声；生产和建设的废弃物的利用与处置等。

（2）第二种观点。第二种观点认为环境岩土工程使传统岩土工程延伸到有毒有害废料控制，湿地、海岸边、疏浚（为疏通、扩宽或挖深河湖等水域，用人力或机械进行水下土石方开挖的工程）和海相沉积物，干旱和沙漠地区以及敏感性生态地质环境及考古技术。环境岩土工程学的研究内容包括了地质环境工程与生态环境工程。地质环境工程主要研究有害有毒废料系统的管理与修正、填料厂选择、填料的稳定分析和土清污技术。生态环境工程主要研究环境岩土工程的敏感性生态和地质方面。

6. 研究方法

在环境岩土工程的研究过程中，应该在原有的力学方法上加以扩充，除了力学基础外，还需要化学、环境科学、地质科学、社会科学、粒子能场理论等一些相关的知识；此外，还要应用系统工程理论和数据挖掘技术的观点和方法来分析和解决环境岩土工程问题。

系统工程是从总体出发，合理规划、开发、运行、管理及保障一个大规模复杂系统所需思想、理论、方法与技术的总称。

数据挖掘技术是为了适应信息处理新需求和社会发展各方面的迫切需要而发展起来的一种新的信息分析技术。数据挖掘的目标是从大量数据中发现隐含的、有意义的知识，它的任务主要是分类、预测、时间序列模式、聚类分析、关联分析预测和偏差分析等。在环境岩土工程的分析中，运用数据挖掘技术可对滑坡、地震断裂、地震的发生以及采矿、地下隧道施工、盾构施工、大面积地下抽水、大面积填方等引起的地面沉降、地基沉降等进行预测；可用于研究长期未解决的固体废弃物在考虑生物分解及固结双重作用下产生的沉降变形和高填方地基的整体稳定性问题；通过数据挖掘的分类技术并结合计算机控制，可对固体废弃物进行分类，以便综合利用和处理；同时也可对有关岩土计算参数随地层深度的离散性、各向异性进行预测，便于对环境岩土工程的变形、稳定性、渗流问题进行更精确的计算和预测。

在解决这样复杂的环境岩土工程问题时，应注意以下几点：

（1）必须抓住岩土类型与特性、水文地质条件、动力地质作用以及人类活动反馈这4个主题要素的相互影响。

动力地质作用包括外动力地质作用和内动力地质作用。外动力地质作用，又称外营力地质作用或表生地质作用。大气、水和生物在太阳辐射能、重力能和日月引力等的影响下产生的动力对地壳表层所进行的各种作用。具体表现为风化、剥蚀、搬运、沉积和成岩作用等。它缩小地表的起伏和夷平地表的高差。

内动力地质作用，又称内营力地质作用或内生地质作用，指由于地球自转、重力和放射性元素蜕变等能量在地壳深处产生的动力对地球内部及地表的作用，如构造运动、岩浆活动、地震及变质作用等。它不仅使地壳内部构造复杂化，还加大地表的起伏和高差。

（2）灵活运用广义系统论（系统论、信息论、控制论、协同论或反馈论、不确当论、全方位论等）的思维和方法。

系统论是研究系统的一般模式、结构和规律的学问，它研究各种系统的共同特征，用数学方法定量地描述其功能，寻求并确立适用于一切系统的原理、原则和数学模型，是具有逻辑和数学性质的一门新兴的科学。广义系统论是对一类相关的系统科学来理性分析研究，其中包括3个方面的内容：①系统的科学、数学系统论；②系统技术，涉及控制论、信息论、运筹学和系统工程等领域；③系统哲学，包括系统的本体论、认识论、价值论等方面的内容。

7. 环境岩土工程与其他学科的关系

与环境岩土工程相关的学科主要是工程地质学、岩土力学、岩土工程学、地质工程、环境工程地质学。

工程地质学认为地质成因和演化过程决定地质体的工程特性，对地质体局部特性进行研究，并探索地质体在生成时的地质环境以及形成地质体的地质作用和演化过程，在整体上认识和把握地质体的组成和结构，并进一步探讨和预测在工程建筑物作用下的工程行为。

岩土力学属于力学学科的边缘，更偏重模型及建模后的力学研究。而岩土工程则是将岩土作为工程结构物的部分工程学科。而岩土力学和岩土工程与其他的力学或者工程学科相比，则需要更多的地质学科的支持，或者说更需要与地质学科的结合。

环境工程地质与环境岩土工程在研究内容上有很大部分是重复的，但是环境工程地质侧重点是用地质学的观点去认识地质灾害问题，而环境岩土工程则是相对重视研究由于人类工程活动所引起的环境问题以及用工程的观点去处理地质灾害问题。

总之，不同的学科之间的关系主要是：交叉的课题应该有各自侧重点；工作环节上或相互衔接或平行探索；方法上主要是取长补短；在学科的发展上主要依据的就是相互渗透的方式。而我们所说的环境问题不仅是自然科学的问题，也在一定程度上涉及社会问题。而所有的学科对环境问题的研究也不单单是重视其发生的机理和防治技术，同时还要结合法学、社会学和经济学等方面，以此更好地建立健全与环境岩土工程相关的公共管理体系。

1.3　环境岩土工程的发展

1. 人类社会发展过程中的环境问题

环境问题在人类社会发展中一直存在，随着社会的发展，环境问题也发展到十分尖锐的程度，使人们不得不发出"我们只有一个地球"的呼吁，将其提到《21 世纪议程》的高度。

2. 环境岩土工程的发展历史

（1）1979 年 Mohr 第一次在第 9 届东南亚土力学会议上提出了"岩土工程与环境控制"问题。

（2）1981 年第 10 届国际土力学会议上，Mohr 又提出开展环境土力学研究的倡议。

（3）1986 年在美国宾州里海大学土木系美籍华人方晓阳教授主持召开的第一届环境岩土工程国际学术研讨会上，将环境岩土工程定位为"跨学科的边缘科学，覆盖了在大气圈、生物圈、水圈、岩石圈及地质微生物圈等多种环境下土和岩石及其相互作用问题"，主要是研究在不同环境周期（循环）作用下水土系统的工程性质。

（4）此后数年，以世界著名的美国 ASCE 主办的《土力学与基础工程》杂志改名为《岩土和环境工程》杂志作为标志，环境岩土工程学正式分化出来。

（5）环境土工学问题已成为国内外注视的一个焦点问题。其产生的背景是 80 年代以来环境问题的严重化，主要是水系和水土污染、氡污染、水土流失、沙化、地质生态环境变迁、滑坡、泥石流、固体废物和核废料处理、干旱洪涝以及考古与古迹保护等。这些不是单一学科能解决的，环境岩土工程作为多学科的结合点应运而生，相关学科联合攻关，在学科交叉中共同发展和深化。

（6）环境问题作为 21 世纪三大问题（人口、资源和环境）之一的地位，使环境岩土工程问题成了一个有重要深远意义的前沿课题。

3. 环境岩土工程的分支学科

方晓阳教授认为环境岩土工程有两个主要分支：

（1）地质环境（岩土）工程：主要强调有害有毒废料控制系统的管理和修正、填料场的选择、填料的稳定性分析和土污染技术。

（2）生态环境（岩土）工程：研究环境岩土工程的敏感性生态和地质方面。有 3 类问题：①与地质、气候有关的问题，如泥石流、沙漠、湿地；②与健康有关的问题，如酸雨、核废料；③与文化有关的问题，如考古。认为这 3 类问题对生态环境因素相当敏感。

此外，根据历届环境岩土工程国际会议来看，研究环境与岩土工程问题的学科应包括：环境土工学、环境岩土工程、岩土环境工程。环境岩土工程学的提法日益得到了普及和认可。因此，采用"环境岩土工程学"的提法，表明了它从"环境"的角度切入"岩土工程"的一个分支的地位和特点。

4. 环境岩土工程问题的特殊性

环境岩土工程问题与具体的工程条件相结合时，有各自的特殊性。以目前城市环境岩土工程和作为国家经济发展基础设施的交通工程为例，说明环境岩土工程学的特殊性。

（1）人口大集中、城市建设大发展引起：急剧的施工扰动、膨胀的人口密度、堆积如山的城市垃圾、剧增的"工业三废"等。

（2）公路建设必会对公路沿线的自然环境、生态环境、生活环境及景观环境带来影响，产生一系列环境问题，主要包括：空气污染，噪声污染，路基挖填引起的崩塌、滑坡，弃土倾入河谷使河床变窄引发山洪、泥石流，路面对植被的破坏使荒漠化、水土流失加剧等。

5. 环境岩土工程问题的普遍性

不同行业的环境问题尽管有某些自身的特点，但在总体上是类同的，其中都有一系列与岩土工程密切相关的部分。环境岩土工程就是针对各行业的环境问题中普遍性的与岩土工程相关的问题进行研究。

6. 环境岩土工程学的新进展

环境岩土工程非常年轻也非常古老。老课题，如震害、滑坡、地面变形等也在从环境保护的角度给予新的审视，将环境地质学、环境工程地质学以及其他环境科学中的新成果与岩土工程的技术和方法相结合，正在逐渐形成自己的体系和特色。新课题，如垃圾土利用与处置、放射性废弃的处置等正在深入研究。

传统土力学的研究对象包括固-液-气三相，主要围绕三相体之间的力学行为展开研究。而环境岩土工程的研究对象中增加了生化物质，研究内容中也增加了生化物质在土体介质中的迁移、与土体骨架之间的反应等。鉴于此，国内外学者提出了环境岩土多场多相耦合理论，构建了"环境岩土工程中多场多相耦合理论框架"，如图 1.3.1 所示，该框架基于连续介质理论，较为完整地阐述了固体废弃物及污染土在生化反应、骨架变形、孔隙水运移、溶质迁移和孔隙气运移耦合过程中的现象及规律。

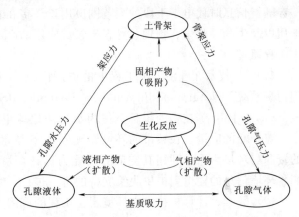

图 1.3.1 环境岩土工程中多场多相耦合理论框架

薛强将该理论的土中物质的变化和运行分为了三个层次：生化反应—物理变化—机械运动。并提出 3 个层次间的耦合作用是环境岩土工程的关键科学问题。在此基础上，建立了城市固废填埋场固结沉降耦合理论、液体迁移耦合理论，构建了城市固废压缩变形的耦合模型，为垃圾填埋场、污染场地和核废料处置库等环境岩土问题的解决方案，提供了新的理论支撑。

7. 环境岩土工程学研究的具体问题

（1）工程环境问题，包括地基问题、边坡问题、洞室问题和高填方问题。

（2）地震环境问题。

（3）地质环境问题，特殊土类条件下的环境问题和特殊地区条件下的环境问题。

（4）地水环境问题，包括污染土问题、水土流失问题和区域性地面沉降问题。

（5）施工环境问题，打桩、强夯、基坑开挖、地下掘进引起的环境问题。

（6）固体废弃物环境问题，垃圾处置和放射性废弃物问题。

（7）生态环境问题。

8. 环境岩土工程与社会科学的关系

环境问题的多样性、复杂性和动态性特点要求环境问题处理的综合性、预见性和及时性，使得环境管理问题提到重要的位置。环境岩土工程问题既是自然科学问题，又是社会问题。对环境岩土工程问题的研究不能只注重其发生的机理和防治的技术；问题的最终解决在施以技术手段的同时要加强社会管理才能实现，并取得事半功倍的效果。科学、技术和管理这些现代化的三大要素虽然是相互制约、相辅相成的，但管理是关键。尤其在人类环境系统中管理好人的行为是非常重要的一个方面。例如西安某建筑施工工地，由于管理不善，发生钢管坠落伤人事故。我国的环境管理已提出了"三同时"制度和环境影响评价制度、排污收费制度、环境保护目标责任制、城市环境综合整治定量考核制、污染集中控制、排污申报登记制度、排污许可证制度和限期治理污染制度等 8 项制度。例如，城市道路工程、房屋建筑工程修建，必须设置环境保护措施公告牌。

9. 环境岩土工程的最新研究手段

随着信息时代电子手段的大范围应用，许多在岩土工程、环境工程、工程地质、矿业地质以及生物、化学、物理、材料等领域应用的高新技术手段，都可以逐步被用于环境岩土工程研究。

（1）3S 技术在环境岩土工程中的应用。3S 技术是遥感（Remote Sensing，RS）、地理信息系统（Geographic Information System，GIS）、全球定位系统（Global Positioning System，GPS）等技术的统称。作为新兴的地球空间信息科学的核心，在环境岩土工程中有着广泛的应用。在城市的环境管理中，3S 技术在宏观上为人类提供全球或区域范围的资源与环境影像，利用其空间分析能力进行环境管理的定量分析评价、环境的动态检测、环境信息的输出到提供决策支持的每一过程，3S 技术都可发挥巨大的作用。

（2）数学、计算机技术在环境岩土工程的应用。随着环境岩土工程领域各学科交叉与渗透日益深化，工程师和学者们逐步从一些新的数学理论和方法中寻求更大的帮助与出路是一个较新的动向。这些数学理论和方法包括：模糊数学、优化理论、灰色理论、神经网络理论、分形几何理论、计算机图形理论、耗散结构理论、混合物理论、可靠度理论、随机过程分析理论、信息论、专家系统、人工智能方法等。

（3）生物、化学、物理、材料及其他技术在环境岩土工程中的应用。此外，在研究中还应注意其他新技术手段的采用。例如采用扫描电镜对岩土介质工程性质、地基加固机理等进行研究；采用 CT 技术研究冻土、黄土等的岩土材料内部结构及在各种荷载作用下结构的变化过程；采用土工离心模型试验技术对实际工程进行模拟，用探地雷达技术对地下掩埋垃圾场调查，确定年代久远垃圾场的位置及评价有害物质对地下水造成的污染程度，查明滑坡成因、圈定滑坡范围，探测和维护古建筑物结构；采用遥感技术对滑坡进行检测等。

（4）环境土力学多尺度表征方法及新的理论体系的构建在环境岩土工程中应用。在环境荷载（如物理作用、渗流、化学侵蚀、温度变化等）作用下，岩土介质固体骨架与孔隙水之间存在复杂的物理化学作用，阐明在环境荷载作用下岩土介质中的微观化学-力学耦合机理及其对岩土介质的宏观力学特性的影响机制与作用规律，是解决许多重大环境岩土工程问题的关键，核心难题是如何构建环境土化学-力学耦合的多尺度内在联系。从微元体、单元体、模型体以及工程体等多个尺度探究环境荷载作用下岩土介质物理力学特性演化规律是当前环境岩土工程领域研究热点之一。

第2章 工程环境问题

2.1 概　述

人类工程活动产生的动力对地壳表层的各种作用称为工程动力地质作用。主要包括：人为地剥蚀，如矿山剥离覆盖层、工程挖掘岩土体、农业平整土地等；人为地搬运，如深挖高填、采掘矿产、开垦、伐林等；人为地堆积，如人工堆积土；人为地塑造地形，如梯田、水利、人工湖、假山等。

工程地质活动使得地质环境在天然地质作用下的平衡条件遭到了破坏，导致地球化学场、应力场、水动力场、热力场发生变化，引起了地壳表层产生了新的工程地质环境。工程建设引起的环境岩土工程问题有良性反应，也有恶性效应，而且这种效应具有空间上的不确定性和时间上的潜在性。

工程建设引起的环境岩土工程问题主要包括：地基工程中的环境问题、边坡工程中的环境问题、洞室工程中的环境问题、高填方工程中的环境问题。

1. 地基工程中的环境问题

（1）在施工过程中，基坑的开挖与施工降水会引起坑底隆起、坑壁侧移、坑外地面变形、建筑物倾斜开裂。

（2）运用过程中，地基会进一步发生均匀或不均匀的沉降，也影响到上部结构的强度稳定与正常使用。

2. 边坡工程中的环境问题

（1）在施工过程中，开挖会使岩土体内的应力平衡受到破坏，导致裂缝或滑坡。

（2）运用过程中水、土、力条件的变化会引起新的稳定性问题。

3. 洞室工程中的环境问题

在施工过程中，开挖、支护、降水等各个环节上处理不当可能会发生：围岩塌落、失稳，支护破坏，上覆地面变形，有关建筑物受损或交通受阻，甚至人身安全事故。在运行过程中可能会发生：渗水，衬砌开裂。

4. 高填方工程中的环境问题

（1）在施工过程中，存在深挖高填，深挖工程将原有地形地貌进行大面积破坏，改变了原有的植被系统、大面积的耕植土损失、地表水汇流、地下水补给，可能会影响局部的生态环境。

（2）高填方工程会产生大面积堆载，造成地基大面积沉陷，阻断了原有沟谷的地表水流态、地下水下渗补给通道等，高填方必然存在高边坡的开挖和贴坡问题，导致坡面卸载失稳或坡面加载引起古滑坡复活失稳问题。

（3）工后期，由于填方的不均匀沉降，很容易在新老界面出现开裂，导致填方边坡的不稳定问题，降雨后，如果坡面未及时采取防护措施可能会形成洪水、泥流、陷坑、冲沟、塌陷等。

因此，高填方工程成为一个新的大面积改变地形地貌和大面积堆载-卸载的综合性工程，其与原生环境的破坏、新生工程环境的修复与治理存在必然关系，应引起环境岩土工程学术界的广泛关注。

2.2 高层建筑地基问题

高层建筑主要指的是层数和高度超过一定限度的建筑。不同国家或地区对于高层建筑的划分并不统一，不同国家或地区对高层建筑进行划分原则，见表 2.2.1。

表 2.2.1　　　　　　　　　　　高层建筑的划分

国家或地区	层数	高度/m	国家或地区	层数	高度/m
美国	≥7 ≥10	≥24.6，高层住宅	日本	≥8	≥31
英国	—	≥24.3，高层	联合国教科文组织	Ⅰ：9～16； Ⅱ：17～25； Ⅲ：26～40； Ⅳ：≥40 超高层	Ⅰ：≤50； Ⅱ：≤75； Ⅲ：≤100； Ⅳ：≥100
法国	—	≥50，居住，高层； ≥28，其他，高层	苏联	11～16 中高层住宅； >16 高层住宅	—
中国 [《高层建筑混凝土结构技术规程》(JGJ 3—2010)]	≥10	≥28，住宅或房屋高度大于24m的其他高层民用建筑混凝土结构	中国 [《建筑设计防火规范》(GB 50016—2014)]		>27m 的住院建筑和建筑高度大于 24m 的非单层厂房仓库和其他民用建筑

2.2.1　高层建筑诱发的环境问题

高层建筑的地基问题具有代表性，建设工程空间化，建筑荷载影响深度加大，使深层地下水动力场、岩土体应力场、温度场受到干扰，水土污染深度不断下扩。其典型的特征是高、大、重、深，对地基承载力、变形和倾斜均有更高的要求。由此，高层建筑地基引起的环境问题主要包括以下几个方面：

1. 深基坑开挖引起的环境问题

深基坑开挖引起的环境问题主要包括：陡坑壁出现的坑壁失稳、坑底回弹、施工降水导致周围的不均匀加荷，建筑物倾斜，挠曲面开裂破坏、地震和断层评价等。

2. 勘察、设计与施工期间引起的环境问题

勘察、设计与施工期间引起的环境问题主要包括：勘察对影响场地长期稳定性和抗震稳定性的因素缺乏正确的评价；设计不当，如埋深、承载力、预估沉降等；施工开挖支护方法与质量不好，导致上部结构本身出现的不良现象，对正常应用及周围的威胁；工程监测和监控；上部结构与地基基础的协同作用问题。

2.2.2 工程控制原则

高层建筑地基的建设带来的环境效应对城市地面、地下空间的可持续发展、绿色发展有较大影响，为了控制环境效应带来的长期影响，应从以下几个方面进行控制：

1. 正确的工程勘察和评价

（1）确定建筑物范围以内和直接邻近区域的地层土质情况。

（2）查明场地是否有古河道、人工洞穴以及可液化地层。

（3）了解深层地质构造和活动断裂带。

（4）确保勘察工作必要的深度、精度。

（5）注意现场和室内多种试验手段的运用和相互验证。

（6）探查地下水的类型、水质、水量及渗流梯度和动水压力的大小。

2. 合理的地基设计

（1）选择适宜的基础类型埋深，持力层和地基处理的方案。

（2）正确确定地基或桩基或复合地基的承载力。

（3）正确计算地基基础的沉降量与沉降差。

（4）判别地基土发生震陷的大小和发生液化的可能性，液化的危害性等级以及抗液化措施，重视地震对地基及结构的影响和评价。

3. 合理的基坑工程设计

（1）提出深基坑降水、开挖、支护方案。

（2）验算变形（变形超限）、强度（构件及连接构造）及稳定性（整体失稳、基坑隆起、管涌流土）的验算。

4. 施工过程中的检验与监测

除保证工程本身稳定外，针对其对周围环境的影响（如地面变形、邻近建筑物变形、振动、噪声、污染等）作出及时的分析与处理。

2.2.3 工程控制对策

根据以上所述，具体的控制对策应从勘察、室内试验、现场试验、参数获取、理论计算、地基变形强度和液化机制、基坑支护设计、基坑降水、基坑开挖等综合方面提出具体的措施。

2.2.3.1 勘察

（1）勘察孔数。每幢高层建筑不少于 5 个，其中控制深层地层的不少于 2 个。

（2）勘探深度。均应大于压缩层的计算深度，在基础埋置深度以下的深度与孔土性的性质及基础宽度有关。

2.2.3.2 室内试验

1. 选用室内试验方案的原则

（1）应模拟土的初始和最终的应力状态。

（2）模拟加荷条件和排水条件。

（3）对地基的不同部位或不同的计算目的选用不同的试验方法。

2. 三轴试验方法的选择

（1）三轴固结不排水剪。用于验算深基坑边坡稳定，地下室作挡土墙，或锚杆设计，桩侧极限摩擦力，以及施工加荷速率较快，排水条件较差的情况。

（2）三轴固结排水剪。用于估计桩的极限承载力，施工加荷速率较慢，排水条件较好，以及计算降水、预压、施工结束后的短期承载力时（用相应的固结度）等情况。

2.2.3.3　分层总和法计算沉降时参数的确定

（1）固结的最大压力，应超过自重压力与附加压力之和。

（2）压缩系数，在自重力与土自重压力加附加压力间求得。

（3）回弹计算，由对应荷载条件下的卸荷试验求取回弹模量和再压缩模量。

2.2.3.4　现场试验

（1）选用现场试验方法的原则，应根据试验目的、土的类别、建筑物等级确定。

（2）现场试验方法的选择。

1）查明地层的均匀性，一般用静力触探试验。

2）评价地基的承载力。对一般黏性土，用静力触探试验和旁压试验；对粉土、砂土、碎石土、花岗岩残积土等，用标贯试验，重型或超重型动力触探试验；对软土用静力触探试验和十字板剪切试验；对重要的一级建筑物用平板载荷试验。

3）渗透系数，用抽水、渗水、灌水试验。

4）场地的剪切波速，用波速试验。

5）桩的承载力，用桩的现场载荷试验。

6）单桩承载力，用动测法。

7）回弹变形，用基坑卸荷回弹观测。

8）施工对相邻建筑物的影响，用对位移、孔压、振动等监测。

2.2.3.5　地基的承载力

1. 一般地基

一般地基应综合应用相应规范、原位试验、理论计算、建筑经验等多种方法分析，以及建筑经验综合确定。

2. 复合地基

复合地基的承载力与荷载水平、荷载作用时间、桩体承载力、桩间土承载力、桩土应力比、置换率以及成桩方法有关。复合地基的承载力问题还是发展中的问题，应特别慎重确定。

2.2.3.6　地基的沉降计算

（1）应视其具体情况考虑，对黏性土的瞬时沉降、固结沉降或次固结沉降进行分别计算。

（2）相邻荷载的影响，可由应力叠加原理考虑。

（3）在基础形状不规则而且用分块集中力计算时，应按刚性基础的变形协调原则调整沉降量。

（4）压缩层厚度宜用基础宽度法、应力比法和规范法3种方法分析选取。其中，基础宽度法，计算深度 $Z_n=(1\sim2)b$，如图2.2.1所示；应力比法，附加压力为自重压力的 $1/10\sim1/5$；规范法，计算深度处向上 ΔZ 厚度内的沉降值不超过该处以上土层沉降值的 $1/40$，ΔZ 值可按基础宽度由规范中查取。

（5）对于有前期固结压力影响的土层，前期固结压力前后分别取回弹再压缩系数和压缩系数计算。

（6）对较硬的土层，可以仍用分层总和法，但用多次加卸荷求得模量（弹性模量）。

（7）岩基的变形用弹性理论计算。

（8）桩基的沉降。应按分层总和法在压缩层内（由桩端全断面到附加压力为土自重压力的 20% 处）计算，关键是按桩的入土深度选取经验系数。

（9）复合地基的沉降量。复合地基的沉降量 S 为加固区沉降量 S_1 和未加固区沉降量 S_2 之和，如图 2.2.2 所示。

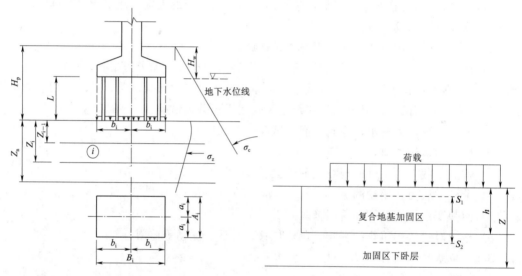

图 2.2.1　基础宽度法地基沉降计算　　　　图 2.2.2　复合地基沉降计算简图

1）加固区沉降量 S_1 的计算方法。

复合模量法（E_{cs} 法）：将复合地基加固区中增强体和基体两部分视为一复合体，按照复合压缩模量 E_{cs}，采用分层总和法计算加固区土层的压缩量。

应力修正法（E_s 法）：增强体的存在使作用在桩间土上的荷载密度比作用在复合地基上的平均荷载密度要小。根据桩间土分担的荷载，按照桩间土的压缩模量，采用分层总和法计算加固区土层的压缩量。在计算分析中忽略增强体的存在。

桩身压缩量法（E_p 法）：加固区土层的压缩量等于桩底端刺入下卧层的沉降变形量与桩身压缩量之和，可根据作用在桩体上的荷载和桩体变形模量来计算桩身压缩量。相比较而言复合模量法使用比较方便。复合地基加固区压缩量数值不是很大，采用上述方法计算带来的误差对工程设计影响不大。

2）未加固沉降量 S_2 的计算方法。S_2 的计算常采用分层总和法计算。在计算 S_2 时，作用在下卧层上（未加固区）的荷载是比较难以计算的，一般常用应力扩散法（图 2.2.3）、等效实体法（图 2.2.4）计算。

应力扩散法：复合地基上作用荷载为 P，复合地基压力扩散角为 β，则作用在下卧层上的荷载 P_b 可用式（2.2.1）计算：

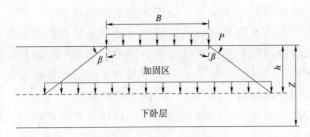

图 2.2.3 应力扩散法

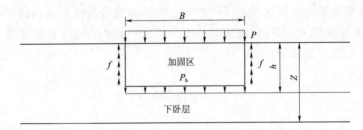

图 2.2.4 等效实体法

$$P_b = \frac{BDP}{(B+2h\tan\beta)(D+2h\tan\beta)} \tag{2.2.1}$$

式中：B、D 分别为复合地基上荷载作用的宽度和长度。

等效实体法：将复合地基加固区视为一等效实体，作用在下卧层上的荷载作用面与作用在复合地基上的相同。在等效实体四周作用有侧摩阻力，其密度为 f，则复合地基加固区下卧土层上荷载密度 P_b 可用式（2.2.2）计算：

$$P_b = \frac{BDP-(2B+2D)}{BD} \tag{2.2.2}$$

侧摩阻力 f 较难合理确定。当桩土相对刚度较大时，选用误差可能较小，当桩土相对刚度较小时，f 值选用比较困难。采用侧摩阻力的概念是一种近似，对该法的适用性需加强研究。采用的方法宜由具体条件分析确定。

2.2.3.7 地基变形强度的概率分析方法

传统的地基变形强度分析法是一种确定性的方法，而实际上影响地基安全性的因素大多是不确定因素。

1. 概率分析方法的特点

概率分析方法是一种在资料不足以完全确定必然发生什么结果时用以得出结论、做出判断的工具。这种方法对岩土工程这种受大量不确定性影响的学科是比较切合实际的方法。它必将有助于推动学科的发展，有助于提高工程经济效益，有助于提高设计水平。概率分析方法是一种比较古老的数学手段，但应用在岩土工程中还是一种比较新颖的方法。

2. 概率分析方法的分类

概率分析方法按分析的精确程度不同分为以下三类：

（1）半概率法。对影响分析可靠度的某些计算参数，采用平均值加减若干均方差后引入计算。该方法对分析结果的可靠度还不能作出定量的估计。

（2）近似概率法。引入可靠度指标，再将其与分项安全系数建立关系，是一种以概率理论为基础的一次二阶矩极限状态分析法。将各影响因素均作为随机变量，按给定的概率分布估算结构的失效概率或可靠指标，在分析中采用平均值和标准差两个统计参数，且对设计计算表达式进行线性化处理，又称为"一次二阶矩法"。

（3）全概率分析法。对各因素用随机变量模型描述，考虑其随时间的变化，以地基失效概率直接量度安全度。

3. 概率分析法在岩土工程中的应用

对高层建筑和重要的建筑已发展了一种建立在可靠度分析基础上的概率分析方法。用安全概率 P_s、破坏概率 P_f 或可靠度指数（安全指数）β 来反映地基对沉降与承载力方面的设计要求。它们的定义如下：

（1）安全概率。

$$P_s = P\{z \geqslant 0\} \tag{2.2.3}$$

（2）破坏概率。

$$P_f = P\{z < 0\} \tag{2.2.4}$$

（3）可靠度指数。

$$\beta = 1 - P_f = 1 - \phi(\beta) \tag{2.2.5}$$

式中：z 为随机变化的功能函数，$z = 0$ 为极限状态，$z > 0$ 为可靠状态，$z < 0$ 为失效状态。

2.2.3.8　地基的液化

1. 基本概念

液化是指任何物质由固体状态转变为液体状态的现象和过程。固体状态与液体状态的基本区别：前者具有剪切刚度（或抗剪强度），在重力场中可以自成形态；后者则无。砂土地震液化是指土颗粒在地震循环荷载下产生超静孔压而使有效应力降低，使得颗粒土逐渐丧失抗剪强度而形成流动液化，并产生永久变形。

2. 土液化的主要影响因素

（1）土层土性条件。土层土性条件主要指土的颗粒特征（包括颗粒组成和颗粒形状）、密度特征以及结构特征（胶结合排列状况）。

（2）静动应力条件。主要指的是土体上作用的荷载类型。

（3）起始应力条件。起始应力条件主要指动荷施加以前土所承受的法向应力和剪应力以及它们的组合。

（4）动荷条件。动荷条件主要指动荷的波形、振幅、频率、持续时间以及作用方向等。

（5）地基排渗条件。地基排渗条件主要指土的透水程度、排水路径及排渗边界条件。

3. 液化的判定方法

液化的判定方法较多，各种方法的共同特点，都是对比促使液化方面和阻抗液化方面的某种代表性物理量的相对大小而作出的判断。以经验为基础的综合指标法，如 D_r、d_{10}、d_{50}、C_u、N；标贯击数法，对比砂土实际的标准贯入击数与临界标准贯入击数；剪切波速法是将实际测得的剪切波速与液化临界剪切波速相比较；静力触探法是比较实际测得的比贯入阻力与临界比贯入阻力；抗液化剪应力法是对比实际地震的剪应力与砂土的抗液化剪应力。

4. 液化的危害程度

有可能液化并不一定存在危害，发生液化的危险程度高，并不意味着必须采取直接措施。液化危害程度的影响因素包括：地基、基础、上部结构 3 个方面。对于地基方面，主要受液化层的厚度与埋深的影响。埋深越小，可液化土层越厚，液化的危害性越大。液化危害程度等级，可采用式（2.2.6）进行计算：

$$I = \sum_{i=1}^{n} (1 - F_{l,i}) d_i w_i = \sum_{i=1}^{n} \left(1 - \frac{N_i}{Ncr_i}\right) d_i w_i \qquad (2.2.6)$$

式中：w_i 为与埋深有关的权函数（图 2.2.5），即单位土层厚度的层位影响权函数值，m^{-1}；d_i 为土层的厚度，常按液化指数 I 的大小分为三级。

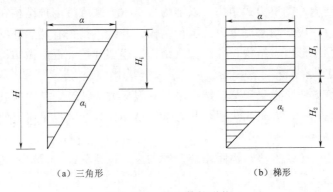

（a）三角形　　　　　　　　　　　（b）梯形

图 2.2.5　权函数的形状

因埋深越小，危害性越大，故权函数一般取上大下小的倒三角形或梯形，一般在 15m 处取 0，5m 处取 10，5～15m 呈线性变化。液化指数 I 的分级如下：

（1）轻微（$0 \leqslant I \leqslant 5$），除特别重要的建筑物外，可以不考虑工程措施。

（2）中等（$5 < I \leqslant 15$），对重要的建筑物应采取措施。

（3）严重（$I > 15$），需要详细研究并采取可靠措施。

5. 按液化等级和建筑物的重要程度采用不同的处理措施

（1）采用桩基，深基础到液化层深度以下。

（2）全部挖除液化土层或部分挖除液化土层。

（3）减小上部结构或适应不均匀沉降的处理措施。如：①选择合适的基础埋深；②调整基础底面积，减小基础偏心；③加强基础及上部结构的整体性和均匀对称性；④避免采用对不均匀沉降敏感的结构形式等。

（4）地基加固，加固后的地基应满足抗液化的要求。如：加密振冲法，挤密桩法，强夯法，换土、改土、排水、围封等。

2.2.3.9　深基坑支护

深基坑开挖时，支护、降水是保证基坑稳定性的主要方面。一般因无放坡开挖的条件，支护成了重要环节。支护方法分为传统方法、改进方法和新支护方法。

1. 传统的支护方法

传统的支护方法包括桩、板、墙、撑方法，可以单独使用，也可以组合使用，将岩土体的作用转化为作用于挡土结构上的荷载（土压力）。

桩：有钢筋混凝土预制桩、钻（挖、冲）孔桩、沉管桩、水泥土桩、高压旋喷桩。

板：包括桩板（板桩）、钢管板（钢管焊接而成）、隔板（桩间）以及面板。

墙：形式多样，可做成重力式挡墙、悬臂式挡墙、扶臂式挡墙、内撑式挡墙、加筋土挡墙、土钉墙、锚定板挡墙、沉井挡墙、地下连续墙等各类形式。

撑：对增强桩、板、墙的稳定性和刚度，减小变形和截面尺寸，提高经济效益有着重要的作用。目前常用的支撑形式有压杆式、水平桁架式、水平框架式、环梁式。

（1）优点。受力明确，易于设计、便于操作。

（2）结构形式。结构形式有：①悬臂式结构，未加任何内支撑或锚杆，仅靠其插入基坑底下一定深度，以取得嵌固和稳定的围护结构，一般可分为板桩式结构、排桩式结构；②支锚桩排混合结构；③重力式结构，以结构自身重力来维持围护结构在侧向土压力作用下的稳定的结构，一般常用水泥重力式围护结构，其特点是先有墙后开挖形成边坡；④地下连续墙结构；⑤环形内支结构；⑥逆作法结构，逐层开挖，逐层做结构，由上向下进行地下结构逆作施工。

（3）设计计算方法。常采用荷载结构法和有限元方法计算，其中荷载结构法中，土压力问题是研究的焦点；而有限元法中，其力学模型和计算参数也是研究的重点。

2. 改进支护方法

改进支护方法为传统方法与锚固相结合的方法，包括桩锚、板锚、墙锚、撑锚等。

3. 新支护方法

新支护方法为喷、锚、网、筋相结合的方法。

（1）原理。主动支护岩土体，最大限度地利用坑壁土体固有的力学强度，将土体荷载变为支护体系的一部分。它将岩土基坑开挖后产生的侧向岩土压力，通过钢筋网喷射混凝土传至锚杆构件，再由锚固体传至稳定的岩土中，从而维持了边坡的稳定性。

（2）喷射混凝土。在高压的气体作用下高速喷向土层表面，先期骨料嵌入表土层内，为后续料流所包裹，产生嵌固层效应，可以加固和保护表土层，并可起到避免风化与雨水冲刷、浅层坍塌与局部剥落的作用。

（3）锚杆。锚杆的内锚固段深固于滑动面之外的土体内，锚杆的外锚固段同喷层连在一起，从而把边坡的不稳定危机转移到内锚固段土体及其附近。

（4）钢筋网。在喷层上挂上钢筋网，它可增加喷层的整体性与柔性，有效地调整喷层与锚杆内应力的分布。

（5）加筋。加筋是将某种筋材（土钉、土工合成材料等）用一定的方法置入岩土体内，可以增大一定范围内岩土体内部的拉合与黏结强度而形成整体，提高整体稳定性，对其后的岩土体起到支护作用。

2.2.3.10　降水对深基坑的稳定性影响及控制技术

"治水"在本质上应属于另一种形式的支护，即它发挥着支护的作用。治水包括截排地面水、疏降地下水、管好生活水和工业水。

1. 防治水对深基坑有害作用的主要措施

（1）排：用排水沟排除地面积水。

（2）挡：用止水墙、防渗帷幕防止水流入坑内。

（3）降：用降水井降低地下水位。

（4）封：用喷射混凝土封堵坑壁及附近地面。

（5）抽：用水泵抽除坑内积水。

2. 降低地下水位

（1）降水方法。

1）明沟排水：适用于渗透性很小的地基在基坑开挖过程中产生少量积水的情况。

2）井点降水：在基坑四周埋设一定数量的滤水管（井），利用抽水设备抽水使所挖的土始终保持干燥状态的方法。所采用的井点类型有：轻型井点、喷射井点、电渗井点、管井井点、深井井点等。一般该方法用于地下水位比较高的施工环境中，是土方工程、地基与基础工程施工中的一项重要技术措施，能疏干基土中的水分、促使土体固结，提高地基强度，同时可以减少土坡土体侧向位移与沉降，稳定边坡，消除流砂，减少基底土的隆起，使位于天然地下水位以下的地基与基础工程施工能避免地下水的影响，提供比较干的施工条件，还可以减少土方量，缩短工期，提高工程质量和保证施工安全。其中，轻型井点法用一般真空泵、离心泵，降深可达 $3\sim5m$，用于渗透系数 $k=0.1\sim80m/d$；管井井点法用射流泵（离心水泵的射流器），降深可达 $2\sim20m$，用于渗透系数 $k=20\sim200m/d$。

（2）降水引起的地面沉降。降水面以下不产生较明显的固结沉降，以降水面至原地下水面间的土层在增加的自重应力下发生的沉降为主。

（3）降水时控制沉降量的方法。要控制沉降影响在周围环境可承受的范围之内，可用减缓降水速度、连续抽水（避免间歇和反复）等方法。

（4）减小邻近处建筑物下软弱土层的压缩沉降量的方法。减小因抽水引起水位下降时基坑邻近处建筑物下软弱土层的压缩沉降量，可用回灌水系统使建筑物下的地下水位保持不变。常用的方法包括回灌沟和回灌井。建筑物远且无隔水层时可用回灌沟法，建筑物近且有隔水层时可用回灌井法，必要时还可以对水进行加压。

2.2.3.11 基坑开挖

基坑开挖步骤、开挖的空间尺寸、围护墙无支撑暴露的面积和时间，与基坑的稳定和变形（基坑围护墙体和坑周地层位移）有明显的相关性，应考虑时空效应。

（1）从时间上考虑：各工序的施工时间应限时；墙后地面最大沉降的估算应区分不同的阶段，开挖施工阶段，在正常施工沉降外考虑非正常因素（延迟支撑、降雨等）引起的沉降；在开挖封底后阶段，只考虑受扰动地层沉降；墙后地面距基坑不同距离处的沉降由经验确定。

（2）从空间上考虑：应有计划地分层、分块、分条开挖，以期在每一时刻都利用土体结构的抵抗力形成空间作用（利用土体本身在开挖过程中控制位移的潜力），减小支护墙的位移，尽量发挥岩土体自承能力，从而改变目前基坑中为控制坑周地层位移而采用昂贵的地基加固的不合理方法。

（3）分层、分块、分条开挖与其开挖时间和支撑时间相配合，使时空效应协同工作（综合考虑时空效应）。这是解决深基坑整体稳定和坑周地层位移控制的新思路，但目前尚无较好的理论计算，实际应用中仍按工程经验估算，用有限元法做理论探讨。

（4）基坑开挖引起的地表变形的估算方法。一般将墙体位移与地面沉降相联系，但均离不开一定地区的经验，最有效的办法还是考虑多因素影响下的监测控制。

2.2.3.12 高层建筑环境问题的综合性

高层建筑环境问题的解决是综合性的，应注意以下各个重要环节：

（1）了解地质结构。

（2）选择稳定性好的场地。

（3）研究支护上土压力的分布规律。

（4）观测基坑外明显沉降范围。

（5）优选支护结构。

（6）注意时空效应。

（7）控制支护结构的最大水平位移。

（8）处理软基、控制降水。

（9）地基与结构协调工作。

（10）施工检验与监测。

在地震环境下，这些问题更加复杂，但因地震环境一般在工程已建成的条件下讨论，故应该把由地震引起的不均匀震陷、液化、失稳、整体破坏等地震反应问题作为核心。

2.3 边坡工程问题

2.3.1 边坡概述

1. 边坡分类

边坡是指有倾向临空面的地质体。按成因分为自然边坡和工程边坡（填方边坡或挖方边坡）；按岩性分为岩质边坡和土质边坡。

2. 边坡工程引起的环境问题

（1）边坡失稳是一种最主要的灾害类型。

（2）边坡稳定性问题的分类。

1）一般的边坡稳定问题。

自然边坡：主要是评判在自然条件下或水、土、力条件发生变化时的稳定性。

工程边坡：填方边坡，不同坡高、坡比、坡形条件下边坡安全系数；挖方边坡，不同安全性和坡高的边坡应具有多大的坡比和坡形的问题。

2）滑坡问题。

滑坡问题是对过去有过滑动历史或现在出现滑动征兆的现存边坡（包括自然边坡和工程边坡），研究滑动的原因、特征、规律、规模，进行滑坡的发展预报与工程治理。它的解决比第一类边坡问题更具紧迫性、复杂性、综合性和被动性。

3. 岩土边坡工程问题研究的四个层次

（1）四个层次：第一层次，是有滑动征兆的滑坡还是一般的边坡；第二层次，是岩质边坡还是土质边坡；第三层次，是自然边坡还是工程边坡；第四层次，是挖方边坡还是填方边坡。

（2）四个层次区分体现了边坡稳定性问题在质上的差异，而坡高、坡长、坡比上的不同，除特殊情况外，一般仅有量上的差异；岩质边坡问题比土质边坡问题复杂（结构面影响）；工程边坡问题比自然边坡问题复杂（工程扰动，应力的自然平衡破坏）；挖方边坡问题比填方边坡问题复杂（岩土体是卸荷过程，坡体为原有地层；无法人为控制）；滑坡问题比一般边坡问题复杂；各种边坡问题的复杂性往往与水的作用有不可分割的联系，稳定性问题受力、水、土和人的综合影响。

2.3.2 边坡稳定性

2.3.2.1 岩质边坡的稳定特性

1. 边坡稳定性的影响因素

岩质边坡分为自然边坡、挖方边坡。

（1）自然边坡。

1）岩体质量。由坚硬、矿物稳定、抗风化性好、强度较高的岩土构成的边坡，其稳定性一般较好，反之就较差。

2）结构面特性。岩体的结构面性状及其与坡面的关系是岩质边坡稳定性的控制因素。滑动面可能是岩体中的软弱结构面，也可能是岩体中应力超过其自身强度而产生的破坏面；边坡的破坏模式主要取决于结构面的存在及其与坡面之间的空间组合关系。其破坏模式（图2.3.1）主要包括以下几类：平面型破坏、双平面型破坏、圆弧型破坏、复合型破坏（折线组合型）、棱柱体（楔形体）破坏、阶梯型破坏等。

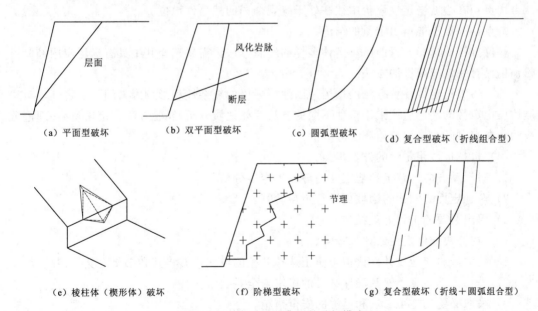

（a）平面型破坏　（b）双平面型破坏　（c）圆弧型破坏　（d）复合型破坏（折线组合型）

（e）棱柱体（楔形体）破坏　　　（f）阶梯型破坏　　　（g）复合型破坏（折线＋圆弧组合型）

图2.3.1　岩质边坡典型的破坏模式

3）地下水条件。地下水升高导致浮托力增高时，岩体抗剪强度降低；在张裂缝中充水，产生水平的静水压力，此力作为下滑力，将明显降低边坡的稳定性；增加岩石的重量，导致下滑力增大等。这些都对边坡的稳定不利。

4）边坡的几何特征。边坡的坡高、坡度是直接与边坡稳定有关的因素。

5）时间因素。岩体在时间范畴内属于黏滞性地质体，随时间的延长，会产生流变（如蠕变、应力松弛）等，从而导致岩体质量下降，引起滑移。

（2）挖方边坡。除受上述岩体质量、结构面特性、地下水条件、边坡的几何特征、时间因素影响外，还受地应力变化因素的影响，开挖使坡体内岩体的初始应力状态改变，坡脚附近出现应力集中带、坡顶和坡面的一些部位可能出现张应力区。虽然两种边坡的稳定性定量分析中考虑的因素不同，但基本原理是相通的。

2. 边坡稳定性评价的方法

（1）理论分析方法的特点。

定义：理论分析方法是按构造区段及不同坡向分别进行计算分析。根据每一区段的岩土边坡剖面，确定其可能的破坏模式，并考虑所受的各种荷载（如重力、水作用力、地震或爆破振动力等），选定适当的参数进行计算。

分类：极限平衡法、有限元法、概率法、优势结构面法。

优点：可以给出定量的结论（定量分析方法），得到了广泛的研究和重视。

缺点：在计算边界、模型、参数上正确反映复杂土体条件有较大的困难，因此做到准确定量上还有一定的限制。

（2）经验方法的特点（工程类比法）。

定义：经验方法是将已有的天然边坡或人工边坡的研究经验（包括稳定的和破坏的），用于新研究边坡的稳定分析，来评价确定坡角和边坡的稳定性程度等。

优点：在边坡稳定性评价中往往处于统观全局的战略性地位。

缺点：一般不能给出定量的结论。

评价方法的选择：目前已有多种多样的经验方法，需要选择其中具有广泛应用经验且目前仍具有一定权威性的方法。

（3）边坡稳定性评价方法的选用。因地质环境的复杂性和影响因素的不确定性，对岩质边坡稳定性的评价应该采用多种不同的方法，如地质分析-经验方法、定量模型-理论分析法、专家判断法、信息监测法等方法。

（4）自然边坡稳定性的评价步骤。

1）对滑动方向、范围和稳定性趋势作出定性分析。

2）对稳定性有问题的边坡再进行定量验算。

3）提出必要的工程处理措施。

（5）挖方边坡稳定性的评价步骤。

1）根据经验和地质条件比拟与修正选择开挖的坡比，并将其和必要的支护相配合。

2）进行力学验算，使其确保必要的稳定安全系数。

3）采取必要的施工方法和足够的安全措施。

4）对重要的边坡，在施工运行期，对稳定性进行监测与分析，并采取及时的补救措施。

3. 岩质边坡工程岩体质量的评价（经验分析方法）

（1）岩体质量评价体系的依据。岩体质量分级要考察的因素主要是：地质因素、力学因素和工程因素，基于岩体质量的分级，不同规范和分级体系存在一定的差异，见表2.3.1。其中，《工程岩体分级标准》（GB/T 50218—2014）、《岩土工程勘察规范》（GB 50021—2009）和RMR法均将岩体等级分为Ⅰ、Ⅱ、Ⅲ、Ⅳ、Ⅴ 5个等级。地质因素：结构面的组数、间距、状态，岩体质量、完整性、风化程度，地应力，地下水，地质构造。力学因素：岩石强度、结构面抗剪强度、岩土变形模量、岩土弹性波速。工程因素：结构面方位、施工方法、自稳时间。

表2.3.1　　岩体质量评价体系依据

序号	分类系统	围岩分级				
1	《工程岩体分级标准》（GB/T 50218—2014）	Ⅰ	Ⅱ	Ⅲ	Ⅳ	Ⅴ
2	《岩土工程勘察规范》（GB 50021—2009）	Ⅰ	Ⅱ	Ⅲ	Ⅳ	Ⅴ
3	RMR法	Ⅰ	Ⅱ	Ⅲ	Ⅳ	Ⅴ
4	谷德振Z法	特好，$Z \geqslant 4.5$	好，$2.5 \leqslant Z < 4.5$	一般，$0.3 \leqslant Z < 2.5$	坏，$0.1 \leqslant Z < 0.3$	极坏，$Z < 0.1$
5	Barden的Q法	异常好-很好	好	一般-差	很差	极差

（2）岩体质量因素的指标。

1）反映岩体质量的指标：*RQD*（Rock Quality Demension），即超过10cm岩芯的累计长度对进尺总长度之比（Deer. D. U分为五类）；岩石的饱和单轴抗压强度 f_c；岩石的点荷载强度；岩石中的纵波波速 V_p；岩石的牢固系数 f（内摩擦系数 $\tan\varphi$）；岩石风化系数（风化岩石与新鲜岩石干抗压强度之比）等。

2）反映岩体结构的指标：岩体的完整性系数 k_v（岩体与岩石纵波速度比的平方）；岩体的强度应力比 S（$S=f_ck_v/\sigma_m$，f_c 为饱和单轴抗压强度，σ_m 为最大主应力）；节理间距的组数、粗糙度、蚀变程度、张开度、充填物、连续性、风化程度的不同等级或分值。

3）反映地下水影响的指标：关于潮湿或出水的状态、出水量的指标或影响系数。

4）反映地应力的指标：有抗压强度与最大初始应力之比等。

5）反映岩体质量对不同工程影响的指标：布雷切夫法引入了反映矿山巷道与节理相对方向的系数；SMR法引入了反映结构面的倾向、倾角与边坡倾向、倾角关系以及开挖方法对边坡影响的因素。

（3）典型的岩体质量评价体系。国内的岩体质量评价体系主要参考规范：《水利水电工程地质勘察规范》（GB 50487—2008）、《工程岩体分级标准》（GB/T 50218—2014）、《岩土工程勘察规范》（GB 50021—2009）、《岩土锚杆与喷射混凝土支护工程技术规范》（GB 50086—2015）、《公路隧道设计规范》（JTG D70—2004）。国际上常用：RMR法和SMR法。

1）RMR法（岩石力学评价法，Rock machincs rating）。对岩石的单轴抗压强度、岩石质量指标 *RQD*、裂隙间距、结构面条件及地下水条件等5类因素，按权重评定各自的分值，得到总分；在最高 100 分到最低 0 分间以 20 分为一级划分为很好、好、中、差及很差 5 级，见表 2.3.2。

表 2.3.2　　　　　　　　　　　　　RMR 法评分标准

序号	参　数		评分标准						
1	岩石强度/MPa	点荷载强度	＞10	4～10	2～4	1～2	＜1		
		单轴抗压强度	＞250	100～250	50～100	25～50	5～25	1～5	＜1
	评分		15	12	7	4	2	1	0
2	岩石质量指标 RQD/%		90～100，非常好	75～90，好	50～75，较好	25～50，不好	＜25，非常不好		
	评分		20	17	13	8	3		
3	裂隙间距/cm		＞200	60～200	20～60	6～20	＜6		
	评分		20	15	10	8	5		
4	结构面条件	粗糙度	很粗	粗	较粗	光滑			
		充填物				或＜5mm	或软弱面＜5mm		
		张开度	未	＜1mm	＜1mm	1～5mm	＞5mm		
		连续性				连	连		
		风化程度	未	微	强				
		评分	30	25	20	10	0		
5	地下水条件		干	湿润	潮湿	滴水	流水		
	评分		15	10	7	4	0		

2）SMR 法（在 RMR 法基础上发展修正）。

$$SMR = RMR - (F_1 F_2 F_3) + F_4 \qquad (2.3.1)$$

式中：F_1 为反映结构面的倾向与边坡倾向的关系；F_2 为反映结构面的倾角；F_3 为反映结构面的倾角与边坡倾角的关系；F_4 为反映开挖方法对边坡的影响。

SMR 法在最高 100 分到最低 0 分间以 20 分为一级划分为五类岩石，见表 2.3.3；可将其应用于评价岩体特征、边坡稳定性、破坏模式和加固方式。

表 2.3.3　　　　　　　　　　　　　SMR 法评分标准

岩体分类	V	IV	III	II	I
SMR	0～20	21～40	41～60	61～80	81～100
岩体特征	非常差	差	一般	好	非常好
边坡稳定性	极不	不	部分	稳定	极稳定
破坏模式	平面滑坏，类似土质滑坡	大规模的平面或楔形体	小规模的平面或楔形体	掉块	无
加固方式	重建	大规模加固	滑动系统加固	局部加固	无

4. 优势面理论

在 E. Hoek 统计优势面概念启发下，罗国煜提出了两类优势面概念，进而以优势面控制岩土工程稳定性和地质灾害分布的思想，从事环境岩土工程问题和地质灾害研究，经 20 年研究，形成了较系统的优势面分析理论。稳定性的原始物理问题是断裂。控制工程地质稳定性的认识序次，即稳定性取决于：断裂→老、新、活三类断裂→优势断裂。优势断裂是对稳定性起控制作用的断裂，它可用优势指标按系统分析方法找出，并通过优势面组合分析（优势面组合→优势分离体）建立地质仿真模型，以建立相应力学模型，实现地质分析与量化评价的合理结合。

（1）优势面的定义。优势面是指对岩体稳定性及气、液介质起控制作用的结构面。对于这些结构面，既考虑其空间因素，又考虑时间因素（结构面的生成时间，在时间上的重复活动性）。

（2）优势面理论的特点。它将岩质边坡视为一个以优势面为主导控制因素的系统。认为边坡失稳的各种影响因素都是通过优势面起作用的；边坡的运动特征和过程取决于优势面的特征；导滑原因和运动约束条件，边坡增稳的各种处理措施都在于消除优势面的导滑作用。

优点：优势面理论具有将定性与定量相结合，也可将地质分析法、定值分析法和概率分析法相结合的优点。

（3）真正的优势面。真正的优势面需从地质优势面（反映性质优势，影响边坡的整体稳定性）和统计优势面（反映数量优势，影响边坡的局部稳定性）的分析去寻找，它控制着岩坡变形的边界。

（4）优势分离体。真正的优势面、优势面与其他结构面、所有结构面间均可组合成优势分离体，优势分离体的失稳控制岩质边坡变形的破坏模式。

（5）确定优势面的基本优势指标。

1）时间优势指标。将结构面形成时间分为新、老、活 3 类，新断裂和活动断裂其形成时间短，胶结不好，导水多水，很可能成为边坡的优势面。

2）性质优势指标（性质软弱）。如结构面风化程度、充填物的厚度、矿物成分、形成时代、物理力学性质；结构面的粗糙度、张开度、水蚀痕迹及氡气辐射浓度等。

3）产状优势指标。结构面倾向坡外，与边坡倾向相同，倾角小于坡角，但大于结构面内摩擦角时，易产生临空面的滑动。

4）数量优势面指标。结构面数量的多少直接影响岩体的结构类型和性质，统计优势面就是数量优势的结构面。

（6）建立数学模型，按定值理论和概率理论寻求其最优解答。

1）定值分析法。通常的定值分析法用能力 C 与需求 D 之比即安全系数 $K=C/D$，或能力与需求之差即安全储备 $SM=C-D$ 来表示；它们分别小于 1 或小于 0 时即为失稳。如常用的极限平衡法，或由有限单元法得到应力场和位移场结果，确定安全系数判断边坡及整体的稳定性。

2）概率分析法。概率分析法认为安全系数 K 和安全储备 SM 的影响因素是随机变量，边坡的稳定性应该用概率理论分析。破坏概率为

$$P_f = P\{SM<0\} = P\{C-D<0\} \tag{2.3.2}$$

2.3.2.2 土质边坡工程

土质边坡分为自然边坡、挖方边坡、填方边坡。

1. 边坡稳定性的影响因素及评价方法

（1）自然边坡。

1）影响因素。

地质条件：主要指地质构造和新构造条件，风化情况、地下水活动及出露位置和特点等。

土质条件：主要指区别不同的土类，如黏性土、粉土、碎石土、黄土等。

2）评价方法。主要应基于勘察资料（地质条件和土质条件），并综合考虑各种影响因素，尤其是已发生或可能发生变化的天然和人为因素，分别对不同区段及边坡的不同部位的稳定状态作出预测。

（2）挖方边坡。

1）影响因素。坡高、坡比；挖方边坡的坡高、坡比和坡型可以根据经验和分析计算的结果进行选择和调整，以满足最终稳定性的要求；开挖引起坡体内应力的变化；开挖施工方法。

2）评价方法。自然边坡和挖方边坡这两类边坡都与土体的地层地质构造密切相关，故分析方法有其相似之处。

（3）自然边坡和挖方土质边坡稳定分析中的特殊不利情况。对于土质边坡，应该注意特殊的不利情况，如：边坡及邻近已有滑坡、崩塌、陷穴等；坡面上有水体漏水，河水急剧升降引起坡内动水压力作用；边坡处于强震区，或邻近地段有大爆破施工等情况。这些不利情况与边坡的滑动失稳类型和最险滑动面位置有密切关系，直接影响到可采用的稳定分析方法。

（4）填方边坡。由于填方边坡可以人为地选择填土密度、不同土类合理的组合，调整控制浸水范围，而有较好的条件，但仍必须计算它的稳定性。

2. 破坏模式的选定

边坡稳定性分析的破坏模式主要是寻求最危险滑动面的形状和位置。

（1）挖方边坡和自然边坡。挖方边坡和自然边坡的土层结构比较复杂。在土层结构比较复杂的情况下，最危险滑动面的形状呈平面形、折线面形或复合形，可以通过判断分析和计算对比的方法找到最险滑动面，得到相应的安全系数。

（2）填方边坡。填方边坡的土质一般较好，而且比较均匀，常用圆弧滑动面，视其边坡与地基情况可能为坡面圆（边坡高陡或地基在浅处有硬层）、坡脚圆（地基较好）、坡基圆（地基较弱），也可为复合圆（地基浅层有薄软弱夹层时）。

3. 计算参数的选取

（1）计算参数的种类。确定边坡的土性参数（如抗剪强度指标：黏聚力 c、内摩擦角 φ），本构模型的参数（邓肯-张模型的 8 个参数等），其他需用于计算的参数（物理特性指标、浸润面）。

（2）确定参数的基本原则。实践与计算表明，参数选择对于边坡稳定影响的敏感性往往大于滑动面形状或位置的影响（主要对填方边坡）。而且各种参数所显示的影响，也会因其他条件不同而表示出不同的敏感性。

4. 稳定系数的取值

(1) 稳定系数的定义。稳定系数主要是选择一个边坡至少应该满足的安全系数 F_s，它是设计中最重要的决策，具有重要的技术经济意义。

(2) 安全系数的确定依据。

1) 建筑物的等级（等级愈高，F_s 愈大）。

2) 要求保持稳定的期限（长者较大）。

3) 造成生命财产损失的大小（大者较高）。

4) 新设计或是验算复核（新设计较高）。

5) 计算方法的合理性，试验成果的可靠性，考虑因素的全面性。

6) 工作条件的特殊性（地震、渗流、骤降、降雨重现期等）。

建筑物的等级以及计算方法的合理性是选择安全系数的主要依据，再对不同的计算性质和工作条件适当调整，不同的规范均有明确要求：

《岩土工程勘察规范》（GB 50021—2009）规定：新设计边坡（包括对原边坡有加荷，增大坡角或开挖坡脚）的 Ⅰ、Ⅱ 和 Ⅲ 级工程分别为 1.3～1.5、1.15～1.3 和 1.05～1.15，验算边坡时，均取 1.10～1.25。

《建筑地基基础设计规范》（GB 50007—2011）规定：Ⅰ、Ⅱ 及 Ⅲ 级建筑物的滑坡验算时分别取 1.25、1.15 和 1.05。

2.3.3 边坡的增稳治理与预测预报

2.3.3.1 边坡增稳治理的措施

1. 基本原理

增大抗滑力，减小促滑力。

2. 治理措施

(1) 改形：减缓坡比，增加大平台，反压马道等。

(2) 支护：可用重力式挡土墙、混凝土连续墙、加筋挡土墙、抗滑桩、护坡等。

(3) 改造：可针对岩土体材料灌浆，针对岩土体结构锚、喷、土钉等。

(4) 治水：控制减小雨水下渗，降低水位，加强排水，疏散坡内水体，减小内水压力。常见的边坡治水措施如图 2.3.2 和图 2.3.3 所示。

2.3.3.2 边坡稳定程度的预测预报

边坡稳定程度的预测预报应该包括空间和时间两个方面。

1. 空间尺度上的评价预测

(1) 空间评价预测的定义。空间评价预测就是要根据岩性分布，地质构造，地貌类型，降雨分布，植被、气候特征，水文及水文地质，地震，土地利用与工程活动（时效因素）等对边坡的各种破坏变形，即灾害的分布做出评价预测，区分出高、中、低不同等级的灾害区。

(2) 空间评价预测的方法。采用信息量法，该法认为滑坡是在多因素最佳组合情况下发生的，可根据互信息量值的大小，分出不同等级的灾害区。把研究区分为若干个单元，对每个单元求互信息量，即对 n 因素组合 $(x_1, x_2, \cdots, x_i, \cdots, x_n)$，求出因素 x_1 对滑坡提供的信息量，加上 x_1 后，确定 x_2 因素对滑坡提供的信息量，再加上 x_i，直到

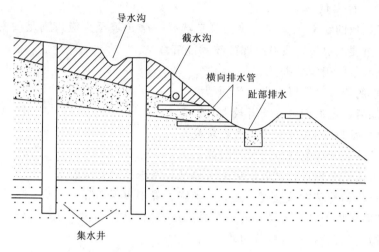

图 2.3.2 坡地地表排水、排水管及排水井方式

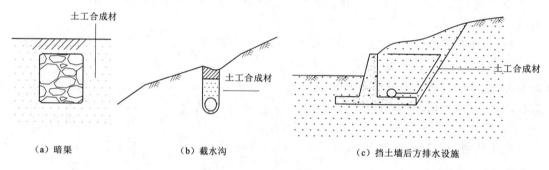

（a）暗渠　　　　　　　（b）截水沟　　　　　　（c）挡土墙后方排水设施

图 2.3.3 边坡治水结构形式

x_1，x_2，…，x_i，…，x_{n-1} 确定后，x_n 对滑坡提供的信息量。

2. 时间尺度上的预测预报

时间尺度上的预测预报就是预报边坡失稳的时间，通常有经验法、位移监测法与理论分析法。

（1）经验法。根据以下 3 种情况进行预报：

1）边坡失稳的前兆，如动物异常，地声、地表及房屋变形，小型滑塌加剧等。

2）边坡变形的规律，夏季、初秋为主要成灾季节，地震周期、太阳黑子活动周期与滑坡周期的关系。

3）边坡的物理参数，如声发射、温度场等。

（2）位移监测法。利用位移与时间的监测曲线预报。

1）边坡变形的三个阶段。边坡变形一般可分为减速蠕变、等速蠕变和加速蠕变三个阶段，第三阶段蠕变速度不断增大时导致边坡失稳。

2）破坏时间的确定。斋藤（M. Saito）提出了第三阶段的方程，只要在第三阶段的观测曲线上任取相邻的 3 个点得出它们的时间 t_1、t_2、t_3，则可以确定出破坏时间 t_r，t_r 由式（2.3.2）得出：

$$t_r - t_1 = \frac{(t_2 - t_1)^2/2}{(t_2 - t_1) - (t_3 - t_1)/2} \tag{2.3.2}$$

将第三阶段的监测点用幂函数或多项式进行拟合，求出回归线后，过曲线的端点作曲线的切线，其与横轴 t 的交点即为滑坡时间。拟合位移速度与时间的关系，最大位移速度点对应的时间即为失稳时间。用黄金分割原理将变形历时分为线性段 t_1 与非线性段 t_2，只要知道 t_1，就可由 $t_2 = 0.618t_1$，求出滑坡失稳所需的时间。根据所统计出地区的临界变形值 u_0 或临界变形速率 v_0 和实际变形值 u 或实际变形速率 v 求出稳定系数 $K_1 = u_0/u$，$K_2 = v_0/v$，稳定系数小于 1 时边坡失稳。

（3）理论分析法。基于生长曲线法、时序分析法、灰色理论模型法、新陈代谢模型法进行预测，这些方法可参考相应的参考书。

2.3.4 边坡的稳定性监测

1. 边坡监测的作用

（1）为稳定性评价提供稳定现状和发展趋势的信息。

（2）为施工安全提供变形性质、变形速度的信息。

（3）为防治效果提供反馈的信息。

2. 监测应注意的问题

要注意针对性、互补性、经济性和精确性。

3. 监测项目

（1）环境系统。包括气象要素、地下水要素、河库水位。

（2）位移系统。包括地表位移（水平位移、垂直位移、节理开闭、坡面倾斜）；深部位移（钻孔倾斜、结构面和滑动面剪切变形、坡体平洞倾斜）。

4. 常用的监测方法

三角测量和精密水准测量、坡面伸缩仪、钻孔倾斜仪、多点位移计、压力盒等。除此之外，近年来出现光纤传感器、测量机器人、空天一体化监测设备等现代化监测设备。

2.4 洞 室 工 程 问 题

2.4.1 岩土洞室工程的特点

1. 概念

岩土洞室工程是在岩土体内开挖出一定的地下空间，保证其稳定性，提供人类生产生活用途的工程。

2. 用途

（1）军工：指挥（掩蔽）所、通信设备、人防工程等。

（2）交通：地铁、隧道、地下公路、人行地道等。

（3）基础设施：自来水（污水）处理、电缆、给排水、煤气。

（4）仓储：冷库、粮仓、油罐等。

（5）民用：商场、旅馆室、游乐场、医院、住宅等。

（6）采矿：各种矿业通道。

（7）工业用：车间、工厂。

（8）水利：导流洞、泄洪洞、输水洞、过水隧洞等。

3. 特点

（1）沿线地质条件多变；施工作业面狭窄，工期长。

（2）围岩具有非均质、非连续、非线性和流变性。

（3）开挖、支护改变了岩体的应力场、渗流场、化学场。

（4）设计中经验准则（工程类比）占有重要地位。

4. 岩土洞室工程的主要环境问题

（1）围岩的变形与破坏：脆性岩体中的片帮、冒顶；塑性岩体中的顶板下沉；两帮和底板处的膨胀。

（2）突涌水（地表水、冲积层水、岩溶水及断层裂隙水等）的突、涌、漏、冒、滴、渗、湿。

（3）地表的移动和变形以及它引起的地面建筑物、构筑物破坏，地面积水和耕地破坏。

（4）岩爆引起的岩石突出与瓦斯突出造成的人员伤亡和建筑物破坏。

（5）地下高温的热害和天然与人工冻结的冻害等。

5. 影响围岩稳定性的基本因素

（1）工程地质条件（自然因素）：主要包括地质构造，岩性，岩体结构，风化程度及节理裂隙特征与组合规律，初始地应力场，地温场，地下水等。

（2）工程条件：主要包括洞室的埋深、断面形式、尺寸，支护结构的形式、材料，工程用途等。

（3）施工条件（施工因素）：主要包括洞室的开挖方式，开挖顺序，支护形式与时间，排堵、防水方法，工程监测与信息处理，作业方式与工程进度等。

6. 洞室问题及对策

（1）洞室的规划：主要考虑其使用功能和总体规划。

（2）洞室的具体位置（线型、埋深）。

1）受工程地质与水文地质条件的限制。

2）应由施工的可行性和工程的安全性两大控制因素来评价决定。

3）还要考虑其特殊的使用功能。如，当洞室用于核废料储存时要考虑稳定性、屏蔽性；当洞室有抗爆炸要求时要考虑抗爆性、地质构造的弱化作用。

2.4.2 岩土洞室工程的稳定性评价

2.4.2.1 岩体性质及其对围岩稳定性的影响

1. 影响洞室稳定性的根本因素

洞室的稳定性主要取决于岩体性质，而非岩块性质。岩体性质是影响洞室稳定性的根本因素。

2. 岩体的主要特征

（1）岩体的非均一性：非均质性，各向异性，不连续性和多相性。岩石沿层理面弱面的剥落；破裂范围不均匀引起的冒落拱偏转；不均匀回弹引起衬砌破坏；黏土岩遇水膨胀引起支架的压垮等。

（2）地应力的双重性。

1）地应力的定义。地应力是地壳岩体内存在的自然应力，也称为初始应力，按其成因可分为岩体自重应力和地质构造应力。它是由岩体自重，构造运动（地形变化引起的应力集中，板块运动弹性变形和剥蚀作用等）引起，是随时间和空间变化的一个相对稳定的非稳定场。

2）地应力的双重性。地应力的双重性是指地应力取决于岩体的内在特性与环境特性。

3）地应力的特性。垂直地应力：包括自重及构造应力，在 25～2700m 以内随深度成线性增长。垂直地应力与水平地应力的关系主要表现在以下几个方面：地壳上部（临界深度 200～2000m 不等）水平地应力大于垂直地应力，在地壳深部水平地应力接近于垂直地应力（由于构造应力具有较高的水平应力，且水平应力大于垂直应力）。大主应力方向接近水平，且各向不等压，有明显的方向性。

3. 选择洞室位置时应该考虑地应力特性

（1）单洞布置。应避开集中区，或使洞轴与最大主应力方向平行，或在压力大的一边采用曲线洞型（曲线形承载能力大），或通过加固围岩，利用围岩承载力，或主动弱化围岩（使构造应力降低），调整围岩的应力状态。

（2）洞群布置。应避开集中区，采用合理的布置方式，在平稳区远离布置，在释放区贴近布置。

4. 软岩的特性

软岩和结构面是岩土洞室工程中两个最突出的问题。

（1）软岩的四大特点：低强度、大变形、水敏性及流变性。

（2）软岩的围岩收敛变形特性。如图 2.4.1 所示，软岩的围岩收敛变形观测表明：

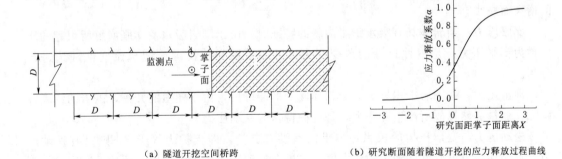

（a）隧道开挖空间桥跨　　　　　　（b）研究断面随着隧道开挖的应力释放过程曲线

图 2.4.1　围岩收敛变形观测

1）测点断面以前。当开挖在测点断面以前一定距离时，即开始出现变形，开挖愈接近测点断面，变形愈大、变形速度愈大。

2）通过测点断面之后。变形先是增大增速，而后增大减慢，到一定距离时开挖空间对变形已无影响。此前的变形称为空间效应变形，是由开挖造成的二次应力状态和紧跟支护造成的三次应力状态调整的综合反应，影响距离一般为 3～6 倍洞径。

3）空间效应变形消失之后。少量的变形主要由流变引起的阻尼变形段，它是应力调整与时间效应的综合反应。

4）阻尼变形段之后。观测到的变形全为匀速变形，围岩处于基本稳定状态，是可以进行二次支护的时间。

5. 减小结构面对围岩稳定性影响应该注意的问题

（1）洞轴应与岩层走向垂直，避免与岩层走向平行。有利于发挥岩梁作用（岩层的抗弯刚度），有利于洞室稳定，洞室的边墙及顶拱均可在较均匀的围岩压力下工作。

（2）洞轴穿越断层时也以近似直角为好，活断层要避开。

（3）洞轴避免与结构面相平行。洞轴与结构面平行时，易沿其结构面产生变形或塌落、滑动，此时，岩层的强度由层间黏力及摩擦力来表征。

（4）一般宜选择倾角在 20°～45°之间的结构面岩体中修建洞室。

岩层倾斜愈缓，摩擦力愈不能发挥，但可利用一些抗弯强度；倾斜过度，抗弯强度完全无法利用，非常不利。

2.4.2.2 围岩压力分析评价方法

1. 围岩压力的概念

（1）围岩压力的特性。

1）定义：围岩压力是指衬砌支护阻止围岩松弛移动变形（下塌）所受到的压力。

2）用途：它是作用在衬砌上的重要荷载，是洞室设计的主要参数之一。

3）类型：围岩压力主要有松动压力（刚支护时作用的压力）和变形压力（支护后产生的压力）、膨胀压力和冲击压力。

松动压力：由塑性区内围岩的松动、滑塌而产生，一般等于塑性区塌落体的自重压力。松动压力随着塑性区的扩大而增大。

变形压力：由围岩的弹性恢复变形和塑性变形在支护衬砌上所产生的压力，随塑性区的增大而减小。

膨胀压力：当岩体具有吸水膨胀崩解的特征时，由于围岩吸水而膨胀崩解所引起的压力称为膨胀压力，是一种特殊的形变压力，可以采用弹塑性理论配合流变性理论进行分析。

冲击压力：在围岩中积累了大量的弹性变形能以后，由于隧道的开挖，围岩的约束被解除，能量突然释放所产生的压力，是一种特殊的松动压力。

松动压力与变形压力的关系：如果洞室没有支护，即支护力等于 0，则只有松动压力，且松动压力可以发展到它的最大值。如果在松动压力发展到某值时开始设置支护，则支护上最初只作用有此松动压力，而后，围岩的继续变形（弹性变形和塑性变形）又在支护上引起变形压力。及时支护时，支护上作用的压力实际上是由围岩变形所引起的变形压力。

（2）围岩压力的确定方法。围岩压力可由理论分析或经验公式求得。对于松散岩体和土体，将裂隙极为发育的破碎岩体视为松散介质，在埋深不大的洞室计算中，围岩压力由松散介质理论（普氏的坍落拱理论和太沙基的平衡拱理论）计算松散压力的方法确定。对于坚硬、有明显节理裂隙或构造断层切割的岩体围岩压力应同时考虑松动压力（刚支护时作用的压力）和变形压力（支护后产生的压力），可用连续介质的弹塑性理论计算。

2. 洞室围岩应力及其重分布

（1）开挖后洞室附近岩体应力的重分布。洞室开挖以后，形成临空面，洞周附近一定范围内的岩体将产生应力的重分布，洞壁由原来的三向应力状态改变成二向应力状态（切向和径向应力）。在重分布应力作用下，洞周边的岩体将产生向洞内位移变形或失稳破坏。洞壁径向应力为零，且随着岩体远离洞轴而逐渐增大。切向应力增加为初始应力的 2 倍，且随着岩体远离洞轴而逐渐减小。在洞壁附近径向应力和切向应力变化较快，增减迅速。但深入围岩一定深度后，两者都很接近初始应力。

（2）围岩。围岩指受洞室开挖工程力影响、且与洞室稳定有关的那一部分岩体。即地下洞室周围地层中，因开挖而发生应力重新分布或将产生新的位移的那一部分岩土体称为围岩（一般为 5～6 倍的洞径）。

（3）围岩应力的分布特征。

1）应力降低区。当洞壁附近切向围岩应力超过岩体的强度极限（脆性岩石）或屈服极限（塑性岩石）时，洞壁附近就开始产生塑性变形，并向围岩深部发展，形成非弹性变形区（塑性松动区 1）。此区内的切向应力向深部岩体转移，只有残余强度和低水平应力，故为应力降低区，如图 2.4.2 所示。

2）应力升高区。由开挖扰动集中的高应力转移到塑性松动区外围的岩体弹性区，形成应力升高区（弹性变形区 2）。

3）原岩应力区。应力降低和升高这两个区为二次或三次应力状态的影响范围。在弹性变形区外，岩体应力不再受洞室的影响，为原岩应力区（天然应力区 3）。

3. 围岩压力计算理论

（1）荷载结构法（围岩压力和围岩抗力）。首先要求得到衬砌结构上作用的荷载；然后算出结构中的内力；据以设计结构的尺寸和配筋（刚度）；再验算结构材料的强度。

（2）有限单元法（地层-结构法）。有限单元法与反分析技术的结合，使洞室计算技术出现了新局面。

（3）信息化施工方法：监控量测＋反演分析＋调整设计＋经验判断。

4. 围岩压力的解析方法

（1）弹性变形时。弹性变形时，围岩是稳定的，它引起的应力可以由弹性理论公式求解得到（一般对圆形，侧压力系数为 0 或 1，对非圆形一般引入一个修正系数），但弹性变形只发生在二次或三次应力状态发展过程的初期。这一阶段，出现了著名的柯西

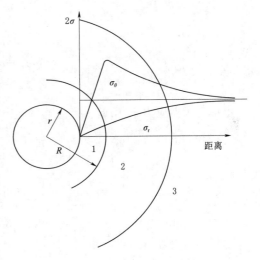

图 2.4.2　围岩应力分布图
1—塑性松动区（应力降低区）；2—弹性变形区
（应力升高区）；3—天然应力区

（G. Kirsch）课题和拉梅（G. Lame）解答。柯西课题的 4 个基本假设如下：

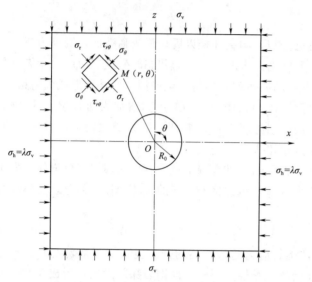

图 2.4.3　圆形洞室围岩应力分析模型

1）围岩为均质、各向同性的连续介质，可视为无限大弹性薄板。

2）只考虑自重形成的初始应力场，沿 X 方向的外力为 σ_h，竖直方向的外力为 σ_v，且岩体天然应力比值系数为 λ。

3）隧道形状以规则的圆形为主，开挖半径为 R_0。

4）隧道埋设于相当深度，看作无限平面中的孔洞问题，其力学模型如图 2.4.3 所示，根据弹性理论推导出了围岩应力场和变形场的计算公式。

若水平和铅直的天然应力均为主应力，则开挖前板内的天然应力为

$$\begin{cases} \sigma_z = \sigma_v \\ \sigma_v = \sigma_h = \lambda \sigma_v \\ \tau_{xz} = \tau_{zx} = 0 \end{cases} \quad (2.4.1)$$

由铅直天然应力 σ_v 引起（产生）的重分布应力：

$$\begin{cases} \sigma_r = \dfrac{\sigma_v}{2}\left[\left(1 - \dfrac{R_0^2}{r^2}\right) - \left(1 - \dfrac{4R_0^2}{r^2} + \dfrac{3R_0^4}{r^4}\right)\cos 2\theta\right] \\ \sigma_\theta = \dfrac{\sigma_v}{2}\left[\left(1 + \dfrac{R_0^2}{r^2}\right) + \left(1 + \dfrac{3R_0^4}{r^4}\right)\cos 2\theta\right] \\ \tau_{r\theta} = \dfrac{\sigma_v}{2}\left[\left(1 + \dfrac{R_0^2}{r^2} - \dfrac{3R_0^4}{r^4}\right)\sin 2\theta\right] \end{cases} \quad (2.4.2)$$

由水平天然应力产 σ_h 生的重分布应力：

$$\begin{cases} \sigma_v = \dfrac{\sigma_h}{2}\left[\left(1 - \dfrac{R_0^2}{r^2}\right) + \left(1 - \dfrac{4R_0^2}{r^2} + \dfrac{3R_0^4}{r^4}\right)\cos 2\theta\right] \\ \sigma_\theta = \dfrac{\sigma_h}{2}\left[\left(1 + \dfrac{R_0^2}{r^2}\right) + \left(1 + \dfrac{3R_0^4}{r^4}\right)\cos 2\theta\right] \\ \tau_{r\theta} = \dfrac{-\sigma_h}{2}\left[\left(1 + \dfrac{2R_0^2}{r^2} - \dfrac{3R_0^4}{r^4}\right)\sin 2\theta\right] \end{cases} \quad (2.4.3)$$

由式（2.4.2）、式（2.4.3）得，由 σ_v 和 σ_h 同时作用时引起圆形洞室围岩重分布应

力的计算公式：

$$
\begin{cases}
\sigma_v = \dfrac{\sigma_h + \sigma_v}{2}\left(1 - \dfrac{R_0^2}{r^2}\right) + \dfrac{\sigma_h - \sigma_v}{2}\left(1 - \dfrac{4R_0^2}{r^2} + \dfrac{3R_0^4}{r^4}\right)\cos2\theta \\[2mm]
\sigma_\theta = \dfrac{\sigma_h + \sigma_v}{2}\left(1 + \dfrac{R_0^2}{r^2}\right) - \dfrac{\sigma_h - \sigma_v}{2}\left(1 + \dfrac{3R_0^4}{r^4}\right)\cos2\theta \\[2mm]
\tau_{r\theta} = -\dfrac{\sigma_h - \sigma_v}{2}\left(1 + \dfrac{2R_0^2}{r^2} - \dfrac{3R_0^4}{r^4}\right)\sin2\theta
\end{cases}
\tag{2.4.4}
$$

由式（2.4.4）可知：

当 σ_v、σ_h 和 R_0 恒定时，重分布应力是研究点位置（R，θ）的函数。当 $r = R_0$ 时，洞壁上的重分布应力：

$$
\begin{cases}
\sigma_r = 0 \\[1mm]
\sigma_\theta = \sigma_h + \sigma_V - 2(\sigma_h - \sigma_V)\cos2\theta = \sigma_V[1 + \lambda + 2(1-\lambda)\cos2\theta] \\[1mm]
\tau_{r\theta} = 0
\end{cases}
\tag{2.4.5}
$$

地下洞室开挖后洞壁上一点的应力与开挖前洞壁处该点天然应力的比值，称为应力集中系数。该系数反映了洞壁各点开挖前后应力的变化情况，根据应力集中系数（隧洞开挖后应力重分布的环向应力与原岩应力 σ_0 的比值）k，可以得到洞壁不同位置处的应力集中系数大小，且 $k < 0$ 表示为拉应力，$k > 0$ 表示为压应力：

$$
k = (1 + \lambda) + 2(1 - \lambda)\cos2\theta
\tag{2.4.6}
$$

计算结果表明，位于洞室水平轴线端点（$\theta = 0°$ 或 $180°$，即隧洞两侧壁）的应力集中系数 $k = 3 - \lambda$；位于垂直轴端点（$\theta = 90°$ 或 $270°$，即洞顶或洞底）的切向应力集中系数 $k = 3\lambda - 1$。

讨论：当 $\lambda < 1/3$ 时，洞顶底 $k < 0$，将出现拉应力；当 $1/3 < \lambda < 3$ 时，$k > 0$，洞壁周围全为压应力且应力分布较均匀；当 $\lambda > 3$ 时，两侧壁 $k < 0$，将出现拉应力，洞顶底则出现高压应力集中。每种洞形的洞室都有一个不出现拉应力的临界 λ 值，这对不同天然应力场中合理洞型的选择很有意义。

设 $\lambda = 1$，$\sigma_v = \sigma_h = \sigma_0$，由式（2.4.5）可得拉梅解答：

$$
\begin{cases}
\sigma_r = \sigma_0\left(1 - \dfrac{R_0^2}{r^2}\right) \\[2mm]
\sigma_\theta = \sigma_0\left(1 + \dfrac{R^2}{r^2}\right) \\[2mm]
\tau_{r\theta} = 0
\end{cases}
\tag{2.4.7}
$$

由式（2.4.7）可得到洞壁及以外岩体中的重分布应力的影响范围，如图 2.4.4 所示。

针对上式进行如下讨论：

1）围岩中的应力与岩石的弹性常数 E、μ 无关，而且也与洞室的尺寸无关，因为公式中包含着洞室半径 r_0 与矢径长度 r 的比值。因此，应力的大小与此比值直接有关。

2）当 $r = R_0$，$\sigma_r = 0$，$\sigma_\theta = 2\sigma_0$，洞壁上应力差最大，且处于单向受力状态，最易发生破坏。

3）当 $r \to \infty$，$\sigma_r \uparrow \to \sigma_0$，$\sigma_\theta \downarrow \to \sigma_0$。

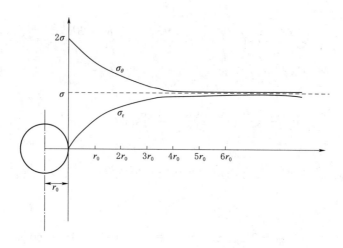

图 2.4.4 σ_r、σ_θ 与 r 之间的变化曲线

4）当 $r=6R_0$ 时，$\sigma_r=\sigma_\theta$，因此，一般认为，地下洞室开挖引起的围岩分布应力范围为 $6R_0$。在此范围之外，不受开挖影响。

（2）塑性变形时。当围岩中出现非弹性变形区时，围岩就有坍落的危险，它挤压支护结构形成变形压力。塑性区岩体稳定是由外圈弹性区中的岩体应力和洞室内的衬砌抗力共同维持的。可以根据非弹性变形区应力状态达到极限平衡的条件来确定计算非弹性区内的径向压力（洞壁处）和范围（半径）。依据这个原理，Fenner（芬涅尔）在均质及侧压力系数 K=1 的条件下得到了一个计算围岩压力的解析公式，简称芬纳公式。

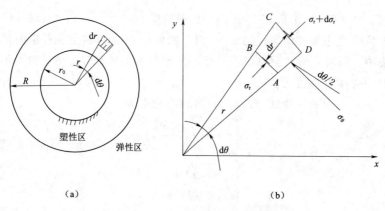

（a）   （b）

图 2.4.5 圆形洞室围岩内的微分单元

下面对芬纳公式的推导基本原理进行分析。如图 2.4.5 所示，设圆形洞室的半径为 r_0，在 $r=R$ 的可变范围内出现了塑性区，R 为塑性区半径。在塑性区内割取一个单元体 $ABCD$，这个单元体的径向平面互成 $d\theta$ 角，两个圆柱面相距 dr。

由于轴对称，塑性区内的应力只是 r 的函数，而与 θ 无关。考虑到应力随 r 的变化，如果 AB 面上的径向应力是 σ_θ，那么 DC 面上的应力应当是 $\sigma_r+d\sigma_r$。AD 和 BC 面上的切向应力均为 σ_θ。

根据平衡条件，沿着单元体径向轴上的所有力之和为 0，即 $\sum F_r = 0$，得：

$$\sigma_r r \, \mathrm{d}\theta + 2\sigma_\theta \mathrm{d}r \sin\frac{\mathrm{d}\theta}{2} - (\sigma_r + \mathrm{d}\sigma_r)(r + \mathrm{d}r)\mathrm{d}\theta = 0 \tag{2.4.8}$$

因为 $\mathrm{d}\theta$ 很小，$\sin\mathrm{d}\theta/2 = \mathrm{d}\theta/2$，将这种关系式代入上式，并消去 $\mathrm{d}\theta$ 和高阶无穷小，得到下列微分方程式：

$$(\sigma_\theta - \sigma_r)\mathrm{d}r = r\mathrm{d}\sigma_r \tag{2.4.9}$$

这就是塑性区域内的平衡微分方程式。塑性区内的应力必须满足这个方程式，此外还必须满足下列的塑性平衡条件：

$$\frac{\sigma_3 + c\cot\varphi}{\sigma_1 + c\cot\varphi} = \frac{1 - \sin\varphi}{1 + \sin\varphi} = \frac{1}{N_\varphi} \tag{2.4.10}$$

这里 σ_1、σ_3 为大、小主应力，c 为岩体的黏聚力，N_φ 为塑性系数。在本情况中，$\sigma_1 = \sigma_\theta$、$\sigma_3 = \sigma_r$。因此，塑性平衡条件为

$$\frac{\sigma_r + c\cot\varphi}{\sigma_\theta + c\cot\varphi} = \frac{1}{N_\varphi} \tag{2.4.11}$$

将上述方程式联立，并从这两个方程式中消去 σ_θ，得到：

$$\frac{\mathrm{d}(\sigma_r + c\cot\varphi)}{\sigma_r + c\cot\varphi} = \frac{\mathrm{d}r}{r}(N_\varphi - 1) \tag{2.4.12}$$

解此微分方程式，并考虑到：当 $r = R$ 时，即在塑性区与弹性区的交界面上，满足弹性条件的应力是：

$$(\sigma_r)_{r=R} = \sigma_0\left(1 - \frac{r_0}{R}\right) \tag{2.4.13}$$

用这个条件解微分方程式，得到：

$$\sigma_r = -c\cot\varphi + A\left(\frac{r}{r_0}\right)^{N_\varphi - 1} \tag{2.4.14}$$

式中：$A = (c\cot\varphi + p_0)(1 - \sin\varphi)\left(\dfrac{r_0}{R}\right)^{N_\varphi - 1}$。

如果岩石的 c、φ、p_0 以及洞室的 r_0 为已知，R 已经测定或者指定，则利用式 (2.4.13) 可以求得 R 范围内任一点的径向应力 σ_r，将 σ_r 的值代入式 (2.4.14)，即可求出 σ_θ，也就是说可以求出塑性区内的应力。但我们的目的不仅于此，而更需要的是决定洞室上的山岩压力。

当式 (2.4.14) 中的 $r = r_0$ 时，求得的 σ_r 即为维持洞室岩石在以半径为 R 的范围内达到塑性平衡而所需要施加在洞壁上的径向压力的大小。令这个压力为 p_i，得到：

$$p_i = -c\cot\varphi + (c\cot\varphi + p_0)(1 - \sin\varphi)\left(\frac{r_0}{R}\right)^{N_\varphi - 1} \tag{2.4.15}$$

洞室开挖后，围岩应力重分布而逐渐进入塑性平衡状态，塑性区不断地扩大，洞室周界的位移量也随着塑性圈的扩大而增长。设置衬砌、支护、支撑以及灌浆的目的，就是要给予洞室围岩一个反力，阻止围岩塑性圈的扩大和位移量的增长，以保证岩体在某种塑性范围内的稳定。如果及时进行衬砌支护，则衬砌支护与围岩要产生共同变形，这个变形量也决定了衬砌支护与围岩之间的相互压力。这个压力，对于围岩来说，是衬砌、支护对岩

体的反力（或洞室周界上的径向应力，它改变了洞周径向应力为零的状态）；对于衬砌支护来说，这个压力就是岩体对支护、衬砌的山岩压力，或变形压力。因此，式（2.4.15）可以用来计算山岩压力。这个公式称为芬纳公式，又称塑性应力平衡公式。

理论分析的缺点：实际工程中地质条件复杂，使非弹性区的形状是不规则的；理论公式推导中把围岩完全当作弹塑性体，并把侧压力系数假定为 1，这些不完全符合实际。因此，理论解析解对实际工程中经常面临的复杂地质条件和洞室问题，仍然无能为力。

5. 数值分析方法

地下工程分析常用的数值方法包括：有限元法、边界元法、无限元法和离散元法。其中，有限元法、边界元法建立在连续介质力学的基础上，适用于小变形分析。

（1）数值分析方法的优点。在计算围岩压力和非弹性区的半径方面，数值分析方法具有明显的优越性。

1）可以面对复杂的围岩（岩层组合、软弱夹层、节理分割）、外载、结构（复杂边界、洞群交叉等）施工（开挖、支护等）等条件。

2）通过无量纲的数值模拟试验，可以从不同试验结果的相对变化中寻求规律。

3）各种数值计算方法的耦合使用时，可以取长补短，以较小的代价求得较好的计算精度。

4）利用现场量测信息进行反分析技术，可以为数值计算提供实用的"计算参数"。

（2）数值分析方法的缺点。

1）计算参数难以准确获取。

2）在复杂及大范围内应用受计算机容量的限制。

3）计算费用较高等。

（3）有限元方法的基本特征。有限元方法发展较早，较为成熟。有限元方法是把围岩和支护结构都划分为单元，将荷载移植于节点，利用插值函数考虑连续条件、引入边界条件，由矩阵力法或位移法求解，或者根据能量原理建立起整个系统的虚功方程（刚度方程），从而求出系统上各节点的位移以及单元的应力。其主要步骤如下：

1）划分单元，离散结构。

2）单元分析，求单刚。

3）整体分析，组合总刚。

4）求解刚度方程，求出单元节点位移。

5）求单元应力。

有限元法求解时，需要截取足够大的计算范围，将求解域离散为有限个单元，用分片插值的方法求解连续场函数。用单元划分模拟复杂的几何边界和结构体；用等效节点荷载和刚度矩阵的变化模拟开挖和建造过程；用改变材料模式和参数模拟地层组合；用自动动态增量形式的计算模拟材料非线性和几何非线性大变形。地下洞室工程有限元方法有如下特点：

1）地下工程的支护结构与其周围的岩体共同作用，可把支护结构与岩体作为一个统一的组合来考虑，将支护结构及其影响范围内的岩体一起进行离散化。

2）作用在岩体上的荷载是地应力，主要是自重应力和构造应力。在深埋情况下，一般可把地应力简化为均布垂直地应力和水平地应力,加在围岩周边上。地应力的数值原则上应由实际存在确定,但由于地应力测试工作费时费钱,工程上一般很少测试。对于深埋的结构,通常的做法是把垂直地应力按自重应力计算,侧压系数则根据当地地质资料确定。对于浅埋结构,垂直应力和侧压系数均按自重应力场确定。

3)通常把支护结构材料视作线弹性,而围岩及围岩中节理面的应力-应变关系视作非线性,根据不同的工程实践和研究需要,采用材料非线性的有限元法进行分析。

4)由于开挖及支护将会导致一定范围内围岩应力状态发生变化,形成新的平衡状态。因而分析围岩的稳定与支护的受力状态都必须考虑开挖过程和支护时间早晚对围岩及支护的受力影响。因此,计算中应考虑开挖与支护施工步骤的影响。

5)地下结构过程一般轴线很长,当某一段地质变化不大时,且该段长度与隧道跨度相比较大时,可以在该段取单位长度隧道的力学特性来代替该段的三维力学特性,这就是平面应变问题,使计算大大简化。

(4)边界元法的基本特征。边界元法只在岩体表面划分单元,将控制方程转化为已知边界的边界积分方程,求解相应的代数方程组。当对均质岩体做线性分析时,利用边界元法比有限元法能大大减少工作量。

(5)无限元法的基本特征。利用在某一个方向趋于无穷远的无限域单元,它的位移函数在无穷远处满足无限域的边界条件。避免了有限元法需足够大的计算范围,并需在其边界上规定相应边界条件所引起的大计算量和较差的计算精度。

(6)离散元法的基本特征。离散元法是对于破碎的围岩,可以将弱面切割的不连续体视为块集合体,根据块体运动时的相互嵌入量及接触刚度来确定块体之间的作用力,通过迭代搜集力系不平衡可能脱落的块体,以及它们对结构造成的压力。

6. 信息反馈法

信息反馈法指的是为了确保隧道工程支护结构的安全可靠和经济合理,必须在施工阶段进行监控量测(现场监测),及时收集由于隧道开挖而在围岩和支护结构中所产生的位移和应力变化等信息(数据处理),并根据一定的标准来判断是否需要修改预先设计的支护结构和施工流程(信息反馈),实现设计和施工与围岩的实际动态相匹配这一过程,该方法称为信息反馈法(监控法),其设计流程如图2.4.6所示。

其具体过程是针对一般已知外载、材料力学性质初始参数、现场量测信息(力学响应参数)作为输入参数,按照一定的力学模型计算出力学响应,然后反求材料性质参数,并将其等效参数用于支护结构的修正、优化分析等过程。

2.4.2.3 洞室围岩稳定性的评价

收敛变形是围岩稳定状态的最直接表现,由于收敛变形量测简单、可靠性高,常常被工程设计与施工人员当作判断洞室围岩稳定性态的重要指标。一般认为洞室周围最大允许位移与围岩的变形模量(刚度)有关,与洞室的跨度、高度有关,与洞室节理密度、方位及节理面的力学性态有关,当然也与洞室围岩的强度参数有关。由于影响因素复杂,目前对洞室稳定性的评价尚无统一的理论方法,工程上主要采用围岩的单轴抗压强度与洞室尺寸进行粗略估算。此外,可根据支护结构的受力状态进行评价和基于围岩级别的综合性判断。

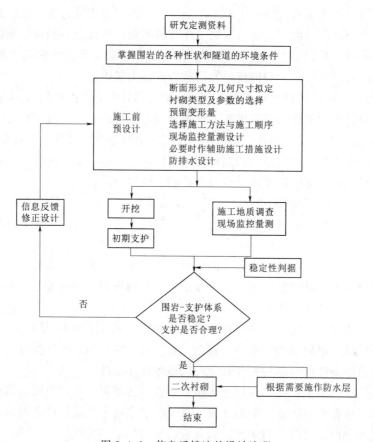

图 2.4.6　信息反馈法的设计流程

1. 根据收敛变形进行评价

（1）经验公式法。苏联学者通过对大量观测数据的整理，得出了用于计算洞室周边容许最大变形值的近似公式：

$$\begin{cases} \delta_c = 12.0B/f_k^{\frac{3}{2}} \\ \delta_s = 4.5H^{\frac{3}{2}}/f_k^2 \end{cases} \tag{2.4.16}$$

式中：δ_c 为拱顶沉降，mm；δ_s 为边墙水平位移，mm；B 为洞室跨度，m；H 为边墙自拱脚至底板的高度，m；f_k 为普氏系数：$f_k = \alpha R_b/10$，无量纲；R_b 为岩体单轴饱和抗压强度，MPa。

（2）规范法。《岩土锚杆与喷射混凝土支护工程技术规范》（GB 50086—2015）中的现场监控量测的数据处理与反馈中规定：隧洞周边的实测位移相对值或用回归分析推算的最终位移值均应小于表 2.4.1 所列数据值。

（3）围岩塑性松动区判定方法。在洞室开挖中，围岩应力发生重分布，在重分布应力作用下围岩很容易发生塑性变形而改变其原有的物性状态。因为开挖后洞壁的应力集中最大。当洞壁重分布应力超过围岩屈服强度时，洞壁围岩就开始由弹性状态向塑性状态转化，并开始形成围岩塑性松动圈。但是这种塑性圈不会无限扩大。这是由于随着距洞壁距

表 2.4.1　　　　　　　　　　　　隧洞周边允许位移相对值　　　　　　　　　　　　　%

围岩类别	隧洞埋深/m		
	<50	50～300	300～500
Ⅲ	0.1～0.3	0.2～0.5	0.4～1.2
Ⅳ	0.15～0.5	0.4～1.2	0.8～2.0
Ⅴ	0.2～0.8	0.6～1.6	1.0～3.0

注　1. 周边位移相对值系指两测点间实测位移累计值与两测点间距离之比。两测点间位移值也称收敛值。
　　2. 脆性围岩取表中较小值，塑性围岩取表中较大值。
　　3. 本表适用于高跨比 0.8～1.2 的下列地下工程：Ⅲ级围岩跨度不大于 20m、Ⅳ级围岩跨度不大于 15m、Ⅴ级围岩跨度不大于 10m。
　　4. Ⅰ、Ⅱ级围岩中进行量测的地下工程以及Ⅲ、Ⅳ、Ⅴ级围岩中在表注 3 范围之外的地下工程应根据实测数据的综合分析或工程类比方法确定允许值。

离的增加，径向应力由零逐渐增大，并渐趋于天然应力值，从而使围岩由单轴应力状态渐变为双轴应力状态，使围岩强度条件得到改善。围岩由塑性状态逐渐转化为弹性状态。

塑性松动圈围岩由于强度恶化而丧失部分承载力，为了提高其承载力，采用合理的系统锚杆对其进行加固处理，只要锚杆有效长度能够控制塑性松动圈的范围，则由于锚杆加固的多种效应组合就可以使塑性松动圈围岩重分布应力逐渐松弛而降低向弹性圈转嫁。因此，只要锚杆拉力不超过其最大设计拉拔力，塑性松动圈在锚杆长度范围之内，则可以认为洞室围岩稳定。

前两种计算方式均与围岩 c、φ 值，变形模量 E、围岩埋深 H 等主要因素没有趋势关系，显然不合理。西安理工大学李宁教授根据多年经验，结合洞室的不同工作条件与运行要求，按洞室围岩不产生塑性松动区为允许条件，首次提出了一个圆形隧洞允许沉降量公式：

$$\delta_{\text{顶}} = r\sin\varphi(P + c\cot\varphi)/2G \tag{2.4.17}$$

式中：P 为洞室上覆压力，一般取 γH；r 为洞径；G、c、φ 分别为围岩的剪切模量、黏聚力和内摩擦角。

对于不同埋深不同围岩强度参数，可计算出洞室围岩不出现松动区的洞顶最大允许沉降量。该公式在西安市黑河引水工程导流洞工程应用，已证明了其可靠性。

在现场的监测中发现，经过爆破开挖后围岩总有部分进入塑性状态，深度为 R 塑性区时允许沉降量公式，由芬纳公式再推导一个具有半径为 R 的塑性区半径的拱顶沉降 δ_c 的表达式，如下：

$$\delta_c = r(1 - \sqrt{1 - B}) \tag{2.4.18}$$

其中

$$B = K_1 K_2 K_3$$

$$K_1 = 2 - \frac{1+u}{E}\sin\varphi(\gamma H + c\cot\varphi)$$

$$K_2 = \frac{1+u}{E}\sin\varphi(\gamma H + c\cot\varphi)$$

$$K_3 = \left(\frac{R}{r}\right)^2$$

基于以上多种方法，并结合专家经验及已完成的多项隧洞工程围岩的安全性分析，针对洞室围岩稳定开发出围岩稳定性快速评判系统。

（4）修正的芬纳公式评价。在现场的监测中发现，经过爆破开挖后围岩总有部分进入塑性状态，深度为 R 塑性区时允许沉降量公式，由修正芬纳公式再推导一个具有半径为 R 的塑性区半径的 δ_c 的表达式，如下：

$$\delta_c = r(1 - \sqrt{1-B}) \tag{2.4.19}$$

式中：B 的取值与式（2.4.18）相同，仅对 K_3 进行了修正。

$$K_3 = \left[\frac{\gamma H(1-\sin\varphi) + C\cot\varphi}{(\gamma H + C\cot\varphi)(1-\sin\varphi)}\right]^{\frac{1-\sin\varphi}{\sin\varphi}}\left(\frac{R}{r}\right)^2 \tag{2.4.20}$$

各符号的意义同上。根据以上两公式，选定以下几组参数中各段最小值，假定隧洞埋深 100m，隧洞直径 10m，相应的拱顶沉降量见表 2.4.2。

根据以上两公式可以计算出各种情况下的允许沉降量用以判断围岩的稳定性。

表 2.4.2   允 许 的 拱 顶 沉 降 量

围岩类别	按式（2.4.18）		按式（2.4.19）	
	拱顶沉降量/mm	假定塑性区深度/m	拱顶沉降量/mm	假定塑性区深度/m
Ⅰ	1.59	0.0	2.29	1.0
Ⅱ	2.40	0.0	4.71	2.0
Ⅲ	3.12	0.0	7.99	3.0
Ⅳ	9.27	0.0	30.11	4.0
Ⅴ	21.33	0.0	85.86	5.0

2. 根据支护结构安全性态进行评价

现场的支护措施常常将围岩的稳定性问题转化为支护系统的安全性，然而对支护结构安全性的评断更是处于初期的经验摸索阶段。监测组根据现场拉拔试验及若干工程的塌方教训总结分析提出了支护结构安全性的评判标准，主要从支护结构受力绝对量值和绝对量值的变化率两个方面来确定。

（1）锚杆安全性的评判。采用锚杆的实测拉拔力应小于锚杆的允许拉拔力来评判锚杆安全与否。影响锚杆拉拔力的主要因素有锚杆的直径、长度、钢的抗拉强度、围岩类别以及锚杆与岩体间黏结材料的强度，所以在计算锚杆的允许拉拔力时应当考虑两类情况的综合影响。

$$N_m < [N] = \begin{cases} \sigma\pi\left(\dfrac{d}{2}\right)^2 \\ \pi dL\tau \end{cases} \tag{2.4.21}$$

式中：N_m 为实测值；$[N]$ 为锚杆的允许拉拔力，按下列两种方法分别计算后取小值。

1）按钢筋拉断情况 $[N] = \sigma\pi\left(\dfrac{d}{2}\right)^2$，$\sigma$ 为钢材的设计抗拉强度。

2) 按钢筋拔出情况 $[N]=\pi dL\tau$，τ 为砂浆和围岩的抗剪强度取小值，L 为锚杆长度。

(2) 喷射混凝土层的安全评判。实测喷射混凝土层应力 σ_m 应小于喷射混凝土层的强度（抗拉强度 σ_t、抗压强度 σ_c）准则：

$$\sigma_m<[\sigma_t],\sigma_m<[\sigma_c] \tag{2.4.22}$$

喷层安全性评判还可以根据其变形进行判断，本书还提出了实测喷射混凝土层的应变应小于喷射混凝土层的允许应变准则。

混凝土的变形达到一定程度时将会出现裂缝，为了防止喷射混凝土层因过大变形而导致裂缝，将一般混凝土的容许拉应变 $[\varepsilon_t]$ 作为喷射混凝土容许应变，并用于喷射混凝土安全性判定：

$$\varepsilon_m<[\varepsilon_t] \tag{2.4.23}$$

(3) 钢拱架的安全评判。钢拱架与围岩多以点对点方式接触，钢拱架的稳定性主要是结构整体的稳定问题，根据钢拱架的布设情况提出根据几何非线性的屈曲分析出钢拱架失稳临界变形或荷载，从而用以判断钢拱架的整体稳定性。

3. 基于围岩分级的经验评价方法

洞室围岩的稳定性通过计算做出评价虽是一种常用的方法，但经验评价的方法经长期的研究总结，已经得到了广泛的应用。

(1) 基本思路。对岩体先进行明确的工程分类，再根据不同类岩体在不同工程条件下运用的经验来判断其岩体的稳定性或提出处理措施。

(2)《工程岩体分级标准》（GB/T 50218—2014）岩体的分类。如前所述，岩体的稳定性主要取决于岩体的坚硬程度和岩体的完整程度，同时受地应力、地下水以及工程参数的影响。我国《工程岩体分级标准》（GB/T 50218—2014）就是将前两个因素（坚硬程度和完整程度）作为基本控制因素，分别用岩体单轴饱和抗压强度 R_C 及岩体完整性指标 K_V 表示（岩石声波波速与岩体声波波速之比的平方），同时考虑地应力、地下水以及工程参数的影响，对岩体进行分类。

1) 将岩石坚硬程度分为 5 级：坚硬（$R_C>60\text{MPa}$），较坚硬（$60\sim30\text{MPa}$），较软（$30\sim15\text{MPa}$），软（$15\sim5\text{MPa}$），极软（$<5\text{MPa}$）。

2) 将岩体完整程度分为 5 级：完整（$K_V>0.75$），较完整（$0.75\sim0.55$），较破碎（$0.55\sim0.35$），破碎（$0.35\sim0.15$），极破碎（<0.15）。

3) 用它们的组合作为岩体基本质量定量指标 BQ（Basic quality），即 $BQ=90+3R_C+250K_V$。

4) 对于地下水、软弱结构面产状及初始地应力的影响，再分别引入修正系数 K_1、K_2 和 K_3，最终得到岩体质量指标 $[BQ]=BQ-100(K_1+K_2+K_3)$。

5) 再结合岩体的定性特性将岩体质量分为 5 级：Ⅰ级（$[BQ]>550$），Ⅱ级（$451\sim550$），Ⅲ级（$351\sim450$），Ⅳ级（$251\sim350$），Ⅴ级（$\leqslant250$）。

6) 进而对不同级别的岩体中地下工程（不同跨度）的自稳能力（不产生任何形式破坏的能力）提出判定，为支护设计提供了基础。

(3) 经验评价方法的发展。

经验评价方法相关的研究已经经历了一个长期过程：早期的普氏坚固系数方法；20世纪 60 年代日本的弹性波速分类法；美国 Deere 的岩芯复原率 RQD（岩芯质量指标，即长度在 10cm 以上的岩芯累计长度与钻孔长度的比率）分类法；RSR 分类系统，以及在此基础上的 RMR 分类系统和 SMR（国际岩石力学学会推荐）与 Barton 的 Q 分类系统；在实际中皆已有广泛的应用。

近年来，还出现了强调因地制宜的围岩稳定性动态分级的方法：即先给出一个粗糙的初始分级，然后按某种原则进行反复修改，直至分级比较合理为止，还有动态专家系统，为这个领域带来了新的生机。

2.4.3 岩土洞室工程的监测技术

2.4.3.1 常规监测技术

从围岩稳定监控出发，项目重点监测围岩质量差（剪切破碎带和断层）及局部不稳定块体；从反演分析设计、评价支护参数合理性出发，项目拟在代表性地段（不同围岩类型、断层处）和特殊的工程部位（隧洞入口、出口处及错车带等）设置观测断面。为了使提供给反演分析的数据尽量准确可靠，采用在同一断面将位移监测项目（收敛观测）和应力监测项目（锚杆、喷层应力观测）相结合来布置测点的方案。

1. 洞周收敛变形监测

隧洞周边净空尺寸的变化，常称为收敛位移。一般采用传统穿孔钢卷尺式收敛计与高精度激光全站仪相结合进行隧洞收敛测量。

（1）洞周收敛变形监测程序及要点。

1）围岩收敛量测程序。当掌子面推进至观测断面时，收敛量测的步序为：①预设收敛量测观测点并测量测点间的初始尺寸；②掘进爆破后排烟（2.0～4.0h）；③清危石（2.0～3.0h）；④出渣（3.0～6.0h）；⑤量测开挖掘进后的洞室收敛变形量。

2）测点埋设位置。收敛量测的测点埋设与开挖掌子面的距离越小，监测结果越能反映岩体在开挖过程中的实际变形值，并尽可能地收集到围岩的收敛变形值，因而应尽量靠近掌子面布点。

3）掌子面推进。一个完整的开挖循环通常包括：开挖放线、钻孔、装药、引爆、撬挖、出渣、喷第一层混凝土、岩石锚杆施工、挂钢筋网、喷第二层混凝土。当掌子面引爆、撬挖而得到进一步推进后，洞周拱顶、边墙变形量较大。这主要是因为观测断面位移要受到端部空间效应影响，当掌子面与观测断面距离大于 2～3 倍洞径时，这种端部支撑效应降到可忽略的程度。因此，观测的时间力求紧跟掌子面，尽量减少观测前围岩变形数据的丢失；爆破开挖后要加强对观测断面的监测，根据监测结果，适时设置支护措施，防止塌方等事故发生，对断层带、岩性较差的围岩要采取小装药爆破，慢开挖，并做到及时支护。

4）围岩流变效应对变形的影响。围岩开挖后变形是具有时间效应的，由于时间效应的影响，当掌子面停止掘进时，围岩塑性区不断调整，收敛变形仍会随时间的延长而增大。围岩稳定条件越差，岩体强度越低，其收敛变形的时间效应越明显。因此，对于断层带、Ⅴ类围岩地段，即使掌子面停止掘进，也应对洞周收敛变形继续进行监测，以便对监测数据有合理、正确的理解和分析。

（2）观测断面及测点布置。收敛变形观测结果能否真实反映围岩的变形情况，能否为以后的反演分析提供准确可靠的数据，主要取决于观测过程中能否遵循收敛变形观测要点。因此，具体的观测断面及测点布置应按以下要求进行。

1）根据隧洞地质条件，沿隧洞每 $50\sim100m$ 布置一组观测断面，在断层带及围岩级别较差的地段附近随机加密观测断面的布置（每个进尺一个观测断面，$3\sim5$ 个断面为一组，使数据能相互补充和印证），观测断面布置如图 2.4.7 所示。断面测点 1 位于拱顶正中位置，测点 2、3 布置在拱肩附近，测点 4、5 布置在边墙中部。现场布点时应尽量排除或避开影响观测精度的因素，如原设测点位于松动岩体上时，应适当调整位置，每个测点埋设后，应实测其具体位置。各断面测点布置如图 2.4.8 所示。

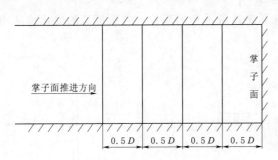

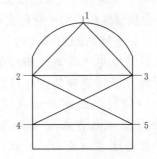

图 2.4.7　观测断面布置　　　　图 2.4.8　各断面测点布置

2）断层破碎带顶部测点的布置应根据开挖断面实际情况做适当调整，尽量布置在超欠挖少、岩体相对完整的部位。具体位置应由监测人员与测点埋设人员在现场共同协商确定。

3）收敛变形测点由锚杆焊接钢筋圆环组成。激光测点按三点式布置、埋设深度以穿越表层松动层的深度确定，一般情况边墙锚杆长约 $30cm$，洞顶锚杆长约 $50cm$。

4）为避免已布置的边墙及拱顶测点遭受爆破飞石的破坏，要求布设测点时测点应凹入洞周 $5\sim10cm$；同时，布设测点后应对测点进行标记并保护，防止人为破坏。

5）在隧洞埋深不同、岩性变化、不良地质现象（断层）等应进行布点，在岩性单一、埋深无显著变化时，以 $100\sim150m$ 间隔布设测点，若遇特殊地质，如断层，则进行调整，在断层影响范围内加密测点布设。

（3）观测收敛变形的计算。收敛观测断面上各测点的绝对位移，可利用实测的收敛位移，通过近似计算求得。如图 2.4.9 所示的布置形式，其计算假设条件为：①洞壁轮廓线上测点的位移为径向位移，切向位移忽略不计；②侧壁上相对应两测点的水平位移差忽略不计。设 3 个测点发生的径向位移分别为 U_1、U_2、U_3；3 条测线在测量前后的长度分别为 S_1、S_2、S_3 与 S_1'、S_2'、S_3'，则拱顶沉降 U_1 和侧墙水平位移 U_2、U_3：

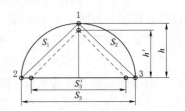

图 2.4.9　监测数据的整理分析示意图

$$\begin{cases} U_1 = h - h' \\ U_2 = U_3 = (S_3 - S_3')/2 \end{cases} \tag{2.4.24}$$

求 h，设测量前后 3 条测线所组成的三角形半周长与面积分别为 l、l' 与 A、A'，则

$$\begin{cases} l=(S_1+S_2+S_3)/2 \\ l'=(S_1'+S_2'+S_3')/2 \end{cases} \tag{2.4.25}$$

$$\begin{cases} A=\sqrt{l(l-S_1)(l-S_2)(l-S_3)} \\ A'=\sqrt{l'(l'-S_1')(l'-S_2')(l'-S_3')} \end{cases} \tag{2.4.26}$$

由面积与三角形底长可得

$$\begin{cases} h=2A/S_3 \\ h'=2A'/S_3' \end{cases} \tag{2.4.27}$$

即可求得 3 个测点的发生的位移 U_1、U_2、U_3。

2. 锚杆、喷层应力及渗透压力的监测

安设在典型区段应力变化最大或地质条件最不利的部位，并根据位移变化梯度和围岩应力状态，在不同的围岩深度内布点，观测锚杆的长度与工程系统锚杆基本相同。监测仪器均选择防潮、抗震及长期稳定性均较好的钢弦式观测仪。监测断面及测点布置如图 2.4.10 所示。对于渗透压力的监测，一般在地下水丰富地段，埋设渗压计以测定水头压力，为后期衬砌结构外水荷载提供依据。

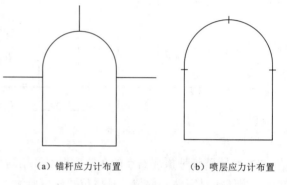

（a）锚杆应力计布置　　　　（b）喷层应力计布置

图 2.4.10　锚杆、喷层应力监测布置示意图

2.4.3.2　超前地质预报技术

1. 监测方法

（1）地质调查法。利用常规地质理论和作图法，根据隧道已有的勘探资料、地表补充地质调查资料、洞内地质调查资料、隧道开挖工作面揭示的地质素描，通过地层层序对比、地层分界线及构造线地下和地表相关性分析、断层要素与隧道几何参数的相关分析、地层作图和趋势分析、隧道内不良地质体临近前兆分析等，对地质变化规律及开挖工作面前方可能揭示的地质情况进行预测预报。

（2）弹性波反射法。弹性波反射法超前地质预报系统是专门为隧道和地下工程超前地质预报研制开发的一种探测设备，该方法一般有效预报距离为 80～100m，对断层破碎带、软弱接触带等破碎围岩，有效预报距离一般可达 60～80m。

1）弹性波反射法应达到的有效预报距离。一般岩体完整地段不大于 120m，岩体破碎、断层破碎带发育的地段一般为 60～80m。需要预报区段大于有效预报距离时应进行多次预报，两次预报重复长度应不小于 10m。

2）操作要求。

a. 爆破钻孔的布置要求：根据隧道施工情况及地质条件，确定激发炮孔和检波器安装钻孔在隧道左右边墙的位置，爆破孔应布置在主要结构面出现的边墙一侧。每一次预报的爆破孔数为 24 个，最少不少于 20 个，爆破孔直径 40mm；爆破孔间距 1.5m；爆破孔高度（距隧道底面）1～1.5m，所有爆破孔与接收器的高度应尽量相同；爆破孔孔深

1.5m，向下倾斜 10°～20°，垂直于隧道轴向。钻孔完成后应注意保护，防止塌孔和堵塞。

b. 爆破要求：遵守《爆破安全规程》（GB 6722—2014）的规定；使用毫秒级无延迟电雷管（瞬发电雷管）；炸药量应大于 200m 探测距离要求，药量一般 50～200g，药量大小应根据围岩岩性及完整程度进行相应调整，防止出现能量溢出或能量不足等情况。安装炸药时应保证炸药与炮孔严密耦合。接收孔及爆破孔布置如图 2.4.11 所示。

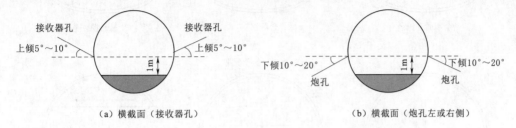

　　（a）横截面（接收器孔）　　　　　　　　　　　　（b）横截面（炮孔左或右侧）

图 2.4.11　接收孔及爆破孔布置示意图

c. 接收器钻孔的布置要求：接收孔距掌子面约 55m，距第一爆破孔 20m。必须在隧道两壁各安置 1 个接收器（在地质复杂地区采用 TSP303 预报时，应安装 4 个接收器，在距第一爆破孔 15m 的位置两壁再各加一个接收孔），接收器安置高度与炮孔一致。孔径 50mm，孔深 1.9m（不宜超过 2m），向上倾斜 5°～10°。接收器布置如图 2.4.12 所示。

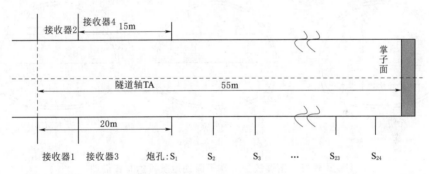

图 2.4.12　接收器布置图

（3）地质雷达法。地质雷达探测主要用于岩溶探测，亦可用以断层破碎带、软弱夹层等不均匀地质体的探测，每次预报距离采用 20～30m，前后两次搭接不小于 5m。现场数据采集要求：现场数据采集主要是在掌子面上进行，采集前应对掌子面进行平整处理，使雷达天线与掌子面能有较好的耦合，在掌子面附近应没有其他的金属物体。测试过程中，天线应紧贴岩壁，水平测线高度基本一致，垂直测线应保持铅直。

采用两种不同中心频率的天线在相同的测线上重复观测，一般应采取连续观测方式，应充分利用避车洞或超前钻探揭露的地质界面等有利地段求取地层的相对介电常数和电磁波速度。

测试时应根据隧洞地质条件的复杂程度，在地质条件相对较简单，地下水弱-中等发育地段可采用"二"字形布置（图 2.4.13）；地下水中等发育地段可采用"十"字形布置；地下水强发育地段可采用"井"字形布置。测线长度根据天线长度决定，在有限的掌子面上尽可能地长。

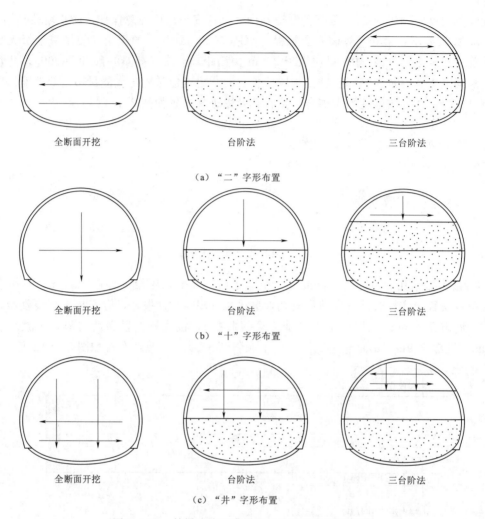

图 2.4.13　钻爆法施工掌子面处地质雷达布置简图

（4）瞬变电磁法。瞬变电磁法主要适用于探测地层中存在的地下水体、断层破碎带、溶洞、溶隙、暗河等。每次预报长度不宜超过 60m，前后两次搭接长度不应小于 10～20m（视盲区范围确定）。考虑到瞬变电磁探测与隧道环境的特点，瞬变电磁超前预报采用的装置形式主要有中心回线、重叠回线、分离回线、大定源、偶极等，针对隧道超期预报的特点，常用的隧道超前探测常用瞬变电磁装置形式主要有 4 种，如图 2.4.14 所示。

在现场开展瞬变电磁超前探测的流程主要包括：①预先准备工作；②现场检测；③室内数据处理与解释；④资料提交等。

（5）超前钻探法。"物探先行，钻探验证"，超前钻探法是一种传统而可靠的工程地质探测方法，针对本标段隧道围岩特点，拟采用超前钻探方法进行探测，以超前水平岩芯钻探为主，辅以浅孔钻探。

必要时可配合多功能钻机开展掌子面水平钻孔的孔内摄像及相关测试工作；为保障隧道施工和超前水平钻探的衔接，原则上超前水平钻探应由相应掌子面施工单位进行实施，

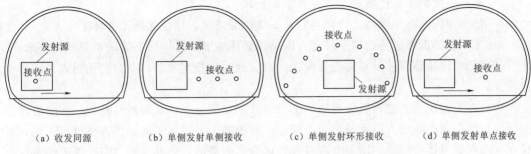

（a）收发同源　　　（b）单侧发射单侧接收　　　（c）单侧发射环形接收　　　（d）单侧发射单点接收

图 2.4.14　隧道超前探测常用瞬变电磁装置形式

以减少施工中协调时间，确保超前水平钻探快速、高效完成，超前钻孔孔内水文监测设备示意图如图 2.4.15 所示。

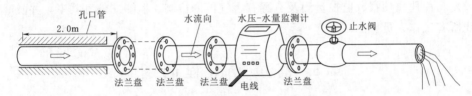

图 2.4.15　超前钻孔孔内水文监测设备示意图

（6）超前导洞法。利用超前导洞进行隧道施工地质预报工作，应观测并记录以下内容：①施工所遇地质情况；②穿越的地层分布及产状、岩性、构造分布及产状；③不良地质体分布、特殊地层分布及产状；④涌水及塌方点分布；⑤必要的测试试验（岩石、岩体声波测试和岩石强度试验等）；⑥超前平行导洞或超前平行隧道与施工隧道的平面关系。

（7）微震监测。微震监测结合超前地质勘探所获得的地质结构面产状，与其他组合因素相结合，对隧道掌子面前方 20m 范围内可能发生的岩爆做出预警，根据掌子面及其后方附近洞壁围岩的破坏特征（开裂程度、形态、产状及其与掌子面的关系等），基于前期已经获得的大量的对围岩破裂机理的认识，及钻孔摄像、声波测试等监测成果，对掌子面及其后方附近围岩发生岩爆的可能性做出预警。

2．超前地质预报注意事项

（1）施工过程中隧道超前地质预报根据地质复杂程度分级，确定重点预报地段，遵循动态设计原则，根据预报实施过程中掌握的地质情况，及时调整隧道区段的地质复杂程度分级、预报方法和技术措施等。

（2）对于辅助坑道和正洞交叉口位置，当施工现场不具备弹性波反射法实施条件时，结合现场条件动态调整物探法预报手段，采用地质雷达法或瞬变电磁法等方法进行探测。

（3）对于含瓦斯、天然气等有毒有害气体地段，超前钻探采用水循环钻；钻机采用防爆型，钻孔直径不宜小于 76mm，当作业点附近 20m 内风流中瓦斯浓度达到 1.0% 时，停止钻孔作业，微、低瓦斯地段超前探孔采用单工序作业。超前钻孔和加深炮孔探测过程中，注意观察是否有气体溢出，及顶钻、夹钻、顶水、喷孔等动力现象。如有立即报警停止工作，撤出人员，切断电源，并进行分析处理。

（4）瓦斯区段物探实施过程中，采取安全措施。

1）实施物探的工作位置避开瓦斯集中涌出段。

2）物探实施过程中保持工作环境的瓦斯监测和通风，确保瓦斯浓度低于 0.5%。

3）采用需辅助爆破的物探手段时，辅助爆破作业满足瓦斯段落爆破作业相关要求。

（5）超前地质预报的结果体现及时性，超前地质预报实施单位及时将预报成果报送有关各方。

（6）超前地质预报进行实际地质状况与设计的对比分析，总结经验教训，不断提高。

（7）施工前由地质人员和隧道施工经验丰富的施工者对掌子面掘进人员进行培训，对存在有毒有害气体的隧道，增加有毒有害气体特征的培训，使其了解"临近隧道内不良地质体的前兆标志"，以便及时采取相应的应对措施，避免突发地质灾害的发生。

（8）隧址区可能存在裂隙瓦斯气体等有害气体富集，隧道施工中应加强有害气体监测与检测加强通风。

（9）超前地质预报、监控量测及有毒有害气体的检测、监测应信息共享，并及时传达至一线所有工作人员。

2.5 高填方工程问题

2.5.1 高填方工程的环境问题

1. 高填方的定义

目前，关于高填方的概念，不同的设计规范中规定略有不同，如《公路工程技术标准》（JTG B01—2017）中认为，填方边坡的高度 $H \geqslant 18m$ 的土质路基和 $H \geqslant 20m$ 的石质路基填方可视为高填方；《公路路基施工技术规范》（JTG/T 3610—2019）中认为，水稻田或常年积水地带，用细粒土填筑路堤高度在 6m 以上，其他地带填土或填石路堤高度在 20m 以上时，可视为高填方。《公路路基设计规范》（JTG D30—2015）规定，"填方边坡高度大于 30m，可视为高填方……"综上可见，对于黄土地基来说，当填方边坡的高度 $H \geqslant 18m$ 时，即可认为是高填方。而超过 30m 以上的高填方一般比较复杂，相关规范中并未给出设计原则。因此，对于最高填方厚度达 80m 的吕梁机场试验段来讲，既缺乏设计经验又无相应的黄土高填方工程可借鉴类比，该黄土地基高填方的总体设计、地基处理工艺和工程质量检测、边坡的稳定性验算及监测、工后不均匀沉降机理分析、机场地基的变形场和内部应力场的监测等都成为了工程亟须解决的问题，如何解决这些棘手工程问题并根据试验来总结相关规律，为后期类似高填方工程设计施工提供科学的依据具有重要意义。

2. 高填方工程存在的岩土工程问题

从时空角度来讲，机场高填方是一个三维的、高度非线性的、时效的复杂系统，其稳定性受多种因素的影响，如土层分布与岩土特性、地基处理效果、填筑料的岩土特性、碾压密实度、填筑速率、工程措施以及排水措施情况等，这些因素共同构成对高填方稳定性的内因影响系统，而运行过程中，高填方地基使用荷载、降水、冻融与突发地震等因素构成对地基稳定性的外因影响系统。

总之，高填方工程设计是系统工程设计，不仅要考虑高填方本身的变形与稳定性控制，还要考虑地势设计、排水设计、道面结构设计以及土方调配、施工标段划分、施工工艺和外部环境的变化等情况。

以山西吕梁机场高填方为例，其最大填方高度达 81.4m，且场区地基土为湿陷性黄土（自重湿陷性、湿陷等级Ⅱ级），其工程建设的规模、工程地质条件的复杂性、地面现状条件的独特性、建设工期的紧迫性以及工程建设的综合难度，在国内外机场建设中都是罕见的。其特殊性主要体现在：

（1）场区内地形地质条件复杂。吕梁机场建设地处于黄土丘陵地区，梁、峁及冲沟纵横交错，时有滑坡、洞穴分布，沟底到梁顶高差逾百米，土层成因多样，沉积年代和沉积环境各异。为了给机场制造一个运行平台，不得不进行深挖高填，进一步加剧了工程地质条件的复杂性，因此不仅仅存在差异沉降、边坡稳定问题，而且可能因地形地貌的改变，使水文地质条件发生变化，如果处理不好，可能产生湿陷、冲刷、水毁等问题，应引起设计施工的密切关注。

（2）黄土地基的湿陷性及地基处理问题。该机场长度约 3200m，梁体自然宽度约 120m，地处剥蚀堆积黄土丘陵区，布置在黄土梁上，两侧坡陡坎高，深填高挖，原地基主要为一部分的 Q_4 黄土坡积物、Q_3 马兰黄土和 Q_2 离石黄土，其中 Q_4 黄土坡积物、Q_3 马兰黄土均具有一定的湿陷性，其特殊的岩土结构特征和工程特性使得该黄土高填方的地基处理难度极大，且施工难度也很大。

（3）填方与挖方交接面的处理。在填方和挖方之间，无论地层成因、土壤成分、沉积年代和应力历史等，都存在着较大的差异，如果它们之间的交界面处理不好，很容易因变形不协调造成开裂，这已为试验段所证实，建议设计施工中注意这一问题。

（4）土洞处理问题。试验段的检测过程中，发现周边部分土洞继续汇集地面水，流入填土层，出现冲蚀现象，这种长期的汇水冲蚀会加剧高填方的不均匀变形，恶化边坡的稳定状态，建议采取有效措施，杜绝这一现象的再次发生。

（5）坡面处理问题。由于施工改变了原始地貌和地表粗糙程度，造成汇水面积、地表水走向以及地表径流的改变，建议做好组织排水，采取防冲刷工程措施。

（6）防水问题。填挖及地基处理之后仍有一部分湿陷性土层埋于填土下方；另外由于填方、局部土层的上覆自重压力增加，导致原来不湿陷的土层变为湿陷性土层，因此，地表水或工程设施用水的浸入都可能导致土层的软化或湿陷，应注意防水。

（7）工后沉降及差异沉降问题。从工程应用的角度出发，工后沉降是非常重要的，但从理论上分析又是十分模糊的。因为影响因素太多，如原地基土的工程性质、填料自身的工程性质、填土厚度、施工速度、压实工艺、施工过程以及施工环境。同时，由于机场工程具有不同的功能分区，各功能分区对机场高填方工程有不同的技术要求，如在道槽区，对不均匀沉降有严格的要求，造成最终沉降量、沉降速率、沉降完成时间等不同，这些因素是设计阶段难以准确估计的，而某一处的试验也是难以代表全部工程的变形特性，对于高填方而言，填方高、荷载大，原地基和填筑体主要为黄土，具有一定的湿陷性，压（夯）实及质量控制难度大，自身的沉降均较大，沉降控制难度极大。

（8）信息化施工问题。鉴于该场地工程地质条件的复杂性和各部位之间的差异，认为整个场地施工不是某一处试验所能完全解决的；另外考虑到目前理论计算与实际的差异以及地质勘察所掌握的工程地质信息的局限性，对工程段继续进行信息化施工是十分必要的。根据施工过程中反馈的信息，随时修改、完善设计和施工方案，也是规范要求的，它是动态设计法的延续，是保证工程经济、安全、可靠、顺利完成的重要保证。

3. 高填方环境岩土工程的"三面两体两水控制论"

为了切实解决高填方工程中的一系列工程技术问题，结合以往高填方工程的相关研究经验，提出了高填方工程的"三面两体两水控制论"。

"三面两体两水控制论"的要点是：高填方是一个系统，一个由土方（石方或土石混合体）共同构成的不同部位承载着不同工程功能的复合系统，这个复合系统的工程形态主要由"三面"（填挖交界面、边坡临空面、填方体顶面）"两体"（填筑体、原地基体）和"两水"（地表水、地下水）7 个要素构成。复合系统的功能性、可靠性和稳定性受构成这个复合系统的"三面两体两水"所控制，平衡并控制好"三面两体两水"，即解决了这个复合系统的主要工程技术问题。"三面两体两水控制论"不仅强调这个复合系统的工程形态，更强调"体"与"面"要素之间相互作用的工程关系。其中填挖交界面为填筑体与原地基的基底接合面，包含相对软弱层的原地基。填挖交界面的岩土工程特性、软弱层的处理与加固、排水措施与基底面斜坡的平整情况等，是高填方要重点研究与解决的关键技术问题。边坡临空面为边坡坡面，除坡面优化设计以使在保证抗滑稳定性的情况下最经济外，还需考虑排水和环境美化等问题。填方体顶面包括道槽区顶面和土面区顶面。道槽区顶面有严格的不均匀沉降控制要求和强度或刚度要求，土面区顶面则有一定的沉降控制要求和表面特性要求。此外，挖填方交界面及其过渡段也是应特别注意的一个问题。填筑体包括道槽区填筑体、土面区填筑体和边坡稳定影响区填筑体。填筑体作为一个"结构体"，与原地基体共同作用，其自身的压缩变形直接构成"填方体顶面"的位移和沉降，并影响原地基的沉降变形；在边坡稳定影响区，填筑体的强度特性则直接影响高边坡的稳定性。此外，填筑体本身的强度变形特性，受到填料、施工等因素的影响。填筑体的工程技术问题集中体现在稳定性方面，稳定的时效作用控制了高填方建设的整个周期。因此，填筑体的控制是高填方工程控制的核心。"两水"主要指的是地表水和地下水，是高填方地基"三面两体"所依附的水环境特征，"两水"控制不好的情况下，必将导致高填方"三面两体"出现过量的不均匀变形、甚至失稳的灾害问题。

"三面两体两水"各要素之间相互作用、相互影响。"三面两体两水控制论"的核心是把握、平衡、协调和控制好各要素之间的关系，以最合理的时间、造价、环境资源等诸方面工程投入，解决高填方工程的关键技术问题，保证工程功能的实现。

2.5.2 高填方区的监测技术

1. 黄土高填方监测方案的编制依据

为了确保黄土填方区和周边环境的安全，在黄土填方区岩土工程中，需要开展系列监测工作，黄土填方工程应根据工程总体要求、场地地质条件、工程设计和监测要求等开展工程监测。工程监测方案应依据以下资料进行编制：

（1）工程地质和水文地质勘察资料、气象资料、地形图。

（2）建设用地规划与工程场地分区、挖填方区平面布置、挖填厚度平面分布及地势等设计图件。

（3）原场地地基处理、地下水排渗系统、填筑地基与边坡工程等设计文件。

（4）工程建设总体安排、挖填方施工计划。

（5）监测技术要求。

2. 高填方工程监测方案的主要内容

黄土填方场地工程监测对象应在满足工程安全和周边环境保护要求的条件下，根据工程设计方案、施工方案及周边环境条件综合确定。监测对象一般包括填方工程中的原场地地基、填筑体、挖填交界、地表、边坡、地下水、地表水、周边环境等。根据高填方区的特殊性，监测方案的制定需注意以下内容：

（1）工程概况。

（2）建设场地工程地质、水文地质条件及周边环境条件。

（3）监测目的和依据。

（4）监测范围、等级和内容。

（5）基准点及监测点的布设。

（6）监测方法及技术要求。

（7）监测周期。

（8）变形异常情况下的监测措施。

（9）监测数据采集、处理、分析和信息反馈。

（10）监测设备及人员的配备。

（11）质量安全管理及其他管理制度。

3. 监测系统的注意事项

（1）黄土填方场地监测范围应根据场地特点、地质条件、周边环境条件等综合确定。除了填方工程区、场地内的挖方区，以及由于挖填方可能存在地质安全或生态环境健康影响的区域，均应该进行相应的工程监测。

（2）黄土填方工程中，场地地基变形、地基应力、地下水位等随着回填进程的发展而不断变化，在完工后又随着时间发展而逐渐趋于稳定。

（3）施工过程中也可能存在边坡滑移、周边地面沉降或邻近建构筑物影响等不利情况。黄土填方场地岩土工程监测应包含填方工程施工期监测及填筑完工后运营期监测。

（4）监测内容应根据监测对象的特点、工程监测等级、监测技术要求合理确定，并应反映监测对象的变化特征和安全状态。

（5）变形监测基准网应一次布网完成，当监测的填方场地较大时，变形监测基准网可分割为若干小基准网，并分区控制。变形监测基准点、工作基点的规格和布设位置应满足《建筑变形测量规范》（JGJ 8—2016）和《工程测量标准》（GB 50026—2020）的规定。

（6）基准点应布设在施工影响范围之外的未开挖区域稳定原土层中，埋设深度应超过当地冻土线深度50cm以上，亦可埋设于稳定基岩上。在卸荷完成超过3个月的挖方区或基岩方可布设基准点和工作基点。

（7）变形监测基准点测量精度除了应满足《高填方地基技术规范》（GB 51254—2017）的规定外，地表水平位移基准点宜设置有强制对中的观测墩，强制对中装置的对中误差不应超过±0.1mm。

（8）工程监测使用的平面坐标系统及高程系统应与设计和施工等阶段的控制网坐标系统相一致，局部可使用独立的平面和高程控制网。

（9）监测点的埋设位置应便于观测，不应影响和妨碍监测对象的正常使用。监测点应埋设稳固，标识清晰，并应采取有效的保护措施。工作基点应布设在比较稳定且便于施测的位置，在通视良好的情况下，可不布设工作基点。

（10）黄土填方工程监测项目较多，周期较长，采用常规监测手段通常与施工相互干扰较大，需耗费较多人力物力，数据采样有限。在有监测条件的情况下，宜采用光纤光栅、合成孔径雷达、物联网络等新技术、新材料，实现无线、实时、智能化监测，提高监测对工程的反馈效率和精度。

（11）黄土填方场地监测一般时间较长，不同阶段、不同项目的监测频率不是一成不变的，为能准确合理反映场地变形、应力、地下水及周边环境的动态变化，可根据工程实际施工状况和监测数据变化趋势调整监测频率。一般填筑地基施工及运营一段时间后方可结束监测工作。但当工程需要或监测对象尚未稳定时，应另行委托延长监测周期，直至满足特定工程要求或监测对象稳定要求。

（12）监测信息采集的频率和监测期应根据设计要求、施工方法、施工进度、监测对象特点、地质条件和周边环境条件等综合确定，并应反映监测对象的变化过程。

（13）监测信息应及时进行处理、分析和反馈，发现影响工程及周边环境安全的异常情况时，必须立即报告。

4. 监测等级的划分

（1）黄土填方区工程监测等级根据工程重要性等级、场地复杂程度等级和地基等级按表 2.5.1 确定。

表 2.5.1 　　　　　　　　　　黄土填方场地工程监测等级划分

工程监测等级	划　分　依　据
一级	工程重要性等级、场地复杂程度等级或地基等级有一项或多项为一级
二级	监测等级为一级和三级之外的
三级	工程重要性等级、场地等级和地基等级均为三级

（2）工程重要性等级根据工程规模和特征、填方场地用途划分为三个等级：一级工程（重要工程）、二级工程（一般工程）和三级工程（次要工程）。

（3）场地复杂程度等级可分为一～三级，符合下列条件之一的划分为一级场地（复杂场地）。

1）地震设防烈度等于或大于 8 度。

2）不良地质作用强烈发育。

3）地质环境已经或可能受到强烈破坏。

4）地形地貌复杂。

（4）符合下列条件之一的划分为二级场地（一般场地）。

1）地震设防烈度等于 7 度。

2）不良地质作用一般发育。

3）地质环境已经或可能受到一般破坏。

4）地形地貌较复杂。

（5）符合下列条件之一的划分为三级场地（简单场地）：

1）地震设防烈度等于或小于6度。

2）不良地质作用不发育。

3）地质环境基本未受破坏。

4）地形地貌简单。

（6）场地地基等级可分为一～三级。符合下列条件之一的划分为一级地基：

1）岩土种类多，性质变化大，地下水对填方工程影响大，且需特殊处理。

2）存在厚度较大的人工填土、软弱土、湿陷性土、膨胀土、盐渍土等特殊性岩土。

3）其他情况复杂，需作专门处理的地基。

（7）符合下列条件之一的划分为二级地基。

1）岩土种类多，性质变化大，地下水对工程有不利影响。

2）存在第（6）项规定之外的特殊性岩土。

（8）符合下列条件之一的划分为三级地基。

1）岩土种类单一，性质变化不大，地下水对工程无影响。

2）无特殊性岩土。

5. 监测内容的确定

黄土高填方区存在三种特殊区域：填方区、挖方区和边坡区，边坡区又分为人工贴坡区、挖方边坡区，对于不同区域，其监测的项目应加以区分。其中，黄土高填方区工程监测根据工程特点、工程阶段按表2.5.2选择监测项目，并应符合设计要求。

表 2.5.2　　　　　　　　　　　填方场地工程监测项目

序号	监测等级＼监测项目	一级	二级	三级
1	地表沉降	应测	应测	应测
2	填筑体内部沉降	应测	宜测	可测
3	土压力	宜测	可测	可测
4	孔隙水压力	应测	宜测	宜测
5	土体含水率	宜测	可测	可测
6	地下水位	应测	应测	应测
7	地表裂缝	应测	应测	应测

填方边坡工程监测应根据边坡重要性、安全等级、地质条件和边坡结构特点等按表2.5.3选择监测项目，并应符合设计要求。

6. 施工阶段和工后阶段的环境保护监测

（1）当施工引起的震（振）动对边坡、建（构）筑物等周边环境产生不良影响时，应进行震（振）动监测，监测内容包括质点振动速度峰值、主振频率，监测出现质点振动速度大于《爆破安全规程》（GB 6722—2014）规定的控制值，应调整施工方案。

表 2.5.3   填方边坡工程监测项目

序号	监测项目 \ 监测等级	一级	二级	三级
1	地表沉降	应测	应测	应测
2	地表水平位移	应测	应测	应测
3	边坡内部沉降	应测	宜测	可测
4	边坡内部水平位移	应测	应测	应测
5	支护结构变形	应测	宜测	可测
6	支护结构应力	宜测	宜测	可测
7	土压力	宜测	可测	可测
8	土体含水率	宜测	可测	可测
9	孔隙水压力	应测	宜测	可测
10	降雨量	宜测	宜测	可测
11	地下水位	应测	宜测	可测
12	地表裂缝	应测	应测	应测
13	盲沟水流量	应测	应测	应测

（2）在噪声保护要求较高区域施工时，应进行噪声监测，噪声值应满足要求。

（3）大面积填方场地工程可通过卫星遥感监测评价植被恢复情况，工程需要时可进行水土流失评价。

震动控制标准及监测方法可参照《爆破安全规程》（GB 6722—2014）执行。对于居民区、工业集中区等受振动可能影响人居环境时可参照《城市区域环境振动标准》（GB 10070—88）和《城市区域环境振动测量方法》（GB 10071—88）要求执行。噪声的控制标准和监测方法可分别按《建筑施工场界噪声限值》（GB 12523—2011）和《建筑施工场界环境噪声排放标准》（GB 12524—2011）执行。

7. 现场巡查监测

现场巡查监测宜包括下列内容：

（1）地面有无裂缝、洞穴、积水、冲刷等情况。

（2）大雨后的地下水位，盲沟出水口水质有无浑浊、含泥量增大等情况。

（3）对边坡巡查还应包括排水系统是否通畅、护面或护坡是否损坏、支挡结构有无开裂、错断、倾斜等情况以及护坡植被是否完好等。

（4）基准点、监测点、监测设备的完好状况、保护情况以及有无影响监测的障碍物应定期巡视检查。

8. 监测点布设

监测点布设有以下具体要求：

（1）监测点应根据监测对象、工程规模、特点和场地具体情况，按照监测技术要求进行针对性的布设。

（2）监测点应能全面反映监测对象的整体变化情况。

（3）设置监测点和监测断面应考虑原地形地貌、地质情况、设计要求以及预估的变形量和变形方向，在原地基地质条件差、原始地形变化大及填方厚度大的部位应设置观测点或加密布设，为验证和反馈设计而设置的监测点应布置在最不利位置和断面处。

（4）在填筑体重点区域应设置监测断面，同一监测断面上的不同类型监测点宜集中相邻布设。

（5）填方场地监测点布设的重点区域主要包括：填土厚度比较大的区域；原地基存在软弱土层的区域；原地基存在大厚度湿陷性黄土的区域；可能发生地下水位上升的区域；填筑施工期工程标段搭接区域；填筑完成后的挖填交界区域；高度和坡度较大的填挖高边坡。

（6）填方地基表沉降监测点可结合原地形按网格状布置，测点间距可取 50～100m；在地基均匀性差、谷底分布有软弱地基、计算总沉降量大的部位取小值；挖填交界区两侧、原场地地基地形变化较大部位宜增设地表监测点。

（7）填方地基地表水平位移监测点应在原场地地基地形变化较大或地基条件较差区域布设典型断面，每个典型断面，宜布置 3～5 个监测点，水平位移监测点与沉降监测点可结合布置，观测工作应配合进行。

（8）边坡地表变形观测点的布置应能反映坡体范围位移分布规律。沿顺坡方向宜布设 3～5 个观测断面，包括通过坡顶和坡脚线最低处的主观测断面及其他特征断面；每个观测断面应分别在坡顶、坡脚、坡面上布置监测点。坡面上观测点的竖向间距宜为 15～30m。

（9）对地表出现的明显裂缝，应测定其位置、出露宽度和分布范围，可用坑探、槽探法检查裂缝深度、宽度及产状等。

（10）沟谷型大面积填方场地宜沿主沟和支沟沟底布设主监测断面，然后在主断面上布设横断面，横断面监测线间距宜为 100～300m，横断面监测点间距宜为 50～100m。填土场地边角区、挖填交界区和原地形变化大区域监测点间距宜加密至 20～30m。内部沉降监测点、内部水平位移监测点、地表水平监测点、地下水位监测孔旁边 3m 范围内宜布设地表沉降监测点。

（11）地表沉降监测点埋设深度应超过地区标准冻结深度 Z 以下不小于 500mm，地表沉降监测点上混凝土段可为圆柱形，直径可为 160mm，套管与土体之间填充细砂，底部混凝土段直径可为 320mm，高不小于 300mm。

（12）应在填筑体高边坡顶部、填挖交接面两侧、原地形高程起伏较大、地下水位变化显著和地基条件较差等特征区域布设内部沉降监测典型断面或单独布设监测点；内部沉降监测点数量根据场地特征、工程规模及重要性确定，每个特征区域至少布置 1 个典型断面或监测点，原地形起伏较大的沟谷区域应布设典型断面，每个典型断面宜布置 3～5 个监测点；应建立一定数量的监测纵断面，纵断面沿顺坡方向、沟谷走向布置，主沟、主要支沟均应布置，每个纵断面布置监测点数量应根据工程场地特征、工程规模及重要性确定；当填筑体高边坡竖向高度大于 30m 时，除顶部布设观测断面外，沿边坡可能滑动方向宜增加监测断面，设置在边坡的不同高程处，竖向间距宜取 15～30m；监测标志竖向埋设间距应根据填筑厚度、原场地地基与填料特性、施工方法等确定，宜为 5～10m。

（13）填方边坡地表水平位移监测点宜分别在坡顶、坡脚、坡面上和坡顶内侧布设监测断面，监测断面监测点之间点间距和监测断面间距可根据坡度大小、坡面面积、边坡重要性进行合理调整。

（14）边坡内部水平位移监测断面应布置在填方边坡顶部，每个断面上宜布置3～5个监测点，每个监测点的地表位置1m范围内应布设一个地表水平位移观测点；应建立一定数量的观测纵断面，纵断面宜沿顺坡方向、沟谷走向布置，主沟、主要支沟均应布置，每个纵断面布置监测点数量应根据工程场地特征、工程规模及重要性确定；当填筑体高边坡竖向高度大于30m时，除顶部布设观测断面外，沿边坡可能滑动方向宜增加观测断面，设置在边坡的不同高程处，间距宜取15～30m；监测点竖向间距应根据填筑厚度、原场地地基与填料特性、施工方法等确定。

（15）孔隙水压力监测可在软弱土和受地下水影响的土层中设置，并宜同变形、土压力和地下水位观测点相结合；土压力监测点宜设置在原场地地基表面及填筑地基中，监测点间隔宜为5～10m。

（16）土体含水率监测点布置应符合下列要求：宜在填筑体顶部位置、有地下水渗出位置和地下水位面等特征位置布设土体含水率监测点；监测点数量根据场地水文地质条件、工程规模及重要性确定，每个特征面至少布置一个监测点；若建立观测断面，断面宜沿水势方向、填挖交接面走向布置。

（17）地下水位监测点布设应根据工程特点和场地水文地质条件综合确定。填方区地下水位监测孔距盲沟结构外边缘水平距离不宜小于3m，在原地下泉水出露的区域宜设置地下水位监测点。盲沟出水量观测点宜设置在地下排水盲沟出口处，当盲沟流水浑浊时，宜测量其泥沙含量。

9. 监测资料分析

监测项目应采用标准记录表格，整理成果应项目齐全、考证清楚、数据可靠、方法正确、图表完整、规格统一、说明完备。具体应注意以下问题：

（1）监测资料应结合勘察、设计、施工等资料及时整理分析，当监测资料出现异常并影响工程安全时，应及时分析原因，提出对策建议，并上报主管部门。

（2）监测原始记录、图表、影像资料及整理分析成果均应建档保存。当工程规模大、监测时间长、数据量大时，应建立管理监测资料的数据库或信息管理系统。

（3）监测资料分析内容包括监测数据的变化规律和影响因素、特征值分析、突变值判断、效应量之间及效应量与原因量之间的相关性分析。

（4）监测数据分析前应检查原始监测数据的准确性、可靠性和完整性，如有漏测、误读（记）或异常，应及时分析原因、复测确认或更正。

（5）监测资料分析方法可采用比较法、作图法、特征值统计法和数学模型法等。

2.5.3 高填方工程的稳定性预测

2.5.3.1 高填方工程长期稳定性预测方法概述

目前工程中应用的沉降预测方法主要有两类：第一类是基于固结理论、本构模型的理论计算方法；第二类是基于前期实测数据外推预测的曲线拟合方法。如何建立一种能反映黄土填方场地中土体固结沉降机理，且能实现对工后沉降准确预测和计算的理论方法，是国内外学者持续探索和追求的目标，但由于黄土填方场地涉及地形地质条件复杂的原地基以及填料性质特殊、填土厚度大幅度变化的填筑体，加之受地下水位变动和地表水入渗等环境条件变化影响，现有理论方法受模型简化假定、参数测定及取值等因素影响较大，沉降计算值往往与实测值相差较大，现阶段尚难以完全满足工程需求。现将常见的几类方法的优缺点及适用性进行对比分析，见表2.5.4。

表 2.5.4　　　　　　　　　　各种方法预测优缺点及适用性

分析方法	优　点	缺　点	适用性
理论方法	计算方便，易于操作	1. 计算参数难以获得； 2. 本构模型的选取对计算结果影响极大； 3. 理论假定经常与实际边界条件不符	适用于填方地基比较简单、地层均匀、施工规范的场地
回归分析法（曲线拟合法）	快速、简单、容易操作，成果直接明显	1. 依赖于一定时间的工后沉降监测，预测精度依赖于工后沉降监测时间； 2. 预测不够及时，只能在工后一段时间才能进行预测	适用于对工后沉降预测不迫切且有大量工后沉降监测的工程
离心模型试验法	1. 直观，能够模拟大尺寸原型； 2. 能够在任何时候进行试验，比较灵活	1. 难以准确模拟原地基； 2. 对试验设备要求较高，数据采集难度较大； 3. 不够经济	对原位监测没有要求，适用于地基结构单一大尺寸填方工程
数值反演分析法	1. 反演参数综合了各类因素的影响，更能反映填土层物理力学特性； 2. 对填土进行分层细化，预测结果更加准确； 3. 施工结束后即可用于预测分析	1. 依赖于大量施工期分层沉降监测； 2. 反演工作量大，对技术人员要求高	适用于施工期分层沉降监测比较完善的工程
工程类比法	快速、简单、容易操作	依赖于工程的相似性，对于差距较大的工程难以采用	适用于已有类似工程，可进行沉降类比的工程
人工智能算法	不受岩土参数及本构模型的困扰	依赖于大量类似工程的监测数据、施工数据、环境条件、工程地质、水文地质信息、边界条件等数据库，数据库的丰富程度决定着预测结果的精确程度	适用于所有工程

下面以曲线拟合法、数值反演分析法、人工智能算法为例进行分析其存在的优缺点：

(1) 曲线拟合方法。该方法虽然不能反映土体沉降变形机理，但是以实测沉降数据为基础，在对实测数据统计分析的基础上，提取沉降数据趋势信息并建立数学模型外推预测，结合其他理论试验手段，综合评估高填方场地整体与局部的沉降变形发展趋势，推算沉降速率、最终沉降与工后剩余沉降，再结合建（构）筑物的地基沉降控制要求，指导高填方场地后续建筑物的空间布局、建设时序，在现有理论方法尚不完善的情况下，对解决现阶段黄土填方场地土地使用建设阶段面临的工后沉降预测问题具有重要意义。

(2) 数值反演分析法。该方法可根据施工期沉降反演所得参数进行正分析预测工后沉降变形。该方法综合考虑各种复杂因素对土体沉降的影响，如：地基的环境条件、应力历史、填土的工程性质、填筑高度和施工工艺、施工速度等，因而其预测精度相对较高；但由于数值分析方法对工程人员要求较高，需要建立符合相应工程的岩土体本构模型和确定材料参数，同时需要深入掌握相关数值计算程序的模拟过程、建模、后处理及参数的调试等繁杂的工作。此外，采用数值分析方法进行反演和正演分析工后沉降，前提条件是需要开展原地基土及压实土的室内单轴、三轴 K_0 压缩试验和蠕变实试验，通过试验可确定土体蠕变模型及蠕变参数，用于数值分析中来预测工后沉降。

（3）人工智能算法。该方法能实现复杂的非线性关系映射，适合难以建立精确数学力学模型但易于收集学习样本的工程问题，因此，非常适合影响因素众多，存在高度非线性且难以用解析式表达的黄土高填方场地的沉降预测，是对传统沉降预测方法的有效补充。常用的人工智能算法包括：①神经网络法，通过挖掘沉降诱发因素与沉降量之间复杂的非线性关系，以实现沉降预测的目的，目前在沉降预测中用应用广泛的 BP 神经网络、小波神经网络和极限学习机等；②智能寻优算法，通过对复杂条件下的待定参数进行优化估计，在沉降预测中该方法通常与沉降统计模型相结合，如遗传算法、粒子群算法和模拟退火群算法等。此外，还有蚁群算法、混合模型算法等。

目前关于填方体（含地基）的沉降预测，已有很多经验模型和方法，很难说孰优孰劣，因此如何选择模型或方法就显得尤为重要。以往一些工程技术人员在进行沉降预测时，由于建模数据样本选择缺陷以及预测效果定量化评价指标和方法不足，常将已知的所有实测数据用于识别和估计模型参数，仅考虑内拟合效果，而忽视外推预测效果，实际应用时出现了内拟合效果好，但外推预测效果差的情况，容易造成对模型实际预测能力的误导性判断。评价一个模型的预测效果，不但要看模型对已有实测数据的吻合程度，更要看模型的外推预测性能。若建模数据和检验数据均采用同一组数据，则仅能评价模型的内拟合效果，无法评估模型的外推预测效果。因此，应将已有实测沉降数据（n 期）分为前后两部分：前一部分数据（m 期，$m < n$）用来建模；后一部分数据（$n - m$ 期）用来检验模型的外推预测效果。根据前一部分数据获得模型的内拟合误差，后一部分数据获得模型的外推预测误差，其中前者为内误差，后者为外误差。

采用实测资料对高填方场地进行工后沉降的最终沉降量或稳定时间进行预估，为了准确评估地基沉降变形，一些重要重大工程，尚应结合固结理论法、离心模型试验法对工后沉降进行预测评估，如有类似工程经验可供借鉴，还可采用工程类比法、经验公式法等进行综合分析。

工后沉降的预测方法应根据行业特点、容许工后沉降、监测阶段和期限等，结合监测经验综合选择。工后沉降预测可采用曲线拟合法、数值反演分析法和人工智能算法等，应符合下列规定：

（1）当无工后期沉降资料，但有施工期分层沉降资料时，可采用数值反演分析方法；当有一定量的工后沉降资料时，可采用曲线拟合法、人工智能算法等。

（2）沉降预测结果的可靠性应经过验证，可将已有实测沉降资料分成两部分，一部分用于识别、估计模型参数，另一部分用于检验模型的外推预测效果。

（3）利用曲线拟合法预测最终沉降时，用于预测的工后沉降数据量应满足曲线参数求解时对数据量的要求，实测沉降数据观测时间不应少于 3 个月；选择拟合曲线时，应将外推预测误差、内拟合误差和后验误差比最小化作为综合控制目标。

（4）大厚度填方场地的工后沉降预测，除采用地表沉降监测资料进行工后沉降预测外，宜结合分层沉降或深层沉降监测资料预测工后沉降。

（5）高填方场地后续工程的建设时机，宜根据实测沉降资料和工后沉降预测结果，结合相应工程对容许沉降变形的设计要求，采用总沉降量、沉降速率和差异沉降等指标综合确定。

对于某一特定黄土高填方工程，对于工后沉降进行预测时，应当根据各种方法的适用性，结合工程的具体情况进行选取。对于需要快速预测且已有一定工后沉降监测资料的情况下，首选曲线拟合法；然而在没有监测资料的情况下，甚至工程设计阶段就要对工后沉降进行预测的情况，应当选用工程类比法或者离心模型试验法；若是有全面的施工监测资料情况下，可以采用数值反演分析方法。在工程建设的任何一个阶段，要对工后沉降进行预测，都要结合工程实际、时间要求、经济要求等各方面因素进行预测方法的综合选取。

2.5.3.2 理论方法

工后沉降理论预测方法较多，如：分层总和法、经验系数法、弹性理论法（一维、三维）、弹塑性理论方法、土力学方法（固结理论、次固结理论）等。这些方法的前提条件是满足一定的边界条件和基本假定，需要借助于室内试验获取土体的物理力学参数，再利用上述理论进行计算，具体见表 2.5.5。

表 2.5.5　　　　　　　　　　　　地基沉降计算方法总结

计算方法	计 算 公 式	说　　明
分层总和法	$s = \sum_{i=1}^{n} \frac{\bar{\sigma}_{zi}}{E_{si}} h_i = \sum_{i=1}^{n} \left(\frac{\alpha}{1+e_1}\right)_i \bar{\sigma}_{zi} h_i = \sum_{i=1}^{n} \left(\frac{e_1-e_2}{1+e_1}\right)_i h_i$	利用室内压缩试验 $e-p$ 曲线确定压缩模量 E_s 和压缩系数 α
经验系数法	$s = \sum_{i=1}^{n} m_s S_i$	m_s 为与土质有关的沉降计算经验系数；ΔS_i 为各分层图的沉降值
考虑不同时段的影响	瞬时沉降量（弹性理论）：$S_d = \frac{pb(1-\mu^2)\omega}{E_0}$ 固结沉降量：$S_c = \sum_{i=1}^{n} \left(\frac{\alpha}{1+e_1}\right)_i \bar{\sigma}_{zi} h_i$ 或 $S_c = \sum_{i=1}^{n} \left(\frac{\alpha_i \sigma_{1i}}{1+e_{1i}}\right) \left[A + \frac{\sigma_{3i}}{\sigma_{1i}}(1-A)\right] h_i$ 次固结沉降量：$S_s = \sum_{i=1}^{n} \frac{C_{ai}}{1+e_{1i}} \lg\left(\frac{t_2}{t_1}\right) h_i$ 总沉降量：$S = S_d + S_c + S_s$	A 为孔隙压力系数；S_d 为瞬时沉降量；S_c 为固结沉降量；S_s 为次固结沉降量；E_0 为变形模量；t_1、t_2 分别为排水固结所需时间及计算次固结所需时间；ω 为沉降影响系数，与基础的刚度、形状和计算点的位置有关；b 为矩形基础宽度或圆形基础直径
考虑应力历史的影响	正常固结土 $P_0 = P_c$：$S = \sum_{i=1}^{n} \frac{\Delta h_i}{1+e_{0i}} C_{ci} \lg\left(\frac{p_{0i}+\Delta p_i}{p_{0i}}\right)$ 超固结土，当 $P_0+\Delta p \leqslant P_c$ 时： $S_1 = \sum_{i=1}^{n} \frac{\Delta h_i}{1+e_{0i}} C_{si} \lg\left(\frac{p_{0i}+\Delta p_i}{p_{0i}}\right)$ 超固结土，当 $P_0+\Delta p > P_c$ 时： $S_2 = \sum_{i=1}^{n} \frac{\Delta h_i}{1+e_{0i}} \left[C_{si} \lg\left(\frac{p_{ci}}{p_{0i}}\right) + C_{ci} \lg\left(\frac{p_{0i}+\Delta p_i}{p_{ci}}\right)\right]$ 超固结土地基的总沉降量：$S = S_1 + S_2$ 欠固结土：$S_c = \sum_{i=1}^{n} \frac{\Delta h_i}{1+e_{0i}} C_{ci} \lg\left(\frac{p_{0i}+\sum p_i}{p_{0i}}\right)$	P_{0i} 为第 i 分层的初始应力；P_{ci} 为第 i 分层的先期固结压力；C_{ci} 为第 i 分层的压缩指数；C_{si} 为第 i 分层的回弹指数；e_{0i} 为第 i 分层的初始孔隙比；Δh_i 为第 i 分层的厚度
三维弹性理论法	黄文熙公式：$S = \sum \left\{\frac{1}{1-2\mu}\left[\frac{(1+\mu)\sigma_z}{\sigma_X+\sigma_Y+\sigma_z}-\mu\right]\frac{e_1-e_2}{1+e_1}\Delta h\right\}$ 魏汝龙公式：$S = \sum \left\{\frac{1-\mu}{1-2\mu}\left(1-\frac{\mu}{1+\mu}\frac{\sigma_X+\sigma_Y+\sigma_z}{\sigma_z}\right)\frac{e_1-e_2}{1+e_1}\Delta h\right\}$	μ 为土的泊松比

2.5.3.3 回归分析方法

1. 经验公式法

高填方工后沉降的回归分析方法，主要借助于工后沉降监测数据的整理分析，将工后沉降量与沉降历经时间、填方高度、填筑体和原地基的压缩指标，通过回归分析建立经验关系，从而用于工后沉降的预测。

关于大量路基、机场、大坝等方面的高填方工程实践表明，高填方的工后沉降与填土厚度、填土工艺、填料性质、原地基类型等密切相关。以往学者通过大量填方工程实测得到的工后沉降量 S 与填方厚度 H 之间的关系进行了总结，得到其经验公式关系见表 2.5.6。

表 2.5.6　　　　　　　　　　工后沉降预测经验公式

序号	经　验　公　式			
1	德国和日本公式：$S=\dfrac{H^2}{3000}$，S 为填方顶部沉降，m；H 为填方高度，m			
2	Lawton 公式：$S=0.001H^{1.5}$，S 为填方顶部沉降，m			
3	顾慰慈公式：$S_t=kH^n\mathrm{e}^{-m/t}$	经验参数	k	m	n
		混凝土心墙堆石坝	0.004331	1.746	1.2045
		斜心墙坝	0.0098	1.4755	1.0148
		心墙坝	0.016	1.0932	0.876
4	俄罗斯公式：$S_t=-0.453(1-\mathrm{e}^{0.08H})\mathrm{e}^{0.693t/t^{1.157}}$，$t$ 为工后时间，d；S_t 为填方顶部沉降，mm			
5	贵阳龙洞堡机场和云南大理机场：$S=\dfrac{H^2}{\sqrt{E^2}}$，$E$ 为高填方地基的弹性模量，MPa；S 为填方顶部沉降，mm			
6	$S=4.493+0.672H^2/E$，E 为高填方地基的弹性模量			
7	$S=0.0014H^{0.95}$（$\lambda\geqslant0.85$），$S=(0.7\%\sim1.0\%)H$，S 为填方顶部沉降，m			
8	龙洞堡机场：$S=0.492H^{1.3823}$，S 为填方顶部沉降，mm			
9	云南大理机场：$S=11.6H-109.8$，S 为填方顶部沉降，mm			

2. 曲线拟合法

根据模型所代表的曲线形态特点，将表 2.5.7 中所列模型分为以下两类：①第 Ⅰ 类模型为 "S" 形曲线模型，主要包括 Logistic 模型、Gompertz 模型、Usher 模型、Weibull 模型、Morgan-Mercer-Flodin 模型（简称 MMF 模型，包括 Ⅰ 型和 Ⅱ 型）、Richards 模型、kNothe 模型（包括 Ⅰ 型和 Ⅱ 型）、Bertalanffy 模型、邓英尔模型等；②第 Ⅱ 类模型为 "J" 形曲线模型，主要包括 Spillman 模型、指数曲线模型、双曲线模型、幂函数模型、平方根函数模型、对数函数模型、对数抛物线模型、星野法等。

表 2.5.7　　　　　　　　　　常用的回归分析方法

类型	模型名称	数学表达式	极限沉降量	备　注
第 Ⅰ 类模型	Logistic	$s_t=a/(1+b\mathrm{e}^{-ct})$	$S_\infty=a$	收敛模型
	Gompertz	$s_t=a\mathrm{e}^{-e^{b-ct}}$ 或 $S_t=\mathrm{e}^{K+ABt}$	$S_\infty=a$	收敛模型
	Usher	$s_t=a/(1+b\mathrm{e}^{-ct})^d$	$S_\infty=a$	收敛模型

类型	模型名称	数学表达式	极限沉降量	备注
第Ⅰ类模型	Weibull	$s_t = a(1 - be^{-ct^d})$	$S_\infty = a$	收敛模型
	MMF-Ⅰ	$s_t = (ab + ct^d)/(b + t^d)$		收敛模型
	MMF-Ⅱ	$s_t = at^b/(c + t^b)$		收敛模型
	Richards	$s_t = a(1 - be^{-ct})^{1/(1-d)}$		收敛模型
	kNothe-Ⅰ	$s_t = a(1 - e^{-bt^c})^d$		收敛模型
	kNothe-Ⅱ	$s_t = a(1 - e^{-bt})^c$		收敛模型
	Bertalanffy	$s_t = [a^{1/3} - (a-b)^{1/3}e^{-ct}]^3$		收敛模型
	邓英尔	$s_t = a/(1 + be^{-ct^d})$		收敛模型
第Ⅱ类模型	Spillman	$s_t = a - (a - b)e^{-ct}$		收敛模型
	指数曲线	$s_t = a(1 - e^{-bt})$ 或 $S_t = S_\infty(1 - \alpha e^{-\beta t})$	$S_\infty = \dfrac{S_3(S_2 - S_1) - S_2(S_3 - S_1)}{(S_2 - S_1) - (S_3 - S_2)}$	收敛模型。α、β 为拟合参数；S_1、S_2、S_3 分别为 t_1、t_2、t_3 对应的沉降量，且 $t_2 - t_1 = t_3 - t_2$
	双曲线	$S_t = S_0 + \dfrac{t - t_0}{\alpha + \beta(t - t_0)}$	$S_\infty = S_0 + \dfrac{1}{\beta}$	收敛模型。S_0、t_0 分别为实测沉降的初始时间和沉降值；S_t、t 分别为任意沉降值和时间；α、β 为曲线参数
	幂函数	$s_t = at^b$		发散模型
	平方根函数	$s_t = a + b\sqrt{t}$		发散模型
	对数函数	$s_t = a\ln t + b$		发散模型
	对数抛物线	$s_t = a(\lg t)^2 + b\lg t + c$		发散模型
	二次多项式	$S_t = a + a_1 t + a_2 t^2$		
	Verhulst 曲线法	$S_t = \dfrac{a}{1 + e^{(b + ct^d)}}$		
	星野法	$S_t = S_i + \dfrac{AK\sqrt{t - t_0}}{\sqrt{1 + K^2(t - t_0)}}$	$S_\infty = S_i + A$	收敛模型。S_i 为瞬时加载产生的沉降量；K 为沉降速率因子；A 为最终沉降系数

表 2.5.7 所列模型从收敛性角度可分为收敛模型和发散模型两种，均可预测某一时间的沉降量，其中收敛模型可直接预测最终沉降量，发散模型以达到某一较小沉降速率时的沉降量作为最终沉降量。

为了判定各种回归模型的预测精度，通过 4 点进行评价：①回归离差平方和；②绝对误差 P；③与止测日期误差 P'；④长期沉降大小及规律。其中，定义绝对误差和止测日绝对误差分别为

$$P = \frac{S - S'}{S} \tag{2.5.1}$$

$$P' = \frac{S_{止测日} - S'_{止测日}}{S_{止测日}} \tag{2.5.2}$$

式中：S 为现场实测沉降；S' 为相同时间的预测沉降；$S_{止测日}$ 为最后一次停止监测时沉降；$S'_{止测日}$ 为相应时间的预测沉降。

通过综合以上 4 点的大小，来评价回归模型的精度。

以下针对几个典型的回归曲线法进行详细分析其预测地基沉降的原理及具体操作步骤。

（1）指数曲线法。根据太沙基的固结理论，孔隙水压力随时间变化过程呈指数曲线关系，对于线弹性土体应力定义固结度 U_0 等于应变定义固结度 U_t。所以土体的压缩过程在理论上也被认为符合指数曲线关系。曾国熙建议地基固结度用式（2.5.3）计算：

$$U = 1 - \alpha e^{-\beta} \tag{2.5.3}$$

式中：α、β 为与地基排水条件、地基土的性质等有关的参数，当地基土为竖向排水固结时 $\alpha = \frac{8}{\pi^2}$，$\beta = \frac{\pi^2 C_v}{4H}$，$H$ 为土层的排水距离，C_v 为土层竖向排水固结系数。

时间 t 时地基固结度定义为

$$U = \frac{S_t - S_d}{S_\infty - S_d} \tag{2.5.4}$$

式中：S_d 为初始（瞬时）沉降；S_t 为 t 时刻沉降；S_∞ 为最终沉降。

综合式（2.5.3）和式（2.5.4），可得

$$S = S_d \alpha e^{-\beta t} + S_\infty (1 - \alpha e^{-\beta t}) \tag{2.5.5}$$

为求 t 时刻的沉降值，式（2.5.5）右边有 4 个未知数，即 S_d、S_∞、α、β。由实测数值的初期加载及沉降与时间关系曲线（图 2.5.1）任意选取 3 点 (S_1, t_1)、(S_2, t_2)、(S_3, t_3)，使其满足等时间间距，$\Delta t = t_2 - t_1 = t_3 - t_2$，代入式（2.5.5），联立求解可得

$$\beta = \left(\ln \frac{S_2 - S_1}{S_3 - S_2} \right) / \nabla t \tag{2.5.6}$$

$$S_\infty = \frac{S_3(S_2 - S_1) - S_2(S_3 - S_2)}{(S_2 - S_1) - (S_3 - S_2)} \tag{2.5.7}$$

$$S_d = \frac{S_1 - S_\infty(1 - \alpha e^{-\beta t_1})}{\alpha e^{-\beta t_1}} \tag{2.5.8}$$

式（2.5.8）中含有 S_d 和 α 两个变量，不能单独求出，在求初始沉降 S_d 时，α 可采用理论值。式（2.5.7）为最终沉降量计算式，将上述公式代入式（2.5.5）即可求得任意时刻 t 对应的沉降值。具体应用时，为了使推算结果精确一些，可以选取不同的 Δt 进行分析，并尽可能使 $(t_2 - t_1)$ 值和 $(t_3 - t_2)$ 值大一些，这样对应的 $(S_2 - S_1)$ 和 $(S_3 - S_2)$ 值也将大些。

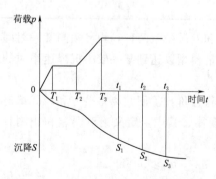

图 2.5.1　加载及沉降与时间关系曲线

（2）双曲线法。双曲线法是一种常用的沉降变形预测计算方法，其主要的思想是采用双曲线这一简单函数来表示地基处于的非线性特性。魏汝龙将双曲线法应用于大变形固结分析及竖井地基沉降分

析。双曲线法是从实测沉降-时间曲线的拐点处开始采用双曲线拟合的，并利用式（2.5.9）进行沉降值的推算：

$$S_t = S_0 + \frac{t - t_0}{\alpha + \beta(t - t_0)} \tag{2.5.9}$$

式中：S_t 为时间 t 的沉降值；S_0 为时间 t_0 时刻的沉降值；t_0 为曲线拐点处对应的时间；α、β 为曲线拟合系数。

经由式（2.5.9）变换可得

$$\frac{t - t_0}{S_t - S_0} = \alpha + \beta(t - t_0) \tag{2.5.10}$$

由式（2.5.10）可以看出，$(t - t_0)/(S_t - S_0)$ 与 $(t - t_0)$ 呈直线关系。现以 $(t - t_0)/(S_t - S_0)$ 为纵坐标，以 $(t - t_0)$ 为横坐标建立坐标系，则 α 和 β 分别为关系图中的截距和斜率。取多组沉降实测值 (S_1, t_1)，(S_2, t_2)，…，(S_i, t_i) 并将点绘于坐标平面内，如图 2.5.2 所示。然后根据最小二乘法做出这些点的拟合直线，求得 α、β 后将其代入式（2.5.9）中，则可预估已知任意时刻 t 的沉降值。最终沉降量 S_∞ 用式（2.5.11）求解：

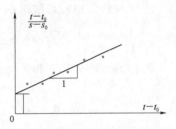

图 2.5.2 双曲线法计算示意图

$$S_\infty = S_0 + 1/\beta \tag{2.5.11}$$

采用双曲线法推算最终沉降值，要求有较长时间的沉降观测资料，实测沉降时间至少要求在半年以上。在分析过程中应该剔除掉反常的数据，否则将造成最终沉降推算值的严重偏差。

（3）Asaoka 曲线法。Asaoka 提出了一种从一定时间过程所得到的沉降观测资料来预测最终总沉降量和沉降速率的实用计算方法，它可以确定垂直排水的固结系数 C_v 及最终沉降量 S_∞。

Mikas 于 1963 年在一维条件下导出了用垂直体积应变表示的固结微分方程：

$$C_v \frac{\partial^2 \varepsilon_v}{\partial x^2} = \frac{\partial \varepsilon_v}{\partial t} \tag{2.5.12}$$

式中：ε_v 为厚度为 h 的土层的垂直应变。

Asaoka 认为，式（2.5.12）可近似地用一个以级数形式的普通微分方程来表示：

$$S + \alpha_1 \frac{dS}{dt} + \alpha_2 \frac{d^2 S}{dt^2} + \cdots + \alpha_n \frac{d^n S}{dt^n} = b \tag{2.5.13}$$

式中：S 为固结沉降量；α_1、α_2、…、α_n 为固结系数；b 为土层边界条件的常数。

Asaoka 法就是利用已有的沉降观测资料求出这些未知数，然后根据这些已确定的参数预估出未来的沉降量。

式（2.5.13）可用 n 阶递推关系表示如下：

$$S_j = \beta_0 + \sum_{i=1}^{n} \beta_i S_{j-1} \tag{2.5.14}$$

大多数情况下 $n = 1$ 就已满足要求，式（2.5.14）取一阶形式则为

$$S_j = \beta_0 + \beta_i S_{j-1} \qquad (2.5.15)$$

式中：S_j 表示 t_j 时刻的沉降量；β_0 和 β_i（$i=1$，2，3，$\cdots$，n）为未知参数。

取式（2.5.13）的一阶形式：

$$S + \alpha_1 \frac{\mathrm{d}S}{\mathrm{d}t} = b \qquad (2.5.16)$$

给定初始条件 $S(t=0) = S_0$，可得式（2.5.16）的解：

$$S(t) = S_\infty - (S_\infty - S_0) \exp\left(-\frac{t}{\alpha_1}\right) \qquad (2.5.17)$$

式中：S_0、S_∞ 分别为土层的初始与最终沉降量；$\alpha_1 = 5h^2/(12c_v)$，并与 C_v 成反比。

由式（2.5.17）可推出：

$$S(t_j) = S_\infty \left[1 - \exp\left(-\frac{\Delta t}{\alpha_1}\right)\right] + S(t_j - 1)\exp\left(-\frac{\Delta t}{\alpha_1}\right) \qquad (2.5.18)$$

对比式（2.5.15）和式（2.5.18）可得

$$\beta_0 = S_\infty \left[1 - \exp\left(-\frac{\Delta t}{\alpha_1}\right)\right] \qquad (2.5.19)$$

$$\beta_1 = \exp\left(-\frac{\Delta t}{\alpha_1}\right) \qquad (2.5.20)$$

$$S_\infty = \frac{\beta_0}{1 - \beta_1} \qquad (2.5.21)$$

则式（2.5.15）可写成：

$$S_j = \frac{\beta_0}{1-\beta_1} - \left(\frac{\beta_0}{1-\beta_1} S_0\right)(\beta_1)^j \qquad (2.5.22)$$

对比式（2.5.17）和式（2.5.22）可得

$$\ln\beta_1 = -\frac{\Delta t}{\alpha_1} = -\frac{\Delta t \times 12 c_v}{5h^2} \qquad (2.5.23)$$

式（2.5.23）只有单面排水时才成立。由式（2.5.23）可以得到

$$c_v = -\frac{5h^2 \ln\beta_1}{12\Delta t} \qquad (2.5.24)$$

Asaoka 根据式（2.5.15）表示的递推关系，提出了一种图解法。其步骤如下：

1）将 $S\text{-}t$ 曲线分成相等的时间间隔 Δt，从图中读取出相应时间 t_1，t_2，$\cdots$，t_n 时的沉降量 S_1，S_2，$\cdots$，S_n，如图 2.5.3 所示。

2）以 S_{j-1} 为 x 轴，以 S_j 为 y 轴，将各沉降值 S_1，S_2，$\cdots$的点（S_{j-1}，S_j）在图中画出，同时作出 $S_{j-1} = S_j$ 的 45°直线。如图 2.5.4 所示。

3）作直线使之尽量与这些点吻合，这条直线与 45°的直线相交的点所对应的沉降量 S_j 即为最终固结沉降量。这条直线的截距即为 β_0，斜率为 β_1。

（4）皮尔曲线法。皮尔曲线也称作泊松曲线或逻辑斯蒂（Logistic）曲线，它是以美国生物学家和

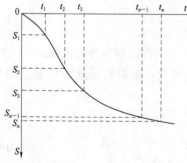

图 2.5.3　实测沉降曲线

人口统计学家皮尔的名字命名的。皮尔曲线预测模型是一种属于增长类型的模型，它反映事物发生、发展、成熟，然后到达一定极限的过程。场区原地基和高填方体随着填筑高度的不断增加，在沉降初期沉降速率逐渐增大，经过一段时间后速率达到最大，然后速率会越来越小，最后趋近于零，土体达到稳定状态，这是一个类似于事物生长的过程。因此，可以采用描述生物生长过程的皮尔曲线来对高填方土体沉降过程进行模拟。

皮尔曲线预测模型的数学表达式为

$$S(t) = \frac{k}{1 + a e^{-bt}} \qquad (2.5.25)$$

式中：k、a、b 为模型的 3 个待定参数且都为正值。

当 $t \to +\infty$ 时，$S \to k$，k 为曲线的增长上限。因此，皮尔曲线是具有极限的曲线，图 2.5.5 为典型的皮尔曲线示意图。

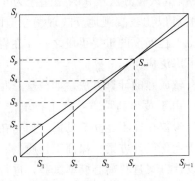

图 2.5.4　Asaoka 图解法

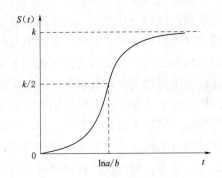

图 2.5.5　皮尔曲线示意图

可利用三段计算法求皮尔曲线方程中的各个参数。三段计算法求皮尔曲线方程中的参数有以下两点要求：①沉降时间序列中的数据项数 n 是 3 的倍数，则计算时可以将时间序列顺序分为 3 段，每段含 $n/3 = r$ 项；②自变量 t 的时间间隔相等或时间长短相等、前后连续，即为等时隔时间序列。

第一段为：$t = 1, 2, 3, \cdots, r$。第二段为：$t = r+1, r+2, r+3, \cdots, 2r$。第三段为：$t = 2r+1, 2r+2, 2r+3, \cdots, 3r$。设 S_1、S_2、S_3 分别为这 3 个段内各项数值的倒数之和，则有

$$S_1 = \sum_{i=1}^{r} \frac{1}{S(t)}, \quad S_2 = \sum_{i=r+1}^{2r} \frac{1}{S(t)}, \quad S_3 = \sum_{i=2r+1}^{3r} \frac{1}{S(t)} \qquad (2.5.26)$$

皮尔曲线预测模型改写为倒数形式，即

$$\frac{1}{S(t)} = \frac{1}{k} + \frac{\alpha e^{-bt}}{k} \qquad (2.5.27)$$

然后通过变换，得到各参数的计算公式为

$$b = \frac{\ln \dfrac{S_1 - S_2}{S_2 - S_3}}{r} \qquad (2.5.28)$$

$$k = \frac{r}{S_1 - \dfrac{(S_1 - S_2)^2}{(S_1 - S_2) - (S_2 - S_3)}} \tag{2.5.29}$$

$$a = \frac{(S_1 - S_2)^2 (1 - e^{-b}) k}{[(S_1 - S_2) - (S_2 - S_3)] e^{-b} (1 - e^{-rb})} \tag{2.5.30}$$

将得到的参数代入皮尔曲线模型表达式（2.5.25）中，即可求出任一时间 t 的沉降量 $S(t)$。最终沉降量为

$$S_\infty = \lim_{t \to \infty} S(t) = k \tag{2.5.31}$$

2.5.3.4 离心模型试验方法

离心模型是一种能够真实反映原型应力场和位移场的"全真型"模型试验方法。它满足主要的相似条件，可以进行直至破坏的全过程等应力力学模拟试验；也可以直接采用原型材料，比较简捷地实现"全相似"。因此，离心模型试验方法被认为是迄今为止相似性最好的力学模型试验方法之一。由于离心模型试验可以比较直观地反映现场原型的效果，试验费用相对原型试验来说较低，是解决目前岩土工程问题的重要手段之一，在岩土工程领域特别是地基变形和边坡稳定问题研究上得到了广泛应用。

目前，对于原地基由附加应力引起的变形已有较成熟的计算方法，如分层总和法，但对于填筑体的变形，至今没有较成熟的计算方法。由于黄土高填方系统工程填挖方量大、地形条件复杂，通过工程现场修筑试验段验证设计参数往往不能立竿见影。如何在修筑之前，把握高填方工程整体的变形与沉降特性，对于优化设计方案、保证工程质量、合理安排工期都尤为重要。通过在工程建设之前对各种设计方案进行离心模型试验，进行优化设计，达到工程预期目的，这些均能通过离心模型试验实现。离心模型试验具体操作规程可按照如下规范执行：《土工离心模型试验规程》（DL/T 5102—2013）、《土工试验方法标准》（GB/T 50123—2019）。

2.5.3.5 数值反演分析方法

1. 分层迭代数值反演分析概念

分层迭代数值反演法对高填方施工加载过程土体的变形参数进行反演分析，分析步骤简述如下：

（1）分层及初始化：结合土层的物理、力学性质和观测信息，将计算域内填筑体和原土层进行分层。并自下而上对其进行编号（$i = 1, 2, \cdots, n$），根据经验资料或经验方法确定各土层的初始计算参数。高填方地基由底部原地基和上部填筑体两部分组成，模型的建立也分为相应的两部分。原地基土层按照实际分层进行建立模型；对于填筑体，依据现场施工进度以及监测时段概化为若干层，每层厚度不超过 10m。

（2）分层反演：从原土层开始，在假定其他土层计算参数不变的前提下，利用该土层的观测信息反演确定该土层的参数，将反演所得参数替代原有初值，然后进行下一土层的参数反演，直至最顶上一层土层为止。

（3）迭代：以上一级分层反演所得参数作为初值，进行下一轮反演，即重复第（2）步。同时设定上下两轮反演所得参数的最大差值小于某一容许值作为迭代收敛标准。

（4）同时反演：以分层迭代反演所确定的各土层参数作为同时反演的初值，利用所有

各土层观测信息对所有计算参数进行同时反演，确定参数最优解。若同时反演难以实现或反演所得参数在物理意义上不合理，则保留原分层迭代反演解作为最优解。

高填方体地基施工过程中有两个较为突出的特点：①各土层的变形大小和发展的快慢主要受该层土的物理性质、力学性质影响，随上覆荷载的增加，各土层的变形参数变化很大；②各测点的沉降主要由其下土层的变形引起，即在反演预测分析中，主要受其下土层计算参数的影响，其上土层的影响相对较小。

利用多层土地基最底土层的各测点观测信息反演确定该土层的计算参数，然后用反演所得参数替代初始参数；再利用第二层各测点观测信息反演确定第二层土层的计算参数，然后用反演所得参数替代初始参数，重复以上过程，直到填方体顶面土层。由于各土层的变形并非完全由该层土的工程性质和计算参数决定，即各土层之间存在交叉影响，因此，再从土地基最底土层开始。重复以上整个过程，即迭代，从而使反演参数进一步得到优化，这就是分层迭代反演的基本原理。

2. 考虑时间效应的本构模型及参数的选取

对于大孔隙性的黄土，其最大的特性是高压缩性和蠕变性，可采用蠕变模型来考虑黄土的长期变形特性，也可采用基于室内单轴和三轴蠕变实验的经验蠕变模型来引入到数值模拟软件中进行高填方工后沉降的模拟。

(1) SSC 蠕变模型。SSC 蠕变模型是常用的软土蠕变模型，可基于室内单轴蠕变实验结果获取分析参数，再基于现场实测变形进行蠕变参数的修正，用以工后沉降的预测与反演分析。其具体参数取值原则如下：

1) 类似于摩尔为库仑模型中的破坏参数：c 为黏聚力，kN/m^2；φ 为摩擦角，$(°)$；ψ 为剪胀角，$(°)$。

2) 模型基本刚度参数：κ^* 为修正回弹系数；λ^* 为修正压缩指数；μ^* 为修正蠕变指数。对于以上 3 个变形参数主要与压缩模量 E_s 或弹性模量 E 存在直接关系，有以下经验公式：

$$\lambda^* = \frac{\lambda}{1+e_0} = \frac{C_c}{2.3(1+e_0)} \tag{2.5.32}$$

$$\kappa^* = \frac{\kappa}{1+e_0} \approx \frac{\lambda^*}{5 \sim 10} \tag{2.5.33}$$

$$\mu^* \approx \frac{C_a}{2.3(1+e_0)} \approx \frac{\lambda^*}{15 \sim 30} \tag{2.5.34}$$

$$C_c = \frac{2.3(1+e_0)p}{E_s} \tag{2.5.35}$$

$$C_a = \frac{\Delta e}{\Delta \log t} \tag{2.5.36}$$

式中：C_c、C_a 分别为压缩指数和次固结系数；E_s 为荷载为 P 时的压缩模量；e_0 为初始孔隙比。

若对模型参数进行估算，则有 $\lambda^* \approx I_P(\%)/500$，通过这个关系式能粗略得到 λ^* 值，由此可大致得到 μ^* 与 κ^* 值。

3) 模型其他参数：$v_{ur} \approx 0.2$，卸载-再加载的泊松比 0.15；K_0^{NC}，$\sigma'_{xx}/\sigma'_{yy}$ 正应力

比（正常固结状态下）；M，与 K_0^{NC} 相关的参数。

（2）经验蠕变模型。基于 Singh-Mitchell 修正模型（三参数经验模型）进行蠕变模型参数的求取步骤如下：

$$\varepsilon(\sigma_0,t)=\sigma_0{}^Q e^R t^\lambda \tag{2.5.37}$$

式中：参数 Q 决定着单位时刻应变随着应力的变化趋势，Q 值基本相同，表征相同时段内蠕变实验的应力-应变曲线形状相同，不存在突变现象；截距 R 为单位时刻、单位应力时割线应变速率对数；λ 反映了应变速率随时间变化的双对数关系，将实验数据整理可知。

$$\varepsilon(\sigma_0,t)=A\left(\frac{t}{t_0}\right)^m\left(\frac{\sigma_0}{\sigma_r}\right)^n \tag{2.5.38}$$

式中：A 为 $t=1\min$、应力 $\sigma_0=100\mathrm{kPa}$ 的应变值，该参数与轴向荷载 σ_0 的大小呈线性关系；斜率 m 和 n 可以通过双对数等时曲线得到，参数 m 与轴向荷载 σ 及参考时间 t_0 有关，$t_0=1\min$，参数 n 与试验时间 t 及参考应力 σ_r 有关，取参考应力 $\sigma_r=100\mathrm{kPa}$。

（3）元件蠕变模型。以 H-K（Merchant）模型、Burgers 模型为依托的蠕变模型及 Burgers 组合模型（图 2.5.6）：

$$\varepsilon(t)=\left\{\frac{1}{E_0}+\frac{1}{E_1}\left[1-\exp\left(-\frac{E_1}{\eta_1}t\right)\right]\right\}\sigma_0 \tag{2.5.39}$$

$$\varepsilon(t)=\left\{\frac{1}{E_1}+\frac{t}{\eta_1}+\frac{1}{E_2}\left[1-\exp\left(-\frac{E_2}{\eta_2}t\right)\right]\right\}\sigma_0 \tag{2.5.40}$$

$$\varepsilon(t)=\left\{\frac{1}{E_m}+\frac{t}{\eta_m}+\frac{1}{E_{k1}}\left[1-\exp\left(-\frac{E_{k1}}{\eta_{k1}}t\right)\right]+\frac{1}{E_{k2}}\left[1-\exp\left(-\frac{E_{k2}}{\eta_{k2}}t\right)\right]\right\}\sigma_0 \tag{2.5.41}$$

式中：E_0、E_1、η_1 为 H-K 模型参数；E_1、E_2、η_1、η_2 为 Burgers 模型蠕变参数；E_m、E_{k1}、E_{k2}、η_m、η_{k1}、η_{k2} 为 M-B 模型蠕变参数；σ_0 为轴向荷载，kPa；$\varepsilon(t)$ 为任意时刻的应变；t 单位为小时。

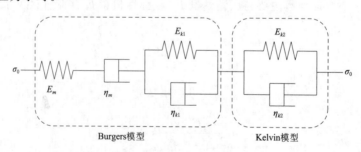

图 2.5.6 Burgers 组合模型

3. 数值模型的建立及分析

在对实测资料进行数值反演之前，先做以下假定：

（1）在分步填筑施工模拟期间，土体参数可采用非线性弹性模型，如邓肯-张模型或弹塑性模型，并符合莫尔-库仑屈服准则（M-C）进行瞬时加载模拟分析。

（2）在工后期固结蠕变分析过程中，填土材料和原地基中土层应采用固结蠕变模型，对原地基中的基岩仍采用弹塑性模型。

（3）进行固结分析时，填筑体的水平向和竖直向的渗透系数取为一致，即考虑土体为各向同性体，对于原地基的渗透系数各向异性取为竖向渗透系数为横向的 3 倍为宜。

（4）当土体相关本构模型参数缺失，但有填方地基渗流场、应力场、位移场等实测资料的前提下，可采取数值反演分析获取原地基和填筑体的合理本构模型参数，然后进行预测。为了保证反演结果收敛不过于繁琐，且能达到合理值，反演分析过程中，选取敏感性较强的参数进行反演。

4．有限元分层迭代反演预测法应用过程

（1）分析准备工作：根据工程情况及相应填料性质，选取合适的本构计算模型及有限元软件，获得相应地质勘察资料及高填方施工期分层监测高度及分层沉降监测。

（2）模型建立及初始参数选取：根据地质勘察图及填方分层监测高度建立有限元模型并对填土体进行分层，根据原地基土层及填料情况确定合适的初始计算参数。

（3）高填方分层参数反演：以施工期监测分层沉降为基础，确定反演过程中的沉降收敛依据，根据分层迭代反演思路对高填方原地基及填土层变形参数进行反演分析。

（4）高填方工后沉降预测：将反演的分层填土参数用于正算高填方工后沉降，从而达到预测沉降的目的。

（5）对于任何高填方工程，若有完整的施工期分层沉降监测资料，均可以根据上述方法应用过程，对高填方的工后沉降进行反演预测。

2.5.4　高填方变形稳定评价标准

由于地基和填筑等因素的复杂性和资料积累的有限性，目前高填方场地沉降稳定的判别没有成熟的标准。现有相关标准的沉降控制及稳定判定标准见表 2.5.8。表中所列标准对沉降变形的控制及稳定判定，主要采用的是总沉降量、差异沉降、沉降速率等指标。

表 2.5.8　　　　　　　　　　现有相关标准规范的沉降控制及稳定判定标准

编号	标准名称及条目	相关规定或建议简述
1	《建筑变形测量规范》（JGJ 8—2016）5.5.5 条	建筑沉降是否进入稳定阶段，应由沉降量与时间关系曲线判定。当最后 100d 的沉降速率小于 0.01～0.04mm/d 时可认为已进入稳定阶段
2	《建筑地基基础设计规范》（GB 50007—2011）5.3.4 条	根据不同建筑物的变形特征和地基土类别不同确定建筑物的地基变形允许值
3	《公路路基设计规范》（JTG D 30—2015）7.6.9 条	路面铺筑时，推算的工后沉降量小于设计容许值，同时要求连续 2 个月观测的沉降量每月不超过 5mm
4	《铁路路基设计规范》（TB 10001—2016）7.6.2 条	Ⅰ级铁路沉降量不应大于 20cm，路桥过渡段沉降不应大于 10cm，沉降速率均不应大于 5cm/年；Ⅱ级铁路沉降量不应大于 30cm
5	《新建时速 200 公里客货共线铁路设计暂行规定》（铁建设函〔2005〕285 号）4.4.3 条	路基的工后沉降量一般地段不应大于 15cm，年沉降速率应小于 4cm，桥台台尾过渡段不应大于 8cm
6	《碾压式土石坝设计规范》（SL 274—2001）6.1.1 条	竣工后的坝顶沉降量不宜大于坝高的 1%。对于特殊土的坝基允许总沉降量应视具体情况确定
7	《民用机场岩土工程设计规范》（MH/T 5027—2013）4.2.1 条	飞行区道面影响区的工后沉降：跑道为 0.2～0.3m，滑行道 0.3～0.4m，机坪 0.3～0.4m。工后差异沉降：跑道沿纵向 1.0%～1.5%，滑行道沿纵向 1.5%～2.0%，机坪沿排水方向 1.5‰～2.0‰。飞行区土面区：应满足排水、管线和建筑等设施的使用要求

第3章 地震环境问题

3.1 概　　述

3.1.1 地震引发的灾害

20 世纪以来，中国共发生 6.0 级以上地震近 800 次，遍布除贵州、江苏、浙江和香港特别行政区以外所有的省（自治区、直辖市）。中国地震活动频度高、强度大、震源浅、分布广，是一个震灾严重的国家。2008 年 5 月 12 日 14 时 28 分 4 秒，四川省阿坝藏族羌族自治州汶川县映秀镇（北纬 31.0°、东经 103.4°）发生了一场让所有国人刻骨铭心的大地震"5·12"汶川地震，又称"汶川大地震"。根据中国地震局修订后的数据，"5·12"汶川地震的面波震级为 8.0 级。地震波及大半个中国以及亚洲多个国家和地区。"5·12"汶川地震严重破坏地区约 50 万 km²，其中，极重灾区共 10 个县（市），较重灾区共 41 个县（市），一般灾区共 186 个县（市）。截至 2008 年 9 月 25 日，"5·12"汶川地震共计造成 69227 人遇难、17923 人失踪、374643 人不同程度受伤、1993.03 万人失去住所，受灾总人口达 4625.6 万人。截至 2008 年 9 月，"5·12"汶川地震造成直接经济损失 8451.4 亿元。"5·12"汶川地震是中华人民共和国成立以来破坏性最强、波及范围最广、灾害损失最重、救灾难度最大的一次地震。

无论历史的和未来的地震，每一次均将造成巨大的灾害，包括直接灾害和间接灾害。

（1）直接灾害：人身伤亡与财产损失，如房屋建筑、构筑物、桥梁、隧道、道路、水利工程等人工建筑物及农田、河流、湖泊、地下水等自然环境的破坏。

（2）间接灾害：火灾、水灾、流行疾病、劳力损失、交通中断等引起的损失。统计数字表明，中国以全球 1/14 的国土面积、1/5 的人口，承受全球 1/3 的大陆地震，地震灾害造成的死亡人口约占全球的 1/2。当然这也有特殊原因：①中国的部分区域人口密度高、人口众多；②与中国的地震活动强烈且频繁。据统计，20 世纪以来，中国因地震造成死亡的人数，占国内所有自然灾害包括洪水、山火、泥石流、滑坡等总人数的 54%，超过 1/2。从人员的死亡来看，地震是群害之首；而在经济上所造成的损失，最大的主要是气象灾害（洪涝），气象灾害所造成的经济损失要比地震大得多。

3.1.2 地震及地震带

3.1.2.1 地震的基本概念

1. 地球的内部构造

地球是一个平均半径约 6400km 的近似椭球体，其赤道半径略大于极半径。目前人类直接观察或测量的深度仅约为 13km。因此，地球内部构造主要通过地震波法在地球内部不同深度处的速度变化来推测地球内部的物质结构。根据实测资料，地球的内部构造包括以下 3 个主要的组成部分：

（1）地壳。厚度达几公里至几十公里，为岩石，大陆为花岗岩、玄武岩，海洋为玄武岩。

（2）地幔。上地幔 2900km，上部 1000km 的情况复杂，包括 40～70km 的岩石（橄榄岩）和几百公里高温高压下具有黏弹流变性质的黏流层；下地幔 1900km，较均匀，物质状态属固态，因处于极端高温和高压环境，地幔岩石呈现为塑性状态。

（3）地核。地核主要为镍和铁物质；内核 1400km，处于固态；外核 2010km，处于液态。

2. 地震动特性

（1）震源与震中。通常将地球内部首先发生断裂并发生地震的地方称为震源，通常被认为是地震能量的主要释放区域。震源在地面的投影称为震中。理论上，震源与震中通常均为一点，但实际上是一个区域，大致呈带状分布（地震带）。从震中到地面上任意一点的距离称为震中距。从震源到地面上任意一点的距离称为震源距。从震中到震源的距离称为震源深度，如图 3.1.1 所示。

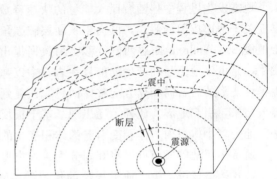

图 3.1.1　震源、震中示意图

（2）地震序列。在一定时间内（一般是几十天至数月）相继发生在相邻地区的一系列大小地震称为地震序列。根据主震、余震和前震的特点，即地震能量释放特征，地震序列可以分为 3 种类型：

1）主震型地震。在一个地震序列中，主震释放的能量占全序列地震释放能量的大部分，同时伴随相当数量的余震和不完整的前震，是破坏性地震中的常见类型。

2）群震型或多发型地震。在一个地震序列中，主震震级不突出，主要地震能量是由多个震级相近地震释放出来的。

3）孤立型或单发型地震。在一个地震序列中，前震和余震都很少，甚至没有，绝大部分地震能量都是通过主震一次释放出来的称为孤立型或单发型地震。

（3）地震波。地震时震源产生的振动在岩土介质中是以弹性波的形式向四面八方传播，即地震释放的能量是通过地震波传递到各个地方，从而引起震害。一定范围内的地球体可以视为一个半无限空间，在该空间内传播的地震波又可以分为在地球内部传播的体波和沿地球表面传播的面波 2 种。体波包括纵波（或 P 波、压缩波、无旋波）和横波（S 波、剪切波、等体积波）。纵波又称为压缩波，其质点的振动方向与波的传播方向一致；横波又称为剪切波，其质点振动方向与波的前进方向垂直，由于液体不能传递剪力，所以横波只能在固体内传播。面波分为瑞利波（Rayleigh wave）和乐夫波（Love wave）2 种，通常是由纵波和横波等体波在地球表面干涉的结果。

（4）地面运动。从工程抗震角度，地震动特性可以通过其幅值（强度）、频谱、持续时间来描述，即通常所说的地震动"三要素"。

1) 地震动幅值：一般用来表征某一给定地点在地震过程中发生地面运动的强度大小，通常可以采用地震动加速度、速度或位移三者之一的峰值来表示。

2) 地震动频谱：用来表示地震动振幅和对应的频率关系的曲线，统称频谱，比如傅里叶谱、功率谱、反应谱等。具体场地的地震动频谱特征除与地震特性、距离远近有关外，还受场地条件影响。一般而言，地震震级越大、距离越远、场地土层越软越厚，则地震动中的长周期成分越强。

3) 地震动持续时间：一般将地震记录中振动强度较大的强震段、全部或部分中强震段所持续的时间称为地震动持续时间。地震动持续时间主要决定于地震断裂面发生断裂所需的时间，即地震释放能量的时间。一般来讲，大震的持续时间较长。

3. 地震成因

地震发生过程中伴随着巨大能量的快速释放，常诱发地表破裂、强烈的地面运动等。早期关于地震成因的假说，倾向于从断层破裂角度解释，比如 Reid 根据 1906 年美国旧金山地震 San Andreas 断层两侧位移实测数据提出的"弹性回跳理论"。该理论认为地震的发生，是由于地壳运动产生的能量在岩石中以弹性应变能的形式积累，地震发生时已经发生弹性变形的岩石向相反方向整体回跳，恢复到未变形前的状态，把长期积累的能量瞬间释放出来，引起地震。此外，还出现了基于板块的构造运动和碰撞挤压的"板块运动说"、基于地壳较小体积内岩体相变引起的体积变化的"岩体相变学说"等。

通常按照地震成因可以将其划分为 4 种类型：

（1）构造地震：由于地下岩层的快速破裂和错动所造成的地震，占全球地震总数的 90% 以上。由于构造地震频度高、强度大、破坏重，因此是地震监测预报、防灾减灾的重点对象。

（2）火山地震：由于火山作用引起的地震，占全球发生地震数的 7% 左右。火山地震都发生在活火山地区，一般震级不大。

（3）陷落地震：由于地层陷落（如喀斯特地形、矿坑下塌等）引起的地震，占全球地震总数的 3% 左右，其破坏范围非常有限。

（4）诱发地震：在特定地区因某种地壳外界因素诱发（如陨石坠落、水库蓄水、深井注水）而引起的地震。

4. 地震活动的周期性

一个地区经过地震活动频度相对较高时段以后，总是要经过地震活动频度相对较低、强度相对较弱的平静时期，这种地震活跃期和平静期交替出现的特点，被称为地震周期性。研究地震活动性，主要是根据地震观测系统测定的（或历史资料中记载的）地震发生的时间、空间位置（震中位置和震源深度）和频度、强度（震级或震中烈度）等基本参数，研究这些参数之间的相互关系。

地震的发生没有严格的周期性，但有准周期性或称重复性。例如中国 1679 年的三河、平谷地震和 1976 年的河北唐山地震同属燕山震带，时间相隔 297 年，而对实际资料的统计表明，华北全区地震活动存在 300 年左右的准周期性涨落。因此，可以说中国华北地区的大地震重复期约为 300 年。在小的时间尺度上同样存在地震活动的起伏性。在某些大地震发生之前，中小地震的活动频繁，继而突然平静，因此所谓的密集-平静现象被认为是大地震的一种前兆。

地震活动的空间分布有很大的不均匀性。从历史大地震的事实可知，某些地区和地带有很高的地震活动水平，而另一些地区地震活动相当微弱。过去多次发生强烈地震而平时中小地震又比较密集的地带称为地震带。在小的空间尺度上同样存在地震活动的不均匀性。在某些大地震发生之前，在未来大地震震中的周围，中小地震常密集地发生，形成环状，而中心部分形成空区。也有的地区，中小地震的发生常排列呈条带状，或者有两个同时出现的条带互相交叉，而未来的较强的地震可能发生在两个条带的交叉点附近。有些地区大地震的震中在一定时期内形成网络状分布，未来大地震将可能发生在网络结点的空缺部位；在另外一些地带，地震活动倾向于按一定方向的迁移。这些地震活动图像反映区域构造应力的发展过程，也可能为地震预测带来某种信息。

3.1.2.2　地震带分布

1. 世界范围内的主要地震带

从全球版图分布来看，世界分为三大地震带，包括：环太平洋地震带、欧亚地震带和海岭地震带，具体分布情况如下。

（1）环太平洋地震带。环太平洋地震带像一个巨大的环，沿北美洲太平洋东岸的美国阿拉斯加向南，经加拿大西部、美国加利福尼亚和墨西哥西部地区，到达南美洲的哥伦比亚、秘鲁和智利，然后从智利转向西，穿过太平洋抵达大洋洲东边界附近，在新西兰东部海域折向北，再经斐济、印度尼西亚、菲律宾、中国台湾省、琉球群岛、日本列岛、阿留申群岛，回到美国的阿拉斯加，环绕太平洋一周，也把大陆和海洋分隔开来。这个地震带上有一连串海沟、岛屿和火山围绕着太平洋，呈马蹄形，全世界约80％的浅源地震、90％的中源地震和几乎所有的深源地震都集中在该带上。其释放的地震能量约占全球地震能量的80％。环太平洋地震带主要影响我国台湾和福建等东部地区。

（2）欧亚地震带。欧亚地震带又称"地中海-喜马拉雅山地震带"，主要分布于亚欧大陆，因为地震带横贯亚欧大陆南部、非洲西北部地震带，所以也可以称为"横贯亚欧大陆南部、非洲西北部地震带"。欧亚地震从印度尼西亚开始，经中南半岛西部和中国的云南、贵州、四川、青海、西藏地区，以及印度、巴基斯坦、尼泊尔、阿富汗、伊朗、土耳其到地中海北岸，一直延伸到大西洋的亚速尔群岛，发生在这里的地震占全球地震的15％左右。青藏高原地震带属于欧亚大陆地震带中的一段。相对环太平洋地震带而言，青藏高原地震带是印度板块与青藏地块的正面碰撞，且印度板块运动速率相对较快，因而对我国大陆地区北东向挤压推移作用可能相对更强，对中国的影响也会更大。

（3）海岭地震带。海岭地震带分布在太平洋、大西洋、印度洋中的海岭地区即海底山脉，对陆地影响较小。海岭地震带也叫海脊地震带，是从西伯利亚北岸靠近勒那河口开始，穿过北极经斯匹次卑根群岛和冰岛，再经过大西洋中部海岭到印度洋的一些狭长的海岭地带或海底隆起带，并有一分支穿入红海和著名的东非裂谷区。

2. 我国的地震分布情况

根据中国科学院地球物理研究所的划分，我国位于世界两大地震带：环太平洋地震带与欧亚地震带之间。中国地震主要分布在四个区域：华北地区、东南沿海地区、西北地区、西南地区和23条地震带上。23个地震带分别是华北地区（含东北南部）包括：郯城-

庐江带（沿郯庐断裂，从安徽庐江经山东郯城，穿越渤海至辽东半岛、沈阳一带），燕山带，河北平原带（太行山东麓），山西带（主要沿汾河地堑），渭河平原带（主要沿渭河地堑）；东南沿海地区包括：东南沿海带（主要在福建及广东潮汕地区），台湾西部带，台湾东部带；西北地区：包括银川带，六盘山带，天水-兰州带，河西走廊带，塔里木南缘带，南天山带，北天山带；西南地区包括：武都-马边带，康定-甘孜带，安宁河谷带，滇东带，滇西带，腾冲-澜沧带，西藏察隅带，西藏中部带。

3.1.3　地震对岩土工程造成的危害

　　地震时强烈的地面运动会造成上部建筑物倒塌或损坏，并可能引发地基失效、滑坡和地下结构破坏等一系列与岩土工程有关的次生灾害。为了预防和减轻各种岩土工程由于地震造成的破坏，工程技术人员就需要对地震及其灾害有较深入的了解和认识，学习和掌握地震环境下各种岩土工程的抗震分析和评价方法。从岩土工程的角度，进行防灾减灾的基本原则如下：①正确评价地震环境；②采取工程技术措施；③使地基、边坡、洞室等建筑物的土体环境在地震作用下仍能保持必要的稳定性，不致出现地基失效、边坡滑移、洞室塌陷现象。

　　1. 地基失效

　　一般意义上的地基失效是指在强烈地震作用下地基土体丧失或降低强度和承载力而使其上或其中的建（构）筑物产生破坏的现象，比如砂土液化和软土震陷等。广义的地基失效还包括强烈地震作用下产生的崩坍、滑坡以及不连续变形等现象。从广义的地基失效的定义而言，其对宏观震害的影响基本是不利的，即宏观震害会因为地基失效而加重。比如，1970 年云南通海地震，俞家河坎村北部 16 户住房因砂土液化引起下沉和侧向滑动而全部破坏。1964 年日本新潟地震，许多建筑物因砂土液化丧失承载力发生下沉或倾斜，严重影响了建筑物的使用功能。

　　地基失效后，在上部荷载作用下地基产生较大的相对位移，从而引起上部结构地震破坏。地基失效虽系动力作用造成，但由它引起的结构破坏只是地基相对位移的结果，通常属于静力作用。由于土的强烈非线性特性与地基的半空间特性（出现了透射边界或几何阻尼扩散问题），使地基的地震反应分析与结构地震反应分析有明显的不同。在地基不失效的情况下，建（构）筑物通常因地震作用而破坏，是动力作用的结果。地基与结构是一个系统的、互相影响的、共同作用的整体，应该重视地基和结构在地震作用下的协同作用问题，主要体现在共振或类共振效应、能量互递及消散效应、大范围波动效应 3 个方面。

　　2. 边坡失稳

　　边坡失稳是一种典型的岩土工程事故，常发生于山区自然边坡、高填方路基、深挖路堑、土石坝、工业废渣堆填边坡等。诱发滑坡的因素众多，包括降雨、水库河水冲刷、季节温差变化、地震等。其中，地震是诱发滑坡灾害的重要影响因素，影响范围广、破坏性大。比如 1920 年宁夏海原 8.5 级地震，经调查共发生滑坡 657 处，分布在 50000km² 范围内。滑坡阻塞河道，形成了 41 个堰塞湖，其中最大者长约 5km，宽 380m，深 30m，10 万余人因滑坡发生伤亡。

　　在随机、连续、周期往复的地震惯性力作用下，一方面坡顶处出现了地震加速度的放大效应，地震惯性力可能引起边坡土体的惯性超载而导致失稳；另一方面，由于边坡及其底部土体受地震反复振动时会产生振动孔隙水压力，从而有效应力减小，抗剪强度降低，进一步诱发了边坡失稳问题。惯性超载和有效应力减小是地震环境下边坡动力失稳的两个主要原因。

3. 地下工程破坏

地下工程在修建和运营过程中也会受到地震等灾害的影响，常因地下工程埋藏于地面以下的特点，给防灾救护和灾后恢复带来难以预见的困难。更有甚者，地下工程一旦发生严重破坏，不仅对附近地面建（构）筑物造成严重影响，而且必然危及城市水、电等生命线工程的正常运营，造成城市交通、供电供水等的严重瘫痪。比如 1995 年日本阪神大地震中，地铁、地下停车场、地下隧道、地下商业街等发生了严重破坏，其中神户市地铁大开站最严重，一半以上中柱完全倒塌，顶板坍塌和上覆土层沉降，最大沉降量达 2.5m。

地震对地下结构的震害一般分为两类：一类是由断层引起的地层位移和错动，常导致隧道发生严重破坏，砂土液化和软土震陷等会加剧地层滑移；另一类是由地震引起的振动，地层产生的位移和地震力作用于结构上，使结构发生变形，这也是地下结构震害的主要特征。地面结构的震害通常受结构的形状、质量、刚度的变化（即其自振特性的变化）影响较大，但对地下结构来说，地基的运动特性才是主导因素，一般地下结构的自振特性对地下工程震害影响较小，仅产生量的变化。一般来说，地下结构的振动变形受周围地基土壤的约束作用显著，而地下结构变形对周围地基的振动影响很小（指地下结构的尺寸相对于地震波长的比例较小的情况）；地下结构的振动形态受地震波入射方向变化的影响很大，不同位置处的相位差明显；地下结构的主要应变与地震加速度大小的联系不明显，但与周围岩土介质在地震作用下的应变或变形的关系密切；地下结构的地震反应随埋深发生的变化不很明显。整体来看，对地下结构和地面结构来说，它们与地基的相互作用都对它们的动力反应产生重要影响，但影响的方式和程度不同。

3.2 地震环境的评价

地震环境评价包括以下两方面：

（1）从地震方面，应在对历史地震与断裂构造间关系和地震危险性进行分析，在此基础上，对地震烈度及其有关参数做出评价。

（2）从地质和场地方面，应在对场地的地质、地形和土类、厚度分析的基础上对地震影响做出评价。

因此，地震环境直接与地震的震级、烈度相联系，受场地类型的影响。

3.2.1 震级与烈度

3.2.1.1 震级

1. 震级的定义

震级反映一次地震所释放能量的大小，标志着地震本身的强弱。从这个意义上说，一次地震只有一个震级，其释放出来的能量越大，则震级越高。一次地震释放的能量很难直接进行精确计算或测量，所以一般根据地震仪记录的地震波，取不同的地震震相求得不同的地震震级。20世纪20年代末至30年代初地震震级概念提出以来，震级标度经历了从地方性震级到面波震级、体波震级直至矩震级乃至能量震级的发展。以下为较为典型的地震震级标度：

（1）里氏震级 M_L。通常所说的里氏震级 M_L，是1935年美国加州理工学院的Charles Richter 教授首先提出的概念，用来衡量加州南部当地的浅源地震的大小。里氏震级 M_L 的计算公式为

$$M_L = \lg A - \lg A_0 \qquad (3.2.1)$$

式中：A 为距离震中100km处、标准 Wood - Anderson 地震仪记录到的最大水平地动位移（最大振幅），μm，标准 Wood - Anderson 地震仪是指固有周期0.8s、阻尼系数0.8，静态放大倍数为2800的地震仪；$\lg A_0$ 为起算函数，由当地经验确定。

（2）面波震级 M_S。由于测试里氏震级的标准 Wood - Anderson 地震仪是一种短周期地震仪，只适用于记录浅源近震的短周期地震动分量。因此 Gutenberg 于1936年根据里氏震级的定义提出了面波震级 M_S 的概念，并将其定义为

$$M_S = \lg A_S - \lg A_0 \qquad (3.2.2)$$

式中：A_S 为记录到的面波最大水平地面位移，μm，一般取两个水平分量矢量和的最大值；$\lg A_0$ 为起算函数，由当地经验确定。

（3）矩震级 M_W。长期研究发现，利用观测到的地震波振幅确定震级时，由于不同震级标度测定的是特定频段的地震波振幅，当震级大到一定的级别时，测量的最大振幅不再增加，致使测得的地震震级不再随地震释放能量的增大而增大，称为震级饱和现象。为了解决这一问题，日本学者安芸敬一（Ketti Aki）基于1964年日本新潟地震的研究，于1966年提出了地震矩的概念。地震矩（标量地震矩）M_0，区别于地震矩张量，可由地震断层的面积、断层的平均滑动量（平均错距）于断层面附近介质的剪切模量三者的乘积得到。基于地震矩 M_0 可以得到新的震级标度——矩震级 M_W，定义如下：

$$M_W = \frac{2}{3}(\lg M_0 - 9.1) \qquad (3.2.3)$$

矩震级是一个绝对的力学标度，不存在饱和问题。无论是对大震还是对小震、微震甚至极微震，无论是对浅震还是对深震，无论是使用远场、近场地震波资料、大地测量和地质资料中的任何资料，均可测量矩震级，并能与熟知的震级标度如面波震级 M_S 相衔接。矩震级是一个均匀的震级标度，适于震级范围很宽的统计。由于矩震级具有以上优点，所以矩震级已成为国际地震学界选定的首选震级，负责向公众发布地震信息的部门优先发布的震级。

2. 震级的分类

按震级大小可把地震划分为以下几类：

（1）弱震：震级小于3级。如果震源不是很浅，这种地震人们一般不易觉察。

（2）有感地震：震级大于或等于3级、小于或等于4.5级。这种地震人们能够感觉到，但一般不会造成破坏。

（3）中强震：震级大于4.5级、小于6级。属于可造成损坏或破坏的地震，但破坏轻

重还与震源深度、震中距等多种因素有关。

（4）强震：震级大于或等于 6 级。其中震级大于或等于 8 级的又称为巨大地震。

震级每相差一级，能量约相差 30 多倍。震级越大的地震，发生的次数越少；震级越小的地震，发生的次数越多。地球上的有感地震，仅占地震总数的 1‰；中强震、强震就更少了。目前记录到的世界上最大的地震，1960 年 5 月 22 日智利大地震，又称为瓦尔迪维亚大地震，是观测史上记录到规模最大的地震，其矩震级为 9.5 级。

3.2.1.2 烈度

1. 烈度的定义

同样震级的地震，造成的破坏不一定相同；同一次地震，在不同的地方造成的破坏也不相同。为了衡量地震的破坏程度，科学家又"制作"了另一把"尺子"——地震烈度。烈度通常指的是一次地震对某一地区的影响和破坏程度，通常可以由人的感觉、物体的反应、建筑物破坏和地面现象的改观这 4 类依据进行判断。

烈度既受震级的影响，又随震中距、震波传播经过的介质特性、地质、地形、地貌特性、建筑物的类型特征等而变化。一般而言，震级越大，烈度就越大；同一次地震，震中距小，烈度就高，反之烈度就低；一次地震可以在不同地点出现不同的烈度。

一般来讲，一次地震发生后，震中区的破坏最重，烈度最高；这个烈度称为震中烈度。从震中向四周扩展，地震烈度逐渐减小。将同一次地震影响下破坏程度（或烈度）相同的各点的连线称为等震线。所以，一次地震只有一个震级，但它所造成的破坏，在不同的地区是不同的。也就是说，一次地震，可以划分出好几个烈度不同的地区。这与一颗炸弹爆炸后，近处与远处破坏程度不同道理一样。炸弹的炸药量，好比是震级；炸弹对不同地点的破坏程度，好比是烈度。

2. 烈度的分级

我国制定了《中国地震烈度表》（GB/T 17742—2008），将地震烈度分为 1～12 度（表 3.2.1）。目前，世界大部分国家都采用 12 度烈度表，日本则采用 7 度烈度表，各国烈度表虽有差异，但有一个大致相应关系。震害烈度一般为 Ⅳ～Ⅹ（4～10）度，更小对工程无影响，更大就超出了人们可以经济防御的范围。

表 3.2.1 　　　　　　　　　　　　中国地震烈度表

烈度	人的感觉	房屋震害			其他震害现象	水平向地震动参数	
		类型	震害程度	平均震害指数		峰值加速度/(m/s²)	峰值速度/(m/s)
Ⅰ	无感	—	—	—	—	—	—
Ⅱ	室内个别静止中的人有感觉	—	—	—	—	—	—
Ⅲ	室内少数静止中的人有感觉	—	门、窗轻微作响	—	悬挂物微动	—	—
Ⅳ	室内多数人、室外少数人有感觉，少数人梦中惊醒	—	门、窗作响	—	悬挂物明显摆动，器皿作响	—	—

烈度	人的感觉	房屋震害			其他震害现象	水平向地震动参数	
		类型	震害程度	平均震害指数		峰值加速度 /(m/s²)	峰值速度 /(m/s)
V	室内绝大多数，室外多数人有感觉，多数人梦中惊醒	—	门窗、屋顶、屋架颤动作响，灰土掉落，个别房屋墙体抹灰出现细微裂缝，个别屋顶烟囱掉砖		悬挂物大幅度晃动，不稳定器物摇动或翻倒	0.31 (0.22～ 0.44)	0.03 (0.05～ 0.09)
VI	多数人站立不稳，少数人惊逃户外	A	少数中等破坏，多数轻微破坏和/或基本完好	0.00～ 0.11	家具和物品移动；河岸和松软土出现裂缝，饱和砂层出现喷砂冒水；个别独立砖烟囱轻度裂缝	0.63 (0.45～ 0.89)	0.06 (0.05～ 0.09)
		B	个别中等破坏，少数轻微破坏，多数基本完好				
		C	个别轻微破坏，大多数基本完好	0.00～ 0.08			
VII	大多数人惊逃户外，骑自行车的人有感觉，行驶中的汽车驾乘人员有感觉	A	少数毁坏和/或严重破坏，多数中等和/或轻微破坏	0.09～ 0.31	物体从架子上掉器；河岸出现塌方，饱和砂层常见喷水冒砂，松软土上地裂缝较多；大多数独立砖烟囱中等破坏	1.25 (0.90～ 1.77)	0.13 (0.10～ 0.18)
		B	少数中等破坏，多数轻微破坏和/或基本完好				
		C	少数中等和/或轻微破坏，多数基本完好	0.07～ 0.22			
VIII	多数人摇晃颠簸，行走困难	A	少数毁坏，多数严重和/或中等破坏	0.29～ 0.51	干硬土上出现裂缝，饱和砂层绝大多数喷砂冒水；大多数独立砖烟囱严重破坏	2.50 (1.78～ 3.53)	0.25 (0.19～ 0.35)
		B	个别毁坏，少数严重破坏，多数中等和/或轻微破坏				
		C	少数严重和/或中等破坏，多数轻微破坏	0.20～ 0.40			
IX	行动的人摔倒	A	多数严重破坏或/和毁坏	0.49～ 0.71	干硬土上多处出现裂缝，可见基岩裂缝，错动，滑坡、塌方常见；独立砖烟囱多数倒塌	5.00 (3.54～ 7.07)	0.50 (0.36～ 0.71)
		B	少数毁坏，多数严重和/或中等破坏				
		C	少数毁坏和/或严重破坏，多数中等和/或轻微破坏	0.38～ 0.60			
X	骑自行车的人会摔倒，处不稳状态的人会摔离原地，有抛起感	A	绝大多数毁坏	0.69～ 0.91	山崩和地震断裂出现，基岩上拱桥破坏；大多数独立砖烟囱从根部破坏或倒毁	10.00 (7.08～ 14.14)	1.00 (0.72～ 1.41)
		B	大多数毁坏				
		C	多数毁坏和/或严重破坏	0.58～ 0.80			

续表

烈度	人的感觉	房屋震害			其他震害现象	水平向地震动参数	
		类型	震害程度	平均震害指数		峰值加速度/(m/s²)	峰值速度/(m/s)
Ⅺ	—	A	绝大多数毁坏	0.89～1.00	地震断裂延续很大，大量山崩滑坡	—	—
		B					
		C		0.78～1.00			
Ⅻ	—	A	几乎全部毁坏	1.00	地面剧烈变化、山河改观	—	—
		B					
		C					

注 表中给出的"峰值加速度"和"峰值速度"是参考值，括弧内给出的是变动范围。

地震烈度的用途：

（1）作为震害的简便估计：Ⅵ度开始破坏，Ⅶ度轻灾，Ⅷ度成灾，Ⅺ度以上重灾。

（2）描述地震影响的宏观尺度：可根据烈度等震线估计震源情况和地质构造活动。

（3）进行烈度区划：作为粗略简便指标，总结抗震经验，进行烈度区划，并由其决定地震动参数。

3. 地震区划

在一个大区域内根据对历史地震的分析做出地震烈度分布的等震线图，将这个区域划分为不同的烈度分区，称为地震大区划。烈度分区内可以有一小部分高或低一度的烈度异常点。地震区划是按地震危险性的程度将国家范围划分若干区域，对不同的区域规定不同的抗震设防标准。《中国地震烈度区划图》（GB 18306—2015）是用基本烈度表征地震危险性，将全国划分为<6、6、7、8、≥9五类地区。

地震小区划指以地震烈度、地震动参数为指标，对研究区域地震影响程度的区域划分，一般被认为是地震大区划的局部化、具体化的结果。地震小区划的目的是：为城镇、厂矿企业、经济技术开发区等土地利用规划的制定提供基础资料；为城市和工程震害的预测和预防、救灾措施的制定提供基础资料；为地震小区划范围内的一般建设工程的抗震设计、加固提供设计地震动参数。

地震小区划必须针对具体场地开展更加深入细致的工作，针对性更强、考虑的因素更多、精度要求更高。与地震大区划相比，地震小区划具有以下特点：

（1）地震小区划重视场地工程地质条件，特别是局部场地条件对地震破坏作用的影响。

（2）地震小区划更为详细地研究周围地震活动环境、地质构造环境，分析近场区范围内的地震活动特征、鉴定活动构造的活动性质。

（3）进行较全国地震区划更为详细的地震危险性分析，并把地震环境和场地条件密切地结合起来，选择合适分析的计算模型，进行土层地震反应分析。

（4）区分不同的地震破坏作用，对地面断裂错动、滑坡、崩塌、地基土液化和软土震陷等地震地质灾害进行评价。

（5）编制比例尺远大于全国地震区划的图件，通常按地震小区划范围的大小来选择合适的比例尺，如某些范围较小的地震小区划的图件比例尺达到 1:50000～1:10000。

3.2.2 地震影响的评价方法

3.2.2.1 地震影响评价的方法

地震环境的评价方法主要包括定值法和概率法 2 种。地震是一个随机的震动过程，很难用一个明确的量或时程正确地反映出来。

3.2.2.2 定值法

定值法是根据一定时间和空间可能发生的地震强度和频度，结合抗震设防的具体条件和要求，提出关于地震动参数（地震加速度时程曲线、加速度反应谱和峰值加速度）的推论。定值法是一般工程设计地震动参数的确定方法。

1. 卓越周期

卓越周期是引起建筑场地振动最显著的地震波的一个谐波分量的周期，它与场地覆土厚度及土的剪切波速有关。对同一个场地而言，不同类型的地震波会得出不同的卓越周期。根据场地覆土厚度及土的剪切波速确定建筑物的场地类别，并据此查表得场地特征周期。

2. 确定地震动参数的方法、步骤

（1）根据地震危险区划图确定最大震级和基本烈度。根据区域地震背景，定出工程场地在设计基准期内（正常使用期）可能遭遇的最大震级和基本烈度（抗震设防烈度）。

基本烈度：一个地区在设计基准期（50 年）内一般场地条件下可能遭受的具有 10% 超越概率的地震烈度值称为该地区的基本烈度。

抗震设防烈度：按国家批准权限审定作为一个地区抗震设防依据的地震烈度，它一般等于基本烈度。

（2）选用近似于本工程场地条件的地震记录，分析场地地震运动的幅值、频率和持时。

1）根据基本烈度确定地震地面运动最大加速度。设计基本地震加速度值（50 年设计基准期超越概率 10% 的地震加速度的设计取值）对于 7 度、8 度、9 度、10 度地震烈度分别为 $0.10g$、$0.20g$、$0.40g$、$0.90g$。

2）考虑场地及结构特性确定地震影响系数。按烈度、场地土的类别并考虑地震的近震或远震和结构的自振周期、建筑结构的阻尼比，根据单质点体的地震反应谱来选取地震影响系数或最大地面运动加速度。

地震反应谱：单自由度弹性系统对于某个实际地震加速度的最大反应（加速度、速度和位移）和体系的自振特征（自振周期、频率和阻尼比）之间的函数关系，如图 3.2.1 所示。

地震影响系数：单质点弹性结构在地震作用下的最大加速度反应与重力加速度值比值的统计平均值，其下限不应小于最大值的 20%，最大值 α_{max} 与设防烈度和地震影响（如多遇地震、罕遇地震等）有关。

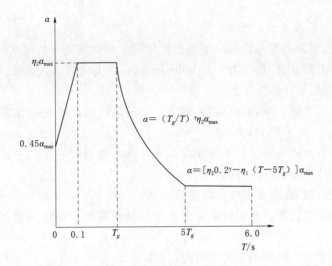

图 3.2.1　地震影响系数

α—地震影响系数；α_{max}—地震影响系数最大值；γ—衰减指数；η_1—直线下降段的
下降斜率调整系数；η_2—阻尼调整系数；T_g—特征周期；T—结构自振周期

设计地震分组实际上是用来表征地震震级及震中距影响的一个参量，实际上就是用来代替原来老规范《中国地震烈度表》（GB/T 17742—1999）"设计近震和远震"，它是一个与场地特征周期与峰值加速度有关的参量。一般而言，可以这样理解，第一、第二分组大概相当老规范的"设计近震"，它仅与特征周期有关，且周期越长，分组越大；而第三分组大概相当于老规范的"设计远震"。老规范规定：当某地区的抗震设防烈度是受与震中烈度相等或小 1 度的地震影响时，称为近震；当某地区的抗震设防烈度是受比震中烈度小 2 度或 2 度以上的地震影响时，称为远震。

设计特征周期：抗震设计用的地震影响系数曲线中，反映地震震级、震中距和场地类别等因素的下降段起始点对应的周期值。可以按场地土的类别并考虑设计地震分组来选取设计特征周期。

3）考虑场地特性确定基岩地震运动的加速度时程。

a. 根据工程场地在设计基准期内（正常使用期）可能遭遇的最大震级和烈度，分析基岩地震运动的幅值、频率和持续时间。

幅值：随震级的增大而增长，随震中距的增大而减小。持续时间：震级愈高，断裂愈大，历时也就愈长。频率及周期：周期随震级和震中距离的增大而增长。

b. 再选用近似于本工程场地条件的地震记录。根据场地地震运动的幅值、频率和持续时间，对地震记录通过岩土工程条件和宏观震害推断做出必要的调整。

c. 直接将基岩的地震运动的加速度时程作为输入，考虑基岩上覆盖层的具体特性，计算建筑物系统的地震反应。

3.2.2.3　概率法

1. 定义

通过地震危险性分析，以概率的形式直接表示未来一定时期内超过给定地震动参数的可能性。

2. 确定地震参数的方法、步骤

(1) 找出潜在震源。先根据基本的地震地质背景和地震活动情况（部位、重复性、空间分布、强度等）勾画出以场地为中心 200～300km 范围内的潜在震源。

(2) 确定潜在震源的特征参数。

1) 地震震级大于等于 m_0 的地震数 N，m_0 为下限震级，m_0 的确定以对工程不产生影响的震级为下限，一般采用 m_0 为 4 级。

2) 潜在震源最大地震强度，一般用震级来描述震源强度，工程上采用最大可信地震或震级上限，它反映了地震释放的最大能量。

3) 大于下限震级 m_0 地震的年平均发生率。

4) 地震断裂破坏长度，地震的断裂带长度与地震震级、断层类型及其他地质、地震因素有关。

5) 震源破坏深度，根据地区地震资料，采用平均破裂深度。

6) 潜在震源类型。根据地区地震活动与构造的关系，有 3 种理想化的震源类型：①Ⅰ型线源，断层的走向、长度及位置都能充分确定的震源；②Ⅱ型面源，断层的长度及位置都不能确定，仅能确定其走向主要方位的震源；③Ⅲ型面源，断层的走向、长度及位置都不能确定的震源。

(3) 确定地震动的衰减特性公式，估计场地的地震动参数。衰减特性公式主要被用于估计场地在其周围潜在震源作用下的地震危险性，从而确定场地地震动参数。

1) 衰减特性与地震震级和距离等因素有关。在特定地质条件下，国内外已经建立了相当多的地震动衰减公式（烈度或加速度随震中距增大而衰减的关系），仅适用于与统计地区条件相似的地区。

2) 但由于我国很多地区缺少强震记录，一般采用以烈度为基础的转换方法：通过地区间烈度衰减差异反映地区地震衰减差异。这是目前国内外采用较普遍的方法之一。

对不同地区，建立一定震级下烈度与震中距之间的衰减关系。在一定震级和震中距条件下，烈度与加速度之间是一一对应关系。

(4) 建立地震危险性概率计算模型，计算出一定时间内地震动强度值 I 超过 i 的事件所出现的概率 $P(I > i)$。地震动强度 I 可以是烈度、峰值加速度、反应谱等，i 为给定值。根据各种地震危险性概率计算模型 [点源扩散模式理论、线源破裂（断层破裂）模式理论的分析方法，Anderson 法等]，充分考虑计算地区的实际情况，选择建立合适的计算模型。在我国一般选择断层破裂模型，或同时采用点源扩散模式及其他模式进行计算与综合判定。

(5) 最后提出地震危险性分析的结果。如一定期限内，某一超越概率下地震的烈度或地震加速度或反应谱。

3. 常用的设计依据

(1) 小震、中震、大震的定义。

1) 小震（第一水准地震）：与当地未来一定时限内（取为结构设计基准期，一般为 50 年）地震烈度超越概率为 63.2% 的烈度 i 相对应的地震。小震是发生机会较多的地震，一般定义为烈度概率密度函数曲线上的峰值（众值烈度）对应的地震，或称为多遇地震。

2) 中震（第二水准地震）：与未来一定时限内地震烈度超越概率等于 10%（相当于 475 年一遇）的烈度 i 相对应的地震。

3) 大震（第三水准地震）：与未来一定时限内超越概率等于 2%～3%（相当于 1642～2475 年一遇）的烈度 i 相对应的地震。

因此，通常对 50 年结构设计基准期以超越概率为 63.2%、10% 和 2%～3% 给出地震动参数，作为设计的依据。

(2) 三水准设防原则。结构抗震设计基本准则为"小震不坏，中震可修，大震不倒"。设计一个结构，使它能够经济有效地抵御地震，必须满足以下 3 个主要准则：

1) 当遭受低于本地区设防烈度的地震影响时，建筑物一般不受损坏或不需要修理仍可继续使用。对应于"小震不坏"，要求建筑结构满足多遇地震作用下的承载力极限状态验算要求及建筑的弹性变形不超过规定的弹性变形限值。

2) 当遭受相当于本地区抗震设防烈度的地震影响时，建筑物可能损坏，但经过一般修理或不需修理仍可继续使用。对应于"中震可修"，要求建筑结构具有相当的延性能力（变形能力），不发生不可修复的脆性破坏。

3) 当遭受高于本地区抗震设防烈度预估的罕遇地震影响时，建筑物不至于倒塌或发生危及生命的严重破坏。对应于"大震不倒"，要求建筑具有足够的变形能力，其弹塑性变形不超过规定的弹塑性变形限值。

(3) 两阶段抗震设计方法。《建筑抗震设计规范》（GB 50011—2010）中为了实现三水准的设防目标，采用了两阶段设计法：

1) 第一阶段。承载力验算，取第一水准的地震动参数，计算结构的作用效应和其他荷载效应的基本组合，验算结构构件的承载能力，以及在小震作用下验算结构的弹性变形，以满足第一水准抗震设防目标的要求。这样既满足了在这第一水准下具有必要的承载力可靠度，又满足第二水准的损坏可修的目标。对大多数结构，可只进行第一水准设计，而通过概念设计和抗震构造措施来满足第二水准的设计要求。

2) 第二阶段。对一些规范规定的结构（包括有特殊要求的建筑、地震易倒塌的建筑、有明显薄弱层的建筑，不规则的建筑等）进行大震作用下的弹塑性变形验算。除进行第一阶段设计外，还要进行薄弱部位的弹塑性层间变形验算并采取相应的抗震构造措施，实现第三水准的抗震设防要求。

3.2.2.4　从减小结构易损性角度防止地震对结构的危害性

结构的地震易损性是指结构在确定的地震强度作用下，超越各种破坏极限状态的条件概率。易损性分析是灾害风险分析的 3 个主要部分之一（致灾因子的危险性分析、承灾体的易损性分析、灾情损失评估），可以预测结构（承灾体）在不同等级的地震作用下发生各级破坏的概率。易损性从宏观的角度描述了地震动强度与结构破坏程度之间的关系，从概率的意义上定量地刻画了工程结构的抗震性能，相当于结构的"广义抗力"。从工程抗震的角度，地震的危害性既与地震的危险性有关，也与结构的易损性有关。有险可以有灾，也可以无灾，这就需要从减小结构易损性角度防止地震对结构的危害性。只要对地震由它的活动性（即地震发生的时、空、强规律）正确估计地震的危害性，给出一场地将来遭遇到超过给定值地震的超越概率，通过减小结构的易损性，估计出结构的抗震强度，就可以控制地震对结构的危害性。

3.3　岩土体的地震稳定性分析

3.3.1　岩土体稳定性分析方法及原则

1. 确保岩土体地震稳定性的基本原则

在地震环境评价的基础上，为确保地基、洞室、边坡等岩土体的地震稳定性，通常进行两个方面工作。

（1）计算设计。对岩土体依据具体条件做出稳定性的计算分析，这是一个重要环节。

（2）概念设计。采取一些为实践证明行之有效的工程措施。当前对地震及其在复杂条件下对岩土体及对建筑物影响规律的认识上处于低水平阶段，故从宏观或定性的概念出发，充分考虑各种因素（近震与远震的影响和场地地基条件，建筑物的平面、立面布置以及抗震结构体系）来预测可能的灾害，对应选择最优方案，采取有效的工程措施，也是不容忽视的一个方面。

2. 岩土体稳定性的计算分析方法

（1）地基土液化判定。用综合指标法、标贯击数法、抗液化剪应力法、波速法等。

（2）震陷计算。计算在地震荷载作用土体的残余变形，检验振陷量是否满足工程要求。

（3）土体地震反应分析。求解土体在动荷作用下任一时刻土中各点反应值（如位移、速度、加速度、内力等）的过程称为土体动力（地震）反应分析。其具体过程如下：先进行土体地震反应分析，再以其为依据讨论土体的抗震稳定性问题的途径和方法，相对比较复杂，但其比较接近实际，一直受到人们的重视。地基土液化判定，震陷计算是在地震作用下土体稳定性评价的简单方法。

3.3.2　土体动力反应分析

1. 土体动力反应分析的任务

土体动力反应分析的任务是确定土体受动荷作用（输入）时任意时刻的反应值（输出，如位移、速度、加速度、内力等）。

2. 土体动力反应的影响因素

动力反应的大小因土体材料特性、质量分布和边界条件等因素的影响而不同。

3. 土体动力反应分析的步骤

（1）对运动体系的合理简化。

（2）土体运动时动力平衡方程的建立。

（3）方程的求解。

4. 土体动力反应分析的方法

在运动体系简化、动力平衡方程的建立及方程的求解 3 个问题上的假定条件不同、处理方法不同，就出现了多种动力反应分析的方法，有拟静力法、反应谱分析法（修正的静力法）、真正动力法或现代动力法。

5. 拟静力法

（1）运动体系简化。把运动体系简化为一个刚性体系。

（2）动力平衡方程的建立。一般一个震动体系上可能作用有惯性力 $m\ddot{U}(t)$、弹性力 $kU(t)$、阻尼力 $C\dot{U}(t)$ 和干扰力 $\ddot{U}g(t)$，其动力平衡方程式为

$$m\ddot{U}(t)+C\dot{U}(t)+kU(t)=\ddot{U}g(t) \tag{3.3.1}$$

式中：m 为振动体系的质量；C 为阻尼系数；k 为弹性系数。

把运动体系简化为一个刚性体系，体系无阻尼力和弹性力，它的动力平衡方程只是地震动干扰力 $\ddot{U}g(t)$ 与质量惯性力 $m\ddot{U}(t)$ 间的关系：$m\ddot{U}(t)=\ddot{U}g(t)$。

（3）方程的拟静力法求解。求解非常简单，运动体系的反应加速度等于地震加速度。由作用于此运动体系上的地震惯性力来反映地震的作用，即在运动体系上施加一个最大地震惯性力后按静力问题处理，称为拟静力法。

（4）优缺点。优点：求解简单。缺点：只简化地考虑了地震的动力特性。

（5）应用条件。适用于具有较大刚度，且材料特性在动力作用下无明显变化的动力体系。在对地基、挡土墙后的填土和土坡等不同边界条件下的土体稳定性进行动力分析时，长期以来采用了拟静力法。这种方法有较多的实际经验，对于动荷作用下不致引起土材料强度显著降低的情况，仍然具有相当的可靠性。

6. 反应谱分析法（修正的静力法）

（1）运动体系简化。把运动体系简化为黏弹性体系。

（2）动力平衡方程的建立。动力平衡方程式包括了地震动干扰力 $\ddot{U}g(t)$ 与运动体系上产生的质量惯性力 $m\ddot{U}(t)$、弹性恢复力 $KU(t)$ 和黏滞阻尼力 $C\dot{U}(t)$ 间的关系。

（3）方程的求解。单质点系：方程的求解成了研究的中心，提出了反应谱分析法。利用振型叠加法把单质点系的反应谱推向多质点系。如果体系中参与振动的质量可以全部集中在一点上，而把它用无重量的弹性杆件体系支撑在地面上，则称为单质点系，如水塔等。一个单质点的动力特性可以由在它的自振频率下质点的空间位置（振型）来表示。单质点系的振动体系如图 3.3.1 所示。

多质点系：如果体系中参与振动的质量不能全部集中在一点上，就可以把它集中在几个点上，质量分别为 M_1，M_2，$\cdots$，M_n，它们之间同样用无重量的弹性杆件体系连接支撑在地面上，则称为多质点系，如多层楼房或地基。一个多质点动力特性可以分解为多个自振频率（与质点数相同）的作用。多质点系的振动体系如图 3.3.2 所示。

单质点系的反应谱：受地震干扰力作用的单质点系的最大反应值（位移、速度、加速度）与不同自振频率间的关系称为单质点系的反应谱。单质点系的动力反应对不同的地震动、不同的场地（阻尼比不同，自振周期不同）各有不同，故可以对它们都做出反应谱，

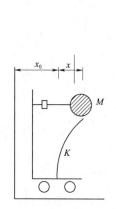

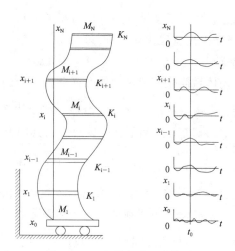

图 3.3.1　单质点系振动体系　　图 3.3.2　多质点系运动体系

这些反应谱的平均值常作为设计的依据，称为标准反应谱或设计反应谱。

反应谱分析法：以单质点系的反应谱为基础对多质点的反应进行计算，求解多质点体系在不同频率下振动过程中某种反应量（位移、速度、加速度、力等）的最大值。

振型叠加法：在每个自振频率下，多质点系中的任意质点 i 在多个质点 j 影响下的空间位置的最大值（不在同一时刻发生）叠加，即可得到多质点体系动力反应时在各质点处的唯一最大值，进而求加速度最大值和绝对加速度最大值，称为求多质点系反应谱的振型叠加法。

（4）优缺点。优点：考虑了体系的动力特性；不再把体系作为按同一种反应运动的体系；体系各质点有不同的反应。缺点：以各不同时刻反应的最大值作为处理问题的基础，保持了静力理论的形式。尽管它后来也发展到考虑动力体系的非线性反应谱，但还是没有考虑地震动真实持续时间的影响。

（5）应用条件。适用于材料和结构主要在弹性、黏弹性范围内工作的动力体系。在这种动力体系中，反应谱法仍然发挥着重要的作用。

7. 真正的动力法

（1）运动体系简化。把运动体系简化为黏弹性体系。

（2）动力平衡方程的建立。动力平衡方程式包括了地震动干扰力 $\ddot{U}g(t)$ 与运动体系上产生的质量惯性力 $m\ddot{U}(t)$、弹性恢复力 $KU(t)$ 和黏滞阻尼力 $C\dot{U}(t)$ 间的关系。

（3）方程的求解。常用数值方法求解动力方程，已成为当前地震反应分析的主流。它将动力过程分为若干个时段，每个时段内材料的特性不变，作为迭代的平均值，不断调整这个时段的材料特性参数，使二者协调一致后，再同样逐段计算到地震结束，这个方法称为真正动力法或现代动力法。

（4）优点。考虑地震真实持续时间过程，以及材料与结构的弹性和非弹性性质的影响。但是，前述简单的有丰富经验的拟静力法和反应谱法，在一些领域里仍然不失为一种良好的方法。

3.4　增强岩土体地震稳定性的工程对策

3.4.1　地基基础的抗震措施

1. 地段和场地选择

尽量选择较为有利的地段和场地，避开活断层。

（1）地段的划分。从地质、地形和土性的不同，常分为有利地段、不利地段和危险地段，见表 3.4.1。

表 3.4.1　　　　　　　　　　　　　　　地　段　划　分

有利地段	稳定基岩，坚硬土，开阔、平坦、密实、均匀的中硬土等
不利地段	软弱土，可液化土； 条状突出的山嘴，高耸孤立的山丘； 非岩质的陡坡，采空区； 河岸和岸边斜坡及地貌单元的边缘； 平面分布上成因和岩性有明显不均匀的土层（古河道、断层破碎带、暗埋的塘滨河谷、半填未挖地基）
危险地段	地震时可能发生滑坡、崩塌、地陷、地裂、泥石流，全新活动断裂和发展断裂带上可能发生地表错位或强烈地动的部位

（2）场地土的分级。根据土层等效剪切波速和场地覆盖层厚度可将场地划分为四类（表 3.4.2），其中Ⅰ类分为Ⅰ$_0$、Ⅰ$_1$ 两个亚类。当有可靠的剪切波速和覆盖层厚度且其值处于表 3.4.2 所列场地类别的分界线附近时，应允许按插值方法确定地震作用计算所用的特征周期。

表 3.4.2　　　　　　　　　　　各类建筑场地的覆盖层厚度　　　　　　　　　　单位：m

岩石的剪切波速或土的 等效剪切波速/(m/s)	场　地　土	场 地 类 别				
		Ⅰ$_0$	Ⅰ$_1$	Ⅱ	Ⅲ	Ⅳ
$V_s > 800$	岩石（坚硬、较硬且完整的岩石）	0				
$800 \geqslant V_s > 500$	坚硬土或软质岩石（破碎和较破碎的岩石或软和较软的岩石，密实的碎石土）		0			
$500 \geqslant V_s > 250$	中硬土（中密、稍密的碎石土，密实、中密的砾、粗砂、中砂，$f_{ak} > 150$ 的黏性土和粉土，坚硬黄土）		<5	≥5		
$250 \geqslant V_s > 150$	中软土（稍密的砾、粗砂、中砂，除松散外的细砂、粉砂，$f_{ak} \leqslant 150$ 的黏性土和粉土，$f_{ak} > 130$ 的填土，可塑新黄土）		<3	3～50	>50	
$V_s \leqslant 150$	软弱土（淤泥和淤泥质土，松散的砂，新近沉积的黏性土和粉土，$f_{ak} \leqslant 130$ 的填土，流塑黄土）		<3	3～15	15～80	>80

注　f_{ak} 为由载荷试验等方法得到的地基承载力特征值，kPa；V_s 为岩土剪切波速。

2. 地基加固措施

在地震作用下可能发生地基失效的情况下，应该采取合理的工程措施对地基进行加固。

对于液化地基，当判定地基可能发生液化且液化等级确定后，可以采用静载作用下的

95

地基加固的常用方法，比如挖换、加密、增压、围封、排水和深基等处理方法。

（1）挖换法。挖换法就是将可液化土挖去并用非液化土置换，适用于液化土层距地表较浅且厚度不大时。

（2）加密法。可采用挤密桩、振冲桩、强夯等加固措施。处理深度应至液化土层下界面。

（3）增压。利用上复压力对于抗液化的有利作用，在表层铺设一定厚度的盖重。

（4）围封。围封主要是限制砂土液化时发生侧向流动，使地基的剪切变形受到约束，避免建筑物因大量沉陷而破坏。

（5）排水。排水的方法在于减小孔隙水压力的威胁，减小液化的危险性。

（6）深基。采用深基础增大基础的埋置深度，可以相应地增大地基砂土的抗液化能力。

对于软土，地震作用下产生的主要问题是震陷，应采取措施基本消除或部分消除震陷。

（1）基本消除软土地基震陷时，可用桩基、深基、加密或换土。

（2）部分消除软土地基震陷时，可用加密或部分换土。

（3）没有条件消除震陷时：①降低地基承载力值；②上部结构可用箱基、筏基和钢筋混凝土十字形基础；③增强上部结构的整体性和均匀对称性；④合理设置沉降缝等。

3.4.2 边坡工程的抗震措施

边坡治理工程通常是一项技术复杂、施工困难的灾害防治工程。目前，边坡加固常见的措施有放缓边坡、边坡支挡、边坡加固、边坡防护、边坡排水等，具体如下：

（1）放缓边坡：针对高陡边坡，通过削坡可以削掉边坡中的不稳定部分，使边坡坡度减小并提高坡体的稳定性。由于放缓边坡措施的施工简便、经济投入较少、可靠安全等，成为边坡治理的首选措施。

（2）边坡支挡：采用挡墙、抗滑桩等进行边坡治理，是一种较为可靠的从根本上控制不稳定边坡发生滑动的方法。

（3）边坡加固：常见的边坡加固措施包括注浆加固、锚杆加固、土钉加固和预应力锚索加固等。其中，注浆加固可以对边坡进行深层加固，通过注浆使原本较破碎、节理裂隙发育的边坡坡体与注浆液胶结，形成较为稳定的整体；锚杆加固，更适用于边坡中浅层加固，在处理破碎坡体或地层较弱边坡时效果较好；土钉加固，主要适用于浅层边坡，通过短而密的土钉打入坡体，起到加固软质岩石边坡或土质边坡的作用；预应力锚索加固适用于高边坡加固工程，是一种深层加固的有效手段，尤其是在坡体内可能存在较深的潜在滑裂面的情况。

（4）边坡防护：包括植物防护和工程防护两类。其中，植物防护是通过在坡面种植树木、草皮等植物，利用在坡面内发育的根系固土，防止水土流失，一般适用于坡角较小、高度较小的稳定边坡；工程防护措施较多，常见的包括砌体封闭防护、喷射素混凝土防护和挂网锚喷防护等。

（5）边坡排水：一般通过设置截水沟或坡内排水沟拦截坡外水流，加速大气降水排出，避免水分入渗对边坡造成的不利影响。

3.4.3 地下工程的抗震措施

地下工程抗震的常见措施主要采用抗震设计、抗震构造等。

（1）抗震设计。抗震设计通常包括抗震计算设计和抗震概念设计两部分。其中，抗震计算设计主要通过地下工程的地震效应定量分析；抗震概念设计从场地合理选择、结构造型和布置、构造措施等进行。抗震概念设计主要包括：

1）建筑场地选择：应尽量选择抗震有利地段，避开不利或危险地段。当地下工程穿越可能发生地层滑移、液化、明显不均匀沉降等不利场地条件时，应该采用加密法（振动加密、挤密碎石桩、强夯等）和注浆法等加固地层、适当提高隧道与车站等的连接部位的抗震性能（比如伸缩缝、施工缝、沉陷缝等）、合理设置地下结构埋深并考虑地层性质变化时的变形协调问题。

2）地下结构的规则性：应尽可能采用较为均匀、对称且整体性好的建筑平面布置，不应采用严重不规则的设计方案。

3）结构体系：应具备明确的设计简图和合理的地震作用传递路径，避免部分结构或构件破坏而导致整个结构丧失抗震能力或承载能力、同时具备必要的抗震承载力，良好的变形能力和消耗地震能量的能力，还应该对结构中的薄弱部位进行加强。

4）结构的延性：地下工程的结构应该具有较高的延性，特别是结构体系中主要承载力构件和主要耗能构件的延性，可以通过限制竖向结构构件的轴压比、控制结构构件的破坏形态等方式进行，应该遵守"强柱弱梁""强剪弱弯"和"强核心，强锚固"等原则。

（2）抗震构造措施。对于现浇的整体钢筋混凝土地下结构，其构造设计应该采用强柱弱梁的观念，容许塑性铰出现在梁内，不允许塑性铰出现在柱内，保证柱不发生脆性破坏，充分发挥梁的延性、防止结构物的整体倒塌；梁的弯曲破坏发生在剪切破坏之前，保证梁的抗剪强度，正常发挥梁的抗弯强度，形成塑性铰，充分发挥其延性；防止构件间的节点提前破坏，重视构件间的节点连接，处理好钢筋端部锚固和钢筋的搭接，必要时在节点处设置加固的箍筋。

对于装配的钢筋混凝土地下结构，在构造设计时应该对节点进行更好要求的设计，对大构件的节点应该通过钢筋的焊接使之锚固牢靠，使节点具有足够的强度和刚度，防止拉断和剪坏，以保证轴力、剪力的传递。预制构件应尽可能做大一些，以减少连接的节点数，有利于结构的整体性。作为顶盖的梁板的支承面积适当放大。

对于抗震缝与结合部的构造，尤其是对车站隧道、区间隧道与通风井的连接，车站隧道与区间隧道的连接，设置抗震缝是一个保证地下结构能否正常运营的关键问题。地下结构及其连接处不仅需要设置抗震缝以避免隔开的两部分发生地震碰撞，也需要设置相应的抗震缝以适应地层的不均匀变形。

第 4 章 地 质 环 境 问 题

4.1 概　　述

地质环境涉及与地质体特性有关的一系列问题，从某种意义上讲，几乎包括了岩土工程涉及的基本问题。本章讨论的环境岩土问题包括：

（1）特殊土类（如软土、湿陷性黄土、胀缩性土、盐渍土、填土、红黏土、冻土、污染土、风化岩与残积土等）的环境岩土问题。

（2）特殊地区（如地裂区、岩溶区、采空区、泥石流区、风沙荒漠区等）的环境岩土问题。

4.2 特殊土类条件下的环境问题

4.2.1 特殊岩土的定义及其类型

1. 定义

特殊岩土是与一般岩土相比具有特殊的物质成分和结构以及独特的物理力学性质与工程地质性质的土。

2. 分类

（1）水害性型（水敏性）。

1）膨胀土。在我国 21 个省区（黑龙江、湖南、四川、安徽、湖北、河南、山东、山西、河北、贵州、海南、广东、辽宁、云南、陕西、甘肃、广西、新疆、内蒙古、浙江、江苏）都有分布。以蒙脱石为主（40%～50%）的有河南平顶山、河北邯郸、云南蒙自、个旧，以及山东即墨等地；以伊利石、蒙脱石为主（各 30%～40%）的有安徽合肥、陕西安康等地；以伊利石为主（＞30%）的有广西宁明、云南个旧、湖北荆门、山西晋城等地；以伊利石、高岭石为主（40%～50%）的有广西南宁、贵县等地；以高岭石为主（＞50%）的有云南蒙自、鸡街等地。

2）盐渍土。大量分布于四川盆地、湘鄂西地区（中三叠纪）、云南、江西的红层盆地（白垩纪）、珠江三角洲、江汉盆地、衡阳盆地、南阳盆地、东濮盆地、洛阳盆地（下第三纪）以及山西石膏岩（中奥陶纪）。多分布在青海、新疆、宁夏等地的盆地到高山区段。滨海地区由于海水侵袭，平原地区由于河床淤泥与灌溉也出现大量的盐渍土。

（2）软弱性型。

1）软土。在东南沿海地区，主要为软土分布，包括滨海相、澙湖相（温州、宁波）、溺谷相（福州、泉州）、三角洲相（上海、广州）、河漫滩相（长江中下游、珠江下游、淮河平原等）；在内陆平原地区，如四大湖、昆明（湖相）、贵州、六盘山地区（洪积扇）以及煤系地区分布区的山间洼地，也为软土的分布地区；松辽平原也有河漫滩相的软土分布。

2）黄土。在我国黄河中下游、青海高原、甘肃河西走廊、新疆准噶尔盆地、塔里木盆地以及松辽平原都有广阔的黄土覆盖，总面积达 64 万 km^2。

3）填土：包括素填土、垃圾土、杂填土。

4）新近堆积土：坡积土、Q_4 黄土。

（3）环境性型。

1）污染土。受周边人类活动影响较大。

2）冻土。在我国青藏高原和大兴安岭地区存在着大量的多年冻土，分别有 149.3 万 km^2 和 32.0 万 km^2。在小兴安岭、长白山、帕米尔、祁连山、天山、阿尔泰山、准噶尔西部山地等地也存在冻土。总计约 206.8 万 km^2。

（4）结构性型。

1）风化岩和残积土。

2）红黏土。

4.2.2 软土

1. 定义

软土是指天然孔隙比 $e \geqslant 1$，且天然含水量 $w_0 > w_L$ 液限的细粒土。

2. 类型

（1）饱和的淤泥，$e > 1.5$，$w > w_L$。

（2）饱和的淤泥质土（淤泥质黏性土、粉质黏土），$w > w_L$，$e = 1.0 \sim 1.5$；$w > w_L$，而 $e > 1.0$ 的粉质黏土及 $e > 1.3$ 的黏土，定名时均应冠以"淤泥质"字样。

（3）泥炭，有机质含量 > 60%。

（4）泥炭质土，有机质含量 10% ~ 60%。

（5）有机质土，5% < 有机质含量 < 10%。

3. 软土的形成环境

它是在静水或缓流环境（滨海、湖泊、河滩、沼泽 4 种沉积类型）下沉积，伴有微生物作用而成的结构性黏土。

4. 软土的特点

（1）高孔隙比、高含水率：孔隙比常见值为 1.0 ~ 2.0；液限一般为 40% ~ 60%，饱和度一般大于 90%；天然含水率大于液限，天然含水率多为 50% ~ 70%。未扰动时，处于软塑状态，一经扰动，结构破坏，处于流动状态。

（2）透水性极弱：一般垂直方向的渗透系数较水平方向小些。

（3）高压缩性：$a_{v1 \sim 2}$ 一般为 0.7 ~ 1.5MPa^{-1}，且随天然含水率的增大而增大，为高压缩性土。

（4）抗剪强度很低，且与加荷速度和排水固结条件有关。

1）不排水：三轴快剪，$\Phi = 0$；直剪，$\Phi = 2° \sim 5°$，$c = 0.02$MPa。

2）在排水条件下，抗剪强度随固结程度提高而增大。

3）固结快剪：$\Phi=10°\sim15°$，$c=0.02\text{MPa}$。

（5）较显著的触变性和灵敏度。

1）触变特性。在含水量不变条件下，土经扰动后强度下降，经过静置它的初始强度可随时间而逐渐地得到部分恢复的现象。

2）灵敏度。含水量不变条件下，原状土不排水抗剪强度与彻底扰动后土的不排水强度之比。一般软土的灵敏度为 3～4。因此，软土地基受振动荷载后，易产生侧向滑动、变形及基底向两侧挤出等现象。

（6）不均匀性。由于沉积环境的变化，软土中常夹有厚薄不一的粉土、粉砂透镜体等，使土体在水平和垂直分布上不均质，作为建筑物地基则易产生差异沉降。

（7）流变性。由于软土的大孔隙、高灵敏度、低强度、高压缩性，导致该类地层在加卸载长期作用下会产生蠕变、应力松弛等效应，表现为变形持续缓慢增大甚至出现失稳现象。

5. 软土作为建筑物地基所遇到的主要问题

三高：含水量、压缩性、灵敏度高。三低：抗剪强度、密度、渗透系数低。因此，软土地基的主要问题是：承载力低（小于 100kPa），地基沉降量大，上覆荷载稍大，就会发生沉陷，甚至出现地基被挤出现象。

6. 软土地区岩土工程勘察中应注意的问题

（1）应注意其成因类型、形成条件和分布规律。

（2）注意可作为持力层的地表硬层或地下硬层的深度和厚度，以选择合理的持力层（浅基础的良好持力层、桩尖持力层）。

（3）注意可作为固结排水界面和通道的砂夹层透镜体或薄层理。

（4）注意可能引起不均匀沉降的下伏基岩顶面的起伏和坡度。

（5）注意影响深基坑开挖条件的地下水埋藏条件，特别是承压水的可能影响。

（6）注意邻区软土地基加固的有效经验。

（7）注意取样技术与质量，防止缩孔、坍孔和扰动。

（8）注意超固结及正常固结对试验的影响。

7. 在设计中应注意的问题

（1）应力历史（先期固结压力）及其初始应力状态（K_0 值的正确确定）。

1）超固结对土的压缩特性有明显的影响。

2）土的初始应力状态包括有效上覆压力、有效水平应力和静止孔隙水压力。有效水平应力与有效上覆压力的比值即为静止侧压力系数。

3）在许多岩土工程问题中，涉及土的初始应力状态。

4）在考虑土的应力应变关系为非线性弹性或弹塑性本构关系的有限元分析中，评定土的初始应力状态是必不可少的。

（2）强度指标结合实际的选用。

1）土的均匀性：当土为非均质或成层时，要注意夹层、互层的影响。

2）土的各向异性：当土为各向异性时，要注意工程中的剪切面方向与试验条件的剪切面方向的关系。

3) 土的裂隙性：注意裂隙性土的试样尺寸效应（裂隙强度与被裂隙切割后土的强度之间有差异）。

4) 应变条件：注意大应变出现的可能性。在小应变条件下，使用峰值强度；在大应变条件下，剪切强度可能会出现软化现象，即过峰值强度后，会下降为残余强度。

5) 应力历史：对于正常固结土，在压缩枝上剪切；对于超固结土，在卸荷枝上剪切。

6) 应力水平：强度非线性的影响。强度参数在一定应力范围内可认为是常数。实际上，强度包络线往往为一曲线，强度参数并非常数，而与应力水平有关。

7) 排水条件：要考虑不同排水条件下孔隙水压力消散对土的强度的影响。按排水条件，剪切试验分为快剪（不排水剪）、固结快剪（固结不排水剪）、慢剪（排水剪）。

8) 不排水强度随深度的增加。

9) 变形与强度试验方法的条件和影响：土的抗剪强度指标的试验方法有直剪、三轴剪切和十字板剪切试验。直剪试验不能严格控制排水条件，对于粉土、砂质粉土等透水性较大的土，直剪试验无法保证不排水条件。而三轴试验的优点是可以控制试样的排水条件，并量测试验过程中试样的孔隙水压力。但圆柱试样两端存在约束，其应力应变条件并不均匀。

（3）软土地基承载力评价。

1) 注意承载力评价中强度因素控制与变形因素控制的关系。软土地区浅基础的地基承载力一般由变形因素控制，并要综合考虑地基土、基础和上部结构的相互作用，理论与地区经验的结合极为重要。

2) 注意在利用硬土层作为双层地基时上硬下软与上软下硬不同的破坏形式。上硬下软时，破坏形式为刺入破坏；上软下硬时，破坏形式为基础与硬层间的侧向塑流破坏。对于不同的破坏形式，承载力的计算公式是不同的。

3) 注意微地貌变化（人工整平、填高、挖低）及工程措施（开挖、降水、打桩等）可能引起土性变化的敏感性；挖方与填方会改变土的应力历史，也会影响地基的沉降与承载力。开挖、降水、打桩等对软土的应力状态、强度和压缩性有一定的影响。

4) 注意荷载试验条件的影响。对于重要的一级建筑物，应以载荷试验或公式计算为主，但是在应用荷载试验成果时，要认识到载荷试验的局限性：试验板下受影响的土结构与实际基础下影响范围内土结构的差异；荷载试验加荷时间相对工程的加荷而言，仍是"短暂"的。相对短时间加荷不能达到变形控制要求。

5) 注意桩上负摩擦力对桩承载力的影响：①当桩穿越较厚的散填层、自重湿陷性黄土、欠固结土层而进入相对较硬的土层时；②桩周的软弱土层上有较大的局部长期荷载或大面积堆载时；③地下水位的降低引起桩周土发生显著沉降时；④冻土融沉以及桩施工时发生隆起又固结下沉时。

（4）软土地基的沉降计算时，注意固结沉降以外瞬时沉降、次固结沉降以及大面积堆载引起的各类沉降的大小。

1) 从土体受荷的不排水与排水过程来分析，总的沉降应包括瞬时沉降、固结沉降、次固结沉降 3 部分。

2) 瞬时沉降可用不排水变形参数按弹性理论计算。

3）固结沉降和次固结沉降多采用一维压缩计算法。

4）软土地区工业仓库、堆料厂、天然地面上的大面积填土等引起的地基附加载荷不均匀沉降都很大，为无地面堆载影响时沉降的 1～3 倍。

5）如果设计时未考虑或采用措施不当，可使柱基墙倾侧、地坪开裂、管道断裂。

（5）基坑开挖引起的周围地表变形对邻近建筑物的影响。变形包括：基坑隆起、支护结构的变形和周围地表的变形。其中周围地表变形对周围建筑物有直接的影响，可分为以下 3 种情况：

1）小变形。地面沉降≤50mm，影响范围为 1～1.5 倍基坑深度，基本属正常变形，一般建筑物发生裂缝，但对主体结构无危害。

2）中等变形。地面沉降 50～100mm，影响范围为 1.5～2.5 倍基坑深度，邻近一般建筑物出现明显裂缝，地下管线要维修。

3）大变形。地面沉降大于 100mm，影响范围为≥2.5 倍基坑深度，邻近一般建筑物出现许多明显裂缝，地表裂缝宽度大于 30mm。

（6）软土的地震特性以及各类振波的作用。

1）在软土顶、底界面之间多次反射引起的放大作用。经验表明，深厚的软土沉积场地在地震作用下的地面运动比坚硬地基上要强烈好几倍，往往会导致大的震害。一些地面运动的实测记录表明，软土表面与基岩表面相比，地面运动的振幅要大好几倍。这种放大作用是由于波在软土顶、底界面之间的多次反射所引起的。

2）在低通滤波作用引起的长周期分量下发生共振的危险性。分析加速度反应谱，则深厚软土在地震波的传递中起低通滤波的作用，输入运动的频率越高，软土的滤波作用越明显，地面运动会出现长周期分量，当建筑物的固有周期与之吻合时，就会发生共振破坏，应给以足够的重视。

（7）稳定分析中控制条件（施工运行各阶段中最危险阶段）的正确选择。

1）软土地基上填筑土堤或建造房屋时，最危险的阶段为施工刚结束孔压未消散的阶段。施工刚结束时，荷载刚全部加上，饱和软黏土的渗透性很低，在施工期的体积变化或排水很小，施工时产生的超孔隙水压力没有消散。因此土的强度与施工刚开始时的不排水强度相当。稳定性分析可用固结不排水强度和总应力法进行分析。

2）软土中挖方工程，最危险的阶段为在开挖后相当长时间卸荷引起的超负孔压消散的阶段。此阶段由于卸荷引起的超负孔压消散，使土的抗剪强度逐渐降低。因此，挖方工程的长期稳定性分析，应该用土的排水有效抗剪强度及有效应力来分析。

3）天然的软土边坡稳定性受长期强度控制。软土边坡，在长期荷载作用下产生蠕变，此时强度仅为固结快剪指标的 60%～80%。

（8）采取有效的增稳措施。在软土地基上修建各种建筑物时，要特别重视地基的变形和稳定问题，并考虑上部结构与地基的共同作用，采用必要的建筑及结构措施，确定合理的施工顺序和地基处理方法。具体的增稳措施如下：

1）调整上部结构和基础的刚度（对简单的形体）。

2）采用轻型框架、薄筏基础（20～30cm）、箱形基础、补偿基础；以减小基底附加应力。

3）利用淤泥上较好的粉质黏土等硬土层或采用砂垫层，以减小软土层上的附加压力。

4）限制大面积堆载和在建筑物附近深井取水。

5）对基础形式不同、平面形状复杂的结构，利用沉降缝的作用。

6）预留沉降高度内采用架空楼板。

7）考虑地面下沉对地面排水管道连接的影响。

8）控制孔隙水压力消散。

9）注意相邻建筑物的影响，限制各单元之间的压差在 $10\sim15kPa$ 以内。

8. 深基坑开挖应该注意的问题

（1）软土基坑的支撑以内支为主，由于锚拉力太小，故土锚用得很少。

（2）注意防止过大的变形使支撑弯曲或折断。

（3）防止基脚处黏土的破坏。

（4）防止流砂使上部土塌落和支撑倾斜。

（5）防止承压水攻裂底板黏土层。

（6）防止卸荷后基底隆起或管涌。

（7）基坑开挖支护的经验。

（8）为了防止流砂，可疏干处理。

（9）加强现场监测，使理论导向与实测结果相结合。

（10）按基坑保护标准，控制报警值，确保工程质量与人身安全。

4.2.3 湿陷性黄土

1. 基本概念

黄土的分类：黄土包括原生黄土（风成）和黄土状土（次生黄土，原生黄土经过流水冲刷、搬运和重新堆积而成）。

黄土的特点：天然含水量的黄土，如未受水浸湿，一般强度较高，压缩性较小。

若天然含水量的黄土在一定压力下受水浸湿，土结构迅速破坏，产生显著的附加下沉，强度也迅速降低，则称为湿陷性黄土。

湿陷系数：为一定压力下浸水后的变形与压缩稳定的变形之差与土样初始高度之比。

湿陷系数的界限值：有一个界限值 0.015，超过 0.015 时称为湿陷性黄土，且该值越大，湿陷性越强烈。

湿陷性等级：工程实际中还规定（一般压力为 200kPa 作用下），湿陷系数为 $0.015\sim0.03$ 时，湿陷性轻微；湿陷系数为 $0.03\sim0.07$ 时，湿陷性中等；湿陷系数 >0.07 时，湿陷性强烈。

2. 湿陷性黄土的特性

湿陷性黄土因其特殊的生成条件具有以下特性：

（1）密度小。孔隙比 e 一般在 1.0 左右，或更大。

（2）湿度低。湿陷性黄土的天然含水量在 5%～23% 之间，含水量的大小与地区降雨量和地下水位等环境因素有关。湿陷性与含水量密切相关，一般当含水量在 23% 以上时，湿陷性已经基本消失，相应的压缩性增高。

（3）黏量少。粒度成分以粉粒颗粒（0.05～0.005mm）为主，约占 50%～75%，黏粒含量为 8%～25%，砂粒为 10%～30%；低塑性，液限在 22%～35%，塑限在 14%～20%。

(4) 欠压密、大孔隙。绝大部分新近沉积的黄土地层都属于欠固结状态，孔隙较大，孔隙度一般在 40%～50%，其多孔性与成岩作用、植物根系腐烂和水对黄土的作用等有关，更重要的是与特殊的气候条件有关。

(5) 垂直节理。对于较早沉积的 Q_2、Q_1 老黄土，其竖向节理、裂隙较为发育。垂直节理的形成主要是由于黄土在堆积加厚的过程中受重力的影响，土粒间的上下间距变得愈来愈紧密，而土粒间的左右间距却保持原状不变。这样水和空气即沿着抵抗力最小的上下方向移动，也就是说沿着黄土的垂直管状孔隙不断地作升降运动并反复进行，这就造成了黄土垂直节理发育的倾向。

(6) 富含碳酸盐类。黄土的矿物成分有碎屑矿物、黏土矿物及自生矿物 3 类。碎屑矿物主要是石英、长石和云母，占碎屑矿物的 80%，其次有辉石、角闪石、绿帘石、绿泥石、磁铁矿等；此外，黄土中碳酸盐矿物含量较多，主要是方解石。黏土矿物主要是伊利石、蒙脱石、高岭石、针铁矿、含水赤铁矿等。黄土的化学成分以 SiO_2 占优势，其次为 Al_2O_3、CaO，再次为 Fe_2O_3、MgO、K_2O、Na_2O、FeO、TiO_2 和 MnO 等。

(7) 透水性较强。这是和它具有多孔性以及垂直节理发育等结构特点分不开的。黄土的多孔性及垂直节理愈发育，黄土层在垂直方向上的透水性越高，而在水平方向上的透水性则越微弱。此外，当黄土层中具有土壤层或黄土结核层时，就会导致黄土层的透水性不良，甚至产生不透水层。

(8) 压缩性较低。天然黄土一半处于非饱和状态，粒间黏结强度较高，不容易被压缩。

(9) 强度较高。黄土一般属于非饱和土，故黄土颗粒间存在较大的基质吸力，黏结强度较高，具有较好的天然承载力，但一遇到降雨或水位变化，黄土很容易出现强度丧失，产生大变形问题。

(10) 对水具有特殊的敏感性，即湿陷性。湿陷性与黄土的粉末性有关，粉末性是黄土颗粒组成的最大特征之一。粉末性表明黄土粉末颗粒间的相互结合是不够紧密的，所以每当土层浸湿时或在重力作用的影响下，黄土层本身就失去了它的固结的性能，因而也就常常引起强烈的沉陷和变形。此外，黄土的多孔性、大气降水和温度的变化以及人为的影响，对黄土中可溶性盐类的溶解和黄土沉陷的数量与速度都有着极大的影响。

3. 在勘察中应该注意的问题

(1) 地质时代和分布特征。

1) 地质时代。午城黄土 Q_1、离石黄土 Q_2，无湿陷性；马兰黄土 Q_3、黄土状土及新近堆积黄土，湿陷性渐增。

2) 分布特征。塬、梁、峁之间的关系基本上代表了黄土丘陵区流水对黄土的侵蚀强度和地貌的演化过程，如图 4.2.1 所示。黄土塬又称黄土平台、黄土桌状高地，表部平坦，或微有起伏，黄土堆积厚度较大。黄土梁平行于沟谷的长条状高地，梁长一般可达几公里或十几公里，梁顶宽阔略有起伏，宽几十米到几百米，呈鱼脊状往两面沟谷微倾。黄土峁呈孤立的黄土丘，浑圆状形如馒头。大多数峁是由黄土梁进一步侵蚀切割形成的，但也有极少数是晚期黄土覆盖在古丘状高地上形成的。

（a）塬　　　　　　　　　　（b）梁　　　　　　　　　　（c）峁

图 4.2.1　黄土地区典型的地形地貌单元

（2）湿陷类型和湿陷等级。

1）湿陷类型。

a. 自重湿陷。当某一深处的黄土层被水浸湿后，仅在其上覆土层的饱和自重压力（饱和度为 85%）下产生湿陷变形的土，称为自重湿陷性土。

b. 非自重湿陷。当某一深度处的黄土层浸水后，除上覆土的饱和自重外，尚需要一定的附加荷载（压力）才发生湿陷的，称为非自重湿陷性。

应按照实测或计算自重湿陷量 Δz_s 确定建筑物场地的湿陷类型。

当 $\Delta z_s \leqslant 7cm$，定为非自重湿陷性黄土场地；$\Delta z_s > 7cm$，定为自重湿陷性黄土场地。

2）湿陷等级。根据地基的计算总湿陷量和计算自重湿陷量的大小分为轻微、中等、严重和很严重，即Ⅰ、Ⅱ、Ⅲ和Ⅳ四级，见表 4.2.1。

表 4.2.1　　　　　　　　　　　　湿陷性黄土地基的湿陷等级

总湿陷量/cm	非自重湿陷性场地	自重湿陷性场地	
	$\Delta z_s \leqslant 7$	$7 < \Delta z_s \leqslant 35$	$\Delta z_s > 35$
$\Delta s \leqslant 30$	Ⅰ（轻微）	Ⅱ（中等）	—
$30 < \Delta s \leqslant 60$	Ⅱ（中等）	Ⅱ或Ⅲ	Ⅲ（严重）
$\Delta s > 60$	—	Ⅲ（严重）	Ⅳ（很严重）

3）注意黄土岩溶（碟形地、陷穴、暗沟）及古井、古墓的分布。

4）注意地下水位的深度、季节性升降变化的幅度，以及附近存在的水源水道和输水管线条件。

5）注意地形的起伏与降水的积聚与排泄条件、山洪淹没的范围。

6）注意变形-强度随含水量不同而变化的规律。

4. 在场址选择时应注意的问题

（1）应选择排水通畅或利于组织排水的地形条件。

（2）避开洪水威胁的地段。

（3）避开不良地质现象发育和地下坑穴集中的地段。

（4）避开新建水库等可能引起地下水位上升的地段。

（5）避免将重要项目布置在严重湿陷性场地或大厚度的新近堆积黄土、高压缩性饱和黄土等地段。

（6）避开由于建设可能引起工程地质条件恶化的地段。

5. 在总平面布置时应注意的问题

（1）应合理规划场地，做好竖向设计，保证地表排水通畅。

（2）同一建筑物场地内，地基土的压缩性和湿陷性变化不宜过大。

（3）主要建筑物宜布置在低湿陷等级的地段。

（4）山前斜坡地带宜将建筑物沿等高线布置。

（5）填方厚度不宜过大。

（6）水池及有湿润生产过程的厂房宜布置在地下水流的下游地段或地形较低处。

6. 在设计时应注意的问题

（1）建筑物的分类。拟建在湿陷性黄土场地上的建筑物，根据其重要性、地基受水浸湿可能性的大小和在使用期间对不均匀沉降限制的严格程度，分为甲、乙、丙、丁 4 类。

（2）注意实际可能的地基湿陷变形量的确定。可以根据湿陷性黄土的湿陷系数和土层厚度计算湿陷性黄土地基的湿陷变形量。

$$\Delta s = \sum_{i=1}^{n} \beta \delta_{si} h_i \qquad (4.2.1)$$

式中：β 为考虑地基土的侧向挤出和进水几率等因素的修正系数。

（3）注意地基承载力的确定。

1）甲类和乙类的重大建筑物尚应有现场载荷试验，按现场载荷试验、公式计算，并结合工程实践经验等方法综合确定承载力。

2）乙类的非重大建筑物和丙类建筑物可用规范建议的承载力表。

3）丁类建筑物可用邻近建筑的经验。

（4）注意采用以消除地基湿陷性为主的综合处理措施，部分消除湿陷时尚应验算下卧层。

1）地基处理的基本原则：①对甲类建筑物全部消除地基湿陷性；②乙、丙类建筑物部分消除地基湿陷性；③对于丁类建筑物可不作地基处理，但宜按土的不同湿陷性程度采取防水措施和适当的结构措施。

2）综合处理措施：①防水措施；②结构措施；③地基处理措施；④如垫层、强夯、挤密桩、预浸水、化学加固、桩基等。

a. 垫层。垫层是以素土或灰土做成垫层的处理方法，具有因地制宜、就地取材和施工简便的特点，应用比较广泛。通过处理基底以下的部分湿陷性黄土，可以减少地基的总湿陷量。当仅要求消除基底下 1～3m 湿陷性黄土的湿陷量时，宜采用垫层法处理。

b. 强夯。应先在场地内选择有代表性的地段进行试夯或试验性施工。土的天然含水量宜低于塑限含水量 1%～3%。

c. 挤密法。挤密法是利用打入钢套管或振动沉管，或炸药炸扩等方法，在土中形成桩孔，然后在空中分层填入素土或灰土，并夯实而成。在成孔和夯实过程中，原处于桩孔部位的土全部挤入周围土中，使桩周一定范围内的天然土得到了挤密，从而消除桩间土的湿陷性并提高承载力。

d. 预浸水法。在整个建筑场地内浸水，且浸水时间较长，适用于空旷的新建场地。如附近已有建筑物，则浸水坑边缘与构筑物的距离要大于 5m，以防止由于浸水影响附近建筑物的稳定性。预浸水法宜用于处理湿陷性黄土地层厚度大于 10m，自重湿陷量的计算值大于 500mm 的场地。

e. 桩基。尽管桩基造价较高，但却能确保地基受水浸湿时不发生事故。

f. 化学加固。化学加固是利用带孔眼的管将化学溶液注入土中，使溶液与土相互作用，在土颗粒表面形成一层薄膜，从而增强土的联结，填塞粒间孔隙，使土体具有抗水性、稳固性、不湿陷性和不透水性的特征。适用于加固地下水位以上、渗透系数为 $0.5 \sim 2.0 \mathrm{m/d}(5.8 \times 10^{-4} \sim 2.3 \times 10^{-3} \mathrm{cm/s})$ 的湿陷性黄土地基。

（5）注意湿陷引起的负摩擦力对桩基承载力的影响。

（6）在湿陷性黄土地基上建造时，应遵循《湿陷性黄土地区建筑标准》（GB 50025—2018）的要求。

4.2.4 胀缩性土

1. 定义

由亲水性矿物黏粒组成，同时具有显著的吸水膨胀和失水收缩两种变形特性的黏性土。

2. 胀缩性土的形成条件及分布

形成条件：温和湿润、雨量充沛、具备良好化学风化条件的地区（黄河以南）形成的高塑性土（黏量一般大于 35%）。

分布地带：二级或二级以上高级阶地、山前丘陵和盆地边缘，地形平缓和陡坎的地带。

3. 胀缩性土的特性

（1）物理性质。

高塑性：$W_l = 40\% \sim 74\%$，$W_p = 21\% \sim 39\%$，$I_p = 17 \sim 39$。矿物成分：主要为伊利石，其次是蒙脱石、高岭石。干容重较大，孔隙比 $e = 0.7$。含水量小于塑限：在塑限含水量附近（17% ～ 30%），在天然状态为坚硬或硬塑。

（2）地面变形特征。

1）在空旷地面常发现地面的上下运动（俗称呼吸土），常被形容为"天晴一把刀，下雨一团糟"（由于遇水膨胀，失水收缩）。

2）由于其在天然状态为坚硬或硬塑，裂隙较发育，方向不规则，常可见光面和擦痕。

3）在斜坡地带常形成浅层滑坡或出现蠕变。

4. 表示胀缩性土的膨胀潜势常用的指标

（1）自由膨胀率 δ_{ef}：人工制备的烘干土在水中增加的体积与原体积之比。根据规范《膨胀土地区建筑技术规范》（GB 50112—2013），自由膨胀率将膨胀土分为 3 类：弱（$40 \leqslant \delta_{ef} < 65$）、中（$65 \leqslant \delta_{ef} < 90$）、强（$\delta_{ef} \geqslant 90$）。

（2）膨胀率 δ_{ep}（基底压力 50kPa 下测定的值）。在一定压力下浸水膨胀稳定后试样增加的高度与原高度之比。

（3）收缩系数 λ_s。原状土样在直线收缩阶段含水量减少 1％时的竖向线缩率。

（4）膨胀力 P_e。原状土样在体积不变时由于浸水膨胀所产生的最大内应力。

5. 膨胀土地基的等级

根据胀缩变形对低层砖混房屋的影响程度，常由地基的分级膨胀变形量 S_e 及房屋损坏程度综合反映。

（1）计算分级膨胀变形量 S_e 的 5 项假设条件。

1）场地条件为平坦场地。

2）建筑物为低层，基底压力 50kPa。

3）结构类型为砖混或砖木结构。

4）基础埋深在室外地表下 1m。

5）基土含水量的变化仅由自然气候影响。

（2）分级膨胀变形量 S_e 的计算。计算深度：为大气影响深度或含水量变化 1％处的深度，或深标变形（地基中不同深度的变形，它随深度的增加而减小）达 5mm 的深度，有浸水可能性时，可按浸水深度确定。

（3）按分级膨胀变形量划分地基等级

1） Ⅰ 级，15mm≤S_e<35mm，轻微膨胀性地基。

2） Ⅱ 级，35mm≤S_e<70mm，中等膨胀性地基。

3） Ⅲ 级，S_e≥70mm，严重膨胀性地基。

（4）按房屋损坏程度和分级膨胀变形量分级。

1）轻微：承重墙裂缝最大宽度小于等于 15mm，最大变形小于等于 30mm。

2）中等：承重墙裂缝最大宽度 16～50mm，最大变形 30～60mm。

3）严重承重墙裂缝最大宽度大于 50mm，最大变形大于 60mm。

6. 在勘察时应注意的问题

胀缩性土在进行勘察时应注意以下问题：

（1）气象资料（降水量、蒸发力、干旱持续时间、气温、地温），大气影响深度及其变化特点。

（2）地形形态，地质年代、成因、土的胀缩性能与空间分布。

（3）浅层滑坡、地裂、冲沟和隐伏岩溶等不良地质现象。

（4）地表水排泄积聚情况和地下水的类型，多年水位与变化幅度。

7. 在场址选择及平面布置时应注意的问题

（1）应选择的地形或地段。

1）排水通畅或易于排水处理的地形；考虑排水系统的管道渗水或排水不畅对变形的影响。

2）坡度小于 14°可能用分级挡墙治理的地段。

3）地形比较简单、土质比较均匀和胀缩性较弱的地段。避免大挖大填，要保持自然地形，同一建筑物地基土的分级变形量相差不宜大于 35mm。

（2）应避开：①地裂、冲沟发育和可能有浅层滑坡的地段；②地形溶沟、沟槽发育，地下水变化剧烈的地段。

8. 在设计时应注意的问题

(1) 选择适宜的基础埋深（考虑因素）。

1）地基的胀缩等级。

2）大气影响急剧层深度。

3）建筑物的结构类型。

4）地基上荷载的大小和性质。

(2) 设计的控制条件：膨胀土地基设计应主要控制最大变形量小于容许值。

1）当建筑物位于平坦场地上时，按变形控制设计。

2）当建筑物位于坡地上时，按变形控制设计外，尚应验算地基的稳定性。

3）稳定性验算时潜在滑动面的确定。无节理且土质均匀时，采用圆弧滑动法验算；土层较薄、土层与岩层之间存在软弱层时，采用软弱层面滑动法验算，层状构造的岩土，如层面与坡面相交（小于 45°），则验算沿层面的稳定性。强度参数的确定：采用反算抗剪强度、室内重复剪或三轴饱和快剪来确定。

(3) 膨胀土地基的承载力。承载力的获取一般采用：现场载荷试验法、计算（室内试验）法和经验法。

1）荷载试验法。对荷载较大或没有建筑经验的地区，宜采用浸水荷载试验方法确定。浸水膨胀后地基承载力比浸水前低 3～4 倍，压力愈大，膨胀愈小。对荷载较大的建筑物，承载力应在设计压力下浸水求得。

2）计算法。采用饱和三轴不排水快剪试验确定土的抗剪强度，再根据现行的《建筑地基基础设计规范》计算地基的承载力。

3）经验法。对已有建筑经验地区，可根据成功的建筑经验或地区的承载力经验值确定地基的承载力。已有大量资料的地区可按制定的承载力表采用。

(4) 膨胀土地基的变形及容许变形。

1）膨胀土地基变形的分类。

a. 上升型。干燥地区，离地表 1m 处 $w < w_P$，地面有覆盖且无蒸发，建筑物使用期间常有水浸湿可能或温差可引起水分由室外向室内转移时。

b. 下降型。湿润地区，离地表 1m 处 w 接近于 w_{max} 或大于 $1.2w_P$，覆盖和温差不再可能引起水分的转移，蒸发引起的收缩成了地基变形的主要原因时。

c. 升降型。半干旱、半湿润地区，$w = (0.85 \sim 1.1)w_P$，变形为膨胀与收缩的总量。

2）膨胀土地基变形的计算（分层总和法）。

a. 上升型变形（膨胀量）。

$$S_{ep} = \psi_{ep} \sum \delta_{epi} h_i \qquad (4.2.2)$$

式中：δ_{epi} 为压力 p 下的膨胀率，基础底面下第 i 层土在平均自重压力与平均附加压力之和作用下的膨胀率；ψ_{ep} 为经验修正系数，一般取 0.6；计算深度 Z_n 为大气影响深度或自重加附加应力等于膨胀力的深度。

b. 下降型变形（收缩量）。

$$S_{sh} = \psi_{sh} \sum \lambda_{si} \Delta_{wi} h_i \qquad (4.2.3)$$

式中：λ_{si} 为 $\Delta w = 1\%$ 时的线缩率，即收缩系数；ψ_{sh} 为经验修正系数，一般取 0.8；计算

深度 Z_n 为大气影响深度（由自然拐点法或地温类比法确定），或在计算深度内有稳定地下水位时，可计算至水位以上 3m 处；Δw_i 为地基土收缩过程中，第 i 层土可能发生的含水量变化的平均值。

c. 升降型变形：升降型变形则是计算膨胀量与收缩量之和。

$$S = \Psi \sum (\delta_{epi} + \lambda \Delta w_i) h_i \qquad (4.2.4)$$

式中：经验修正系数 Ψ 取 0.7。

9. 在膨胀土地区建筑的工程措施

（1）消除局部热源和水源的影响。

（2）对不稳定或可能产生滑动的斜坡，应采取可靠的防治措施。

（3）充分利用地基强度。

（4）减少建筑物自身原因造成的差异变形（结构设计）：形体简单、提高转角墙体强度、设置沉降缝或变形缝、采用新型结构布置型式、用柔体材料填缝。

（5）消除或减少地基的胀缩变形量：地基处理（换土、砂土垫层、柔性垫层）、采用桩基。

（6）提高结构适应地基变形的能力：设置圈梁、设置构造柱、提高砌体的强度。

4.2.5 盐渍土

1. 定义

盐渍土是一种土层内含有石膏、芒硝、岩盐（硫酸盐或氯化物）等易溶盐且其含量大于 0.3% 的土。

2. 盐渍土的形成条件及分布

1）地下水的矿化度较高，有充分的盐分来源。

2）地下水位较高，毛细作用可达地表或接近地表。

3）气候比较干燥，水分易蒸发。

4）由于形成受上述条件的限制，因此其一般分布在地势较低和地下水位较高的地段。如内陆洼地、盐湖和河流两岸的漫滩、低级阶地等地段。厚度一般不大，平原及滨海区 1.5～4m，内陆盆地可达 30m。

3. 盐渍土的分类

（1）按分布地区划分。

1）滨海盐渍土（江苏、山东、河北、天津）。

2）冲积平原盐渍土（黄河、淮河、海河冲积平原，松辽平原，三江平原）。

3）内陆盐渍土（塔里木盆地、准噶尔盆地、柴达木盆地、银川平原）。

（2）按含盐成分划分。所含的易溶盐主要是氯盐类、硫酸盐类和碳酸盐类，其特性视含盐的成分而不同。

1）氯盐型盐渍土：含有 $NaCl$、KCl、$CaCl_2$、$MgCl_2$ 等。

a. 溶解度大（330～750g/L）。

b. 吸湿性强。如 $CaCl_2$ 能从空气中吸收超过本身重量 4～5 倍的水分，且吸湿的水分蒸发很慢。

c. 结晶时体积不膨胀。

　　d. 容易变软。

　　e. 强度低。

　　f. 塑性及压缩性大。

　　2）硫酸盐型盐渍土（Na_2SO_4、$MgSO_4$）。

　　a. 溶解度大（110～350g/L）。

　　b. 无吸湿性。

　　c. 与水分子结合能力强，即结晶时体积膨胀，失水时收缩。如 Na_2SO_4 在结晶时可以结合 10 个水分子形成芒硝，体积增大，在 32.4℃ 时，芒硝又可放出水分，体积减小；$MgSO_4$ 在结晶时可以结合 7 个水分子形成结晶水化合物，体积增大，脱水时变成无水分子的结晶水化物，体积减小。甚至昼夜温差变化时，也会在温度低时硫酸盐结晶，温度高时又脱水成粉末状固体或溶于溶液中。

　　3）碳酸盐型盐渍土（$NaHCO_3$、Na_2CO_3）。

　　a. 溶解度较大（Na_2CO_3 为 215g/L）。

　　b. 干时坚硬，湿时变软。

　　c. 碱性反应很大。

　　d. 较难干燥，不宜排水；

　　e. 对黏土胶体有很大的分散作用，稳定性低。

　　（3）按土中所含盐量的多少划分（见表 4.2.2）。

表 4.2.2　　　　按含盐量对盐渍土进行划分（离子含量以 100g 干土内含盐量计）

盐渍土等级	细 粒 土		粗粒土（通过 10mm 筛孔的平均含盐量）		碱性盐（碳酸盐）
	氯及亚氯盐	硫酸及亚硫酸盐	氯及亚氯盐	硫酸及亚硫酸盐	
弱盐渍土	0.3～1.0	0.3～0.5	2.0～5.0	0.5～1.5	
中盐渍土	1.0～5.0	0.5～2.0	5.0～8.0	1.5～3.0	0.5～1.0
强盐渍土	5.0～8.0	2.0～5.0	8.0～10.0	3.0～6.0	1.0～2.0
超盐渍土	>8.0	>5.0	>10.0	>6.0	>2

　　4. 盐渍土的特性

　　（1）强度变化大，随温度、湿度而变化。

　　（2）可胀缩。

　　（3）易溶蚀（溶陷）。

　　（4）难压实。

　　（5）对金属管道或钢筋混凝土有侵蚀性。

　　5. 在勘查时应注意的问题

　　（1）注意盐渍土的分布范围、形成条件、含盐成分、含盐程度、溶蚀洞穴及其空间分布情况。

　　（2）注意大气降水与地下水情况。

　　（3）注意有害毛管水上升高度。

　　（4）注意盐渍土的溶蚀性、胀缩性等。

6. 在工程设计时应注意的问题

（1）将地基的持力层选在含盐量较低，且类型单一的土层。

（2）承载力的确定。

1）一般用载荷试验或静探资料。

2）有经验时，利用土的物理性质指标作粗略的估算。

（3）尽量消除被水浸的条件

1）地表排水。

2）做好竖向设计，防止地表水体、大气降水、工业及生活用水浸湿地基，以避免因地基土浸水而改变土的工程性质。

3）降低地下水位，控制有害毛管水（自由运动部分的毛管水）的上升高度。

4）设砂卵石垫层作为毛细管隔断层，以免地基土浸湿软化和次生盐渍化，导致土强度降低。对地下水位较高的地段，一定要考虑有害毛细水对地基土的影响。

5）严禁施工用水渗入地基。

（4）采取措施消除腐蚀性。

1）基础宜采用抗腐蚀性好的石材（耐酸石料有花岗岩、片岩，耐碱材料有石灰岩）。

2）采用矾土水泥砂浆砌筑。

3）当采用桩基础时：①对蜂窝状的淋滤层或溶蚀洞穴，用抗腐蚀的水泥（对酸性介质用矿渣硅酸盐水泥和火山灰硅酸盐水泥，对碱性介质用普通抗硫酸盐水泥）做钻孔灌注桩穿透淋滤层或溶蚀洞穴；②用与盐渍土中矿化度相同的水作为制桩用水；③用较厚的钢筋保护层（加 10cm）；④桩的埋入深度应大于松胀性盐渍土的松胀临界深度。

4）防潮层应与室外地墙取齐。

7. 地基处理措施

在必要时可采用地基处理措施，如下：

（1）浸水消除盐溶。适用于厚度不大或渗透性较好的土。

（2）强夯。适用于地下水位以上，孔隙比较大的塑性土。

（3）换土。适用于溶陷性很高的土。

（4）振冲。采用场地内的地下水，适用于粉土及粉细砂层，地下水位较高的情况。

4.2.6 填土

1. 定义

填土是指由人类活动在地表形成的任意堆集的土层，其组成成分复杂，堆填的方法、厚度和时间都是随意的。其不包括人工填土，经过人工分层压实的填土称为压实填土。

2. 填土的分类

按其物质组成和堆填方式，一般分为以下几类：

（1）素填土。素填土是由天然土（碎石、砂、粉土或黏性土）经受人类扰动堆填而成；它与天然土的区别在于其没有天然土的结构、层理，含少量碎砖瓦砾、灰渣、朽木等人为杂质。按其主要的组成物质分为碎石素填土、砂土素填土、粉土素填土或黏性土素填土。

（2）杂填土。由建筑垃圾、工业废料或生活垃圾等组成的填土。按其主要物质可分为：①建筑垃圾填土，主要组成物质是碎砖、瓦砾、混凝土块、灰渣和朽木等；②工业废料填土，主要由工业生产的废料、废渣堆集而成，如矿渣、粉煤灰等加少量土组成，由建筑垃圾、工业废料和少量土组成时，排列杂乱，级配很差；③生活垃圾填土，主要由人类生活抛弃的废物，如炉灰、菜叶、布片等加少量土组成，由生活垃圾组成时，成分复杂，有机质较多。

（3）冲填土。冲填土是由水力冲填泥沙形成的土，又称吹填土。

1）形成。用高压泥浆泵将泥沙通过输泥管排送到需要填高的地段，经过沉淀排水后形成大片冲填土层。主要用于整治江河中的泥沙和尾矿堆积。

2）特点：①其组成随泥沙的来源而变；②含水量大；③土层分布不均；④性质取决于颗粒组成均匀性和排水固结情况：以砂为主时，强度较高，随时间增长快；以粉土、黏土为主时，强度低，随时间增长缓慢。

3. 填土的工程性质

由于其堆积时间不同，组成物质复杂以及填土方法、时间、厚度的随意性，这类土常表现出以下特性：

（1）明显的不均匀性。杂填土的不均匀性最为严重，而素填土和冲填土的组成物质比较单一，不均匀性较杂填土略好一些。

（2）自重压密性。填土是一种欠压密土，在自身重量和大气降水下渗的作用下有自重压密的特点。自重压密所需的时间长短与填土的物质成分和组成有关。如大块碎石素填土一般需 1～2 年，砂土素填土需 2～5 年，而粉性和黏性土素填土则需 10～15 年；含有大量有机质的生活垃圾填土的自重压密时间可长达 30 年以上。

（3）湿陷性。填土由于土质疏松，孔隙率高，在浸水后产生较强的湿陷。新填土的湿陷性比老填土大，在生活垃圾填土中的炉灰和变质炉灰填土的湿陷性强。但在气候潮湿和地下水位高的地区，填土的湿陷性则不显著。

（4）低强度性和高压缩性。填土由于土质疏松，密度低、固化程度低，所以其抗剪强度低，承载力也低；而其压缩性则很高，与相同密度的天然土相比，其压缩性要高得多。除压实的素填土性质可以人为控制外，用其他类型的填土作为地基时必须考虑多变的特殊性。

4. 在勘察时应注意的问题

（1）填土的堆填年代和堆填方法。

（2）了解场地的历史地形、地物的变迁情况。

（3）查明分布范围、厚度、组成、均匀性、物理力学性质与湿陷性。

（4）了解冲填土的排水条件和固结程度。

5. 在勘探与测试时应注意的问题

（1）勘探点的布置。应按复杂场地布置勘探点：一般间距为 10～20m 或更短；勘探点的深度穿透填土层至天然岩土层内 0.5m 以上；当填土下为软弱天然土层时，勘探点应加深。

（2）勘探方法。

1）勘探方法应根据填土的种类而定。对于素填土可以采用钻探为主的方法；在杂填土中应钻探、坑探与触探结合。

（2）在代表性土层位置挖探井、取大样。为了了解填土的结构和物质组成，宜在代表性土层位置布置一定数量的探井，并在探井中采取大块土样。每幢建筑物的探井数量不宜少于 2 个。

（3）原位测试。填土层很厚时，荷载试验宜分层进行，且每层不少于 3 个。深层荷载试验可在钻孔内进行，但压板面积不宜小于 600cm²。

6. 填土地基的利用和承载力评价

（1）可作为一般建筑物的天然地基的填土。

1）堆填年限较长，已完成自重压密的均匀、密实素填土和冲填土。

2）由建筑垃圾和性能稳定的工业废料组成的杂填土。

（2）严重不均匀的填土层作为地基时应该注意的问题。

1）应按厚度、压缩性和承载力分区分层评价，在满足地基强度的前提下，进行变形计算。

2）计算后如果超过建筑物的地基变形允许值，则应该通过调整基础压力和埋深，限制变形在允许范围内。

3）除限制变形在允许范围内之外，尚应采取增加基础与上部结构刚度、强度和整体性的措施。如：控制长高比小于 2.5；过长用沉降缝分开；提高砌体、砂浆的标号；用钢筋混凝土基础；设置钢筋混凝土圈梁；4 层以上用筏板基础等。

（3）不可作为一般建筑物的天然地基的填土。

1）含有大量有机质的生活垃圾。

2）对基础有腐蚀的工业废料填土。

3）尚未完成自重压密的新填土。

7. 填土地基的处理措施

（1）换填法。换填法是将松软的填土全部或局部挖除，然后换素填土、灰土或砂石等材料。处理深度 3m 以内，地下水位以上，用于轻型建筑。

（2）重锤夯实法。重锤夯实法是利用重锤自由下落时的冲击能来夯实浅层的填土，以形成表面硬壳层。15～30kN 的锤，落距 3～4m，有效深度 1m 左右。

（3）砂桩挤密法。砂桩挤密法是用机械通过振动或锤击成孔，把砂石料灌入填土中孔的挤密处理方法。处理深度大，可达 5～10m，桩径 300～800mm，用于多层建筑。

（4）灰土桩挤密法。灰土桩挤密法是将桩间土挤密和灰土桩体形成复合地基，适用于处理地下水位以上的填土，处理深度可达 6～12m。目前常利用沉管法成孔，在孔中填 2∶8 或 3∶7 灰土分层夯实，复合地基的容许承载力可达 250kPa。

（5）预压法。预压法是在土层中设置砂井或塑料排水板等竖向排水体，然后加载预压，提高地基的抗剪强度。适合于处理饱和的冲填土地基，其中常见的是堆载预压法（图 4.2.2）和真空预压法（图 4.2.3）。

（6）振冲法。振冲法就是靠振冲器的强力振动使饱和砂土液化，则其颗粒会重新排列，孔隙减小，同时往孔中加填料使砂土挤压加密。对砂土填土可采用振冲挤密法，如图 4.2.4 所示。

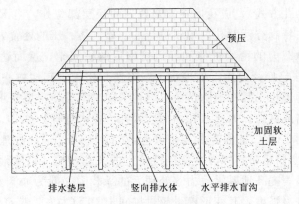

图 4.2.2 堆载预压法

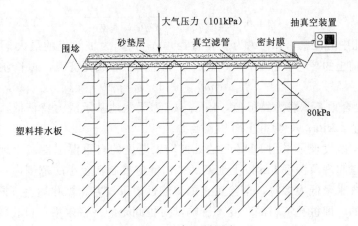

图 4.2.3 真空预压法

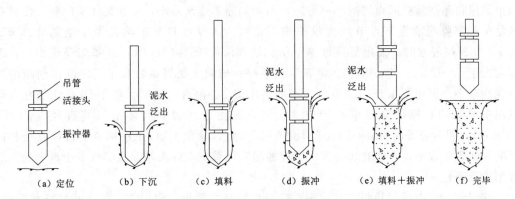

图 4.2.4 振冲法施工过程

（7）孔内强夯法（DDC 或 SDDC 工法）。随着新时代西部大开发指导意见的实施，我国西部湿陷性黄土地区的工程规模和工程数量势必逐渐增加。工程场地也逐渐由低阶地向高阶地甚至黄土台塬发展，导致工程场地湿陷性黄土层厚度逐渐增大，工程建设需要处理的黄土层厚度也随之增加。孔内深层强夯法（Down-hole dynamic coMPaction），简称 DDC 工法，是进行深层地基处理的方法之一，由司炳文于 1999 年首次提出。该方法通过机械成孔（钻孔或冲孔方式），成孔后在地基处理的深层部位处，自下而上地采取一边填料、一边强夯，该法特制夯锤对孔内填料进行冲、砸、挤、压的处置方式，使得松散的地基土形成具有较高承载力的密实桩体和经过挤密后的桩间土，从而达到加固地基土的目的。目前，DDC 工法已广泛应用于处理黄土湿陷性。相较于其他方法，DDC 工法处理黄土湿陷性的效果更为理想，其在消除黄土湿陷性的同时，可使得地基承载力发生大幅度提高，强度可提升 2 倍或更高。为此《孔内深层强夯法技术规程》（CECS 197：2006）也随之诞生。据研究表明，DDC 桩的夯击能量可达 2000kN·m/m²，处理深度最深可达 30m以上，采用 DDC 灰土挤密桩可以改变湿陷性黄土的大孔结构，消除地基土的湿陷性，减小地基土的变形，显著提高地基承载力（处理后的承载力一般为原天然地基的 3～9 倍），灰土桩具有一定的胶凝强度，其变形模量超过桩间土 10 倍左右，挤密影响范围为（1.5～2.0）d。

$$s = 0.95d \sqrt{\bar{\eta}_c \rho_{d\max}/(\bar{\eta}\rho_{d\max} - \bar{\rho}_d)} \tag{4.2.5}$$

式中：s 为桩孔中心距离，m；d 为成孔直径，m；$\rho_{d\max}$ 为桩间土的最大干密度，kN/m³；$\bar{\rho}_d$ 为地基处理前土的平均干密度，kN/m³；$\bar{\eta}_c$ 为桩间土经成孔挤密后的平均挤密系数。

$$f_{spk} = mf_{pk} + (1-m)f_{sk} \tag{4.2.6}$$

式中：f_{spk} 为复合地基承载力特征值，kPa；f_{sk} 为天然地基承载力特征值，kPa；f_{pk} 为桩体承载力特征值，kPa；m 为桩土面积置换率。

　　其他工程实践发现，采用 DDC 工法处理较大厚度的自重湿陷性黄土地基场地时，为防止地面出现隆起现象深度 5m 以上地基的夯击能应控制在较小的范围内；素土桩的含水量相较于最佳含水量低太多时，消除黄土的湿陷性效果较差。桩孔填料不同对桩间土的挤密效果是相同的，即桩孔填料的改变不影响其对桩间土的挤密效果；桩孔填料不同，桩土复合地基承载力不同，且桩孔填料对桩土复合地基承载力起控制作用。一定夯击能下，桩间土的挤密系数随桩间距的减小而增加，但增加速率逐渐减小，存在最优桩间距，使其在满足工程需要的前提下可节约大量的施工成本。大厚度自重湿陷性黄土地基处理 6～12m，在深层浸水时，发生显著地基下沉；处理深度 15～20m 时，地基沉降较小；处理深度大于 22～22.5m 时，地基沉降基本可忽略；桩间土挤密系数和干密度随桩间距增加呈线性减小，桩间距 1.0～1.4m 均可有效消除黄土湿陷性。然而，鉴于 DDC 工法在实际应用中多采用长螺旋钻机成孔的方式，但常常由于成桩直径不够（其直径为 500～600mm），同时夯锤的质量一般仅有 1800～3000kg，导致 DDC 工法形成的桩体直径和需要的桩间距均较小，不能有效处理大厚度的湿陷性黄土，在大厚度湿陷性黄土地区的工程应用前景不佳。

　　鉴于此，孔内深层超强夯法（SDDC 工法）呼之欲出，SDDC 技术是通过特种重锤、冲击成孔、机械（大直径钻机、旋挖钻机、机械洛阳铲等）引孔或冲孔与引孔相配合施工至预定深度，形成桩体填料的通道，然后采用特种重锤自下而上分层填料强夯或边填料边强夯，形成高承载力的密实桩体和强力挤密的桩间土共同组成具有较高承载力的复合地基。其在实际中多采用冲击成孔的方式，通过这种方式对桩间的地基土能够实现两次挤密的状态，且该法锤体自重大，一般为 10～15t，提升高度从地面算起可达到 8～15m 或更高，这样成孔直径更大，可在 800～2200mm 之间，处理深度为 30～40m，根据 SDDC 技术多年在湿陷性黄土地区应用的实践经验和检测数据表明，其复合地基承载力特征值已达到750kPa（$s=6.27$mm），桩间土的承载力大幅度提高，为处理前的1.6～2倍，压缩模量为处理前的5.2倍。

SDDC桩对周围土体挤密的范围一般为桩径的2～2.5倍。从而桩间土以及桩体的密实度更大，可处理的湿陷性黄土层厚度更大，产生的复合地基荷载承载力也较高，在大厚度湿陷性黄土地区具有较好的适用前景。也有学者对已施工的百余项采用SDDC桩复合地基的工程进行统计，发现SDDC工法对提高地基承载力有一个极限值，不可能无限制提高，不同材料的限值有所差异，其中经过处理后的砂石地基，复合地基的荷载承受能力的特征值可达350kPa；黏性土地基，桩体填料为灰土，一般不超过300kPa，桩体填料为渣土，一般不超过250kPa；对于建筑垃圾地基，桩体填料为灰土，一般不超过250kPa，桩体填料为渣土，一般不超过200kPa。

4.2.7 红黏土

1. 定义

红黏土为碳酸盐岩系（石灰岩、白云岩、玄武岩、砂质页岩、页岩等）出露区的岩石，经过更新世以来湿热环境中一系列红土化作用（强烈风化与溶滤作用），使可溶盐SiO_2全部或大部带走而残留下来的、以倍半氧化物、水云母、高岭石为主的高塑性黏土。

2. 成因与分布

成因类型：多为残积、坡积（红黏土形成之后，还可近距离坡积）类型。

分布：我国主要分布在长江流域以南地区，一般发育在高原夷平面、台地、丘陵、低山斜坡及洼地。其厚度及分布受原始地形和下伏基岩面起伏变化的影响，往往有明显的差异。

3. 颗粒组成和结构特征

（1）颗粒组成。粒径细匀，黏粒含量高（50%～70%），粒组构成以细粒为主，具有高分散性；分散性是指土体在水溶液中能够大部分自行分散为原状颗粒，从而引起团粒结构发生破坏的现象。

（2）黏土矿物成分。黏土矿物主要以多水高岭石和伊利石类黏土矿物为主。

（3）主要化学成分：SiO_2（33.5%～68.9%）、Al_2O_3（9.6%～12.7%）、Fe_2O_3（13.4%～36.4%）。

（4）结构。红黏土的微观结构形式主要包括：蜂窝或絮状结构，粒间有异电和胶体氧化铁的黏结，如图4.2.5所示。

4. 物理力学特性

（1）高塑性。液限一般为50%～80%，塑限为30%～60%，塑性指数一般为20～50。

（2）水溶盐和有机质很低（<1%）。

（3）含水量高（30%～90%），天然饱和度高（>90%），有上硬下软的规律。

（4）孔隙比大（$e=1.1$～2.0，平均值为1.7），但单个孔隙体积都很小。

（5）强度高，压缩性低，没有湿陷性。

（6）收缩性明显，失水后强烈收缩，原状土体缩率可达25%。

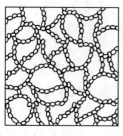
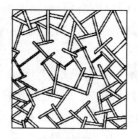

（a）蜂窝结构　　　　　　　（b）絮状结构　　　　　　　（c）微观结构

图 4.2.5　红黏土的结构形式

5. 岩土工程特征

（1）厚度分布特征。

1）一般厚度不大。厚度多为 5～15m，少数达到 15～30m。由于红黏土土层不厚，故用它作地基时，常属于刚性下卧层的有限厚度地基。

2）在水平方向上厚度变化很大。常见水平相距 1m，土厚相差 5m 或更多。地基沉降变形的均匀性很差。

（2）湿度状态分布的特征。沿深度方向上的状态由坚硬、硬塑逐渐变为可塑、软塑，含水量、孔隙比随深度而增大。下层土中含有较多自由水，因处于岩面的洼槽处不易被压实，且所处位置的持水条件好，导致下层红土含水量、孔隙比随深度而增大。

（3）胀缩性能的特征。胀缩性：胀缩性以收缩为主（收缩率 7%～22%），不均匀的胀缩使裂隙面相对位移，出现光滑镜面和擦痕。收缩为主要变形的原因：因组成矿物的亲水性不强，交换容量不高（Ca^{2+}、Mg^{2+} 为主），天然含水量接近胀限，孔隙呈饱水状态。

（4）土体结构的特征。自然状态下红黏土呈致密状，无层理。但其表部土层易受大气影响，当失水过了缩限，土中就出现裂缝，使土的整体性遭到破坏，整体强度大为削弱；裂缝的存在，为深部土体失水开拓了一条通道，使更深处的土失水开裂，裂缝逐渐加深；气候条件有利（干燥）时，可使新挖的剖面在数周之内切割得支离破碎。

（5）土中地下水特征。土中裂隙的存在，使土体和土块的力学性质相差很大；当红黏土为致密结构时，可视为不透水的。土块的渗透系数可达 10^{-8} cm/s；含有裂隙的土体的渗透系数可为 10^{-5}～10^{-3} cm/s。裂隙带常为"含水层"，但土中水的存在极不稳定，一般无统一水面。由于裂隙的存在，碎裂、碎块的土块周边便具有较大的透气或透水性，大气降水或地表水可渗入其中，在土体中形成依附网状裂隙赋存的"含水层"。由此可见，不均匀性、裂隙性和胀缩性是红黏土的主要特性。

6. 在红黏土地区进行岩土工程勘察时应注意的问题

（1）应注意红黏土厚度、分布、物质组成、土性、土体结构等的特征与差异。

（2）注意下伏基岩的岩性、岩溶发育特征以及红黏土土性与厚度变化的关系。

（3）注意裂隙的密度、延引方向、深度的发育特征及规律。

（4）注意地表水、地下水对红黏土湿度的竖向分布及土质软化的影响。

（5）注意已建建筑物的使用情况和经验。

7. 红黏土地基设计时应该注意的问题

(1) 红黏土地基承载力的评价。应先对土质单元进行划分，并考虑季节变化、水体与人为因素对红黏土湿度的影响；在此基础上，由经验公式、土性（理论公式）及原位试验综合确定。

(2) 评价沉降变形。特别注意不均匀性评价。红黏土地基不均匀性评价是几乎每一项工程都要进行的工作。

(3) 评价裂隙。

1) 应避绕深长裂隙。深长裂隙最长可以公里计，深可达 8.0m。一般工程措施不能予以治理，故而工程布置应避绕。

2) 细微网状裂隙应折减抗剪强度及承载力。土中细微网状裂隙使土体整体性遭受破坏，大大削弱了土体的强度，故应折减抗剪强度及承载力。

3) 考虑裂隙的巨块或碎块状结构以及所形成的"含水层"对工程活动和使用的影响。

(4) 评价胀缩性。由于红黏土的收缩量较大，对以缩为主的胀缩性土，采取工程措施。

(5) 评价地表水、地下水。评价地表水、地下水对裂隙面附近土体的软化、削坡面的失水收缩、湿化崩解、水量分布及腐蚀性等的影响。

8. 地基设计处理的原则和方法

(1) 红黏土仍是良好的天然地基。红黏土虽湿度大，密度小，但并非松软土。

(2) 可尽量利用浅基，以利用表层硬土层和基底下相对较厚的硬土层。由于红黏土湿度分布呈上硬下软的规律（往深处含水量加大），在红黏土地基上修建，一般尽量将基础浅埋。

(3) 红黏土分布不均匀性的处理。不均匀地基是丘陵山地中红黏土地基普遍的情况，对它的不均匀性，采取以处理为主的原则。在以硬为主的地段处理软的；以软为主的地段处理硬的；调整应力与调整变形并重。常见的几种岩土构成情况相应的地基处理原则和方法如下：

1) 当石芽密布，红黏土分布在溶槽中：①红黏土在不宽的溶槽中，且厚度小于1.10m（单独基础）和 1.20m（条形基础）时，基础可直接坐于其上，否则，挖出溶槽中的土使满足上述要求；②溶槽宽时，可将基底做成台阶状，使相邻点上可压缩土层厚度呈渐变过渡，或在溶槽中布置短桩。

2) 当石芽零星出现、周围为厚度不等的红黏土时：若单独的石芽出露在建筑物中部，应打掉一定厚度的石芽，铺以数十厘米的褥垫（炉渣、中细砂等）；因为位于中部的石芽相当于简支梁上的支点，两端呈悬臂，建筑物顶部受拉，由此造成的房裂常可见到。这种情况下，加强上部结构往往是徒劳的。

3) 当基底下红黏土厚薄不均时：由于厚薄不均导致不均匀沉降，应调整沉降差，如：①挖除土层较厚端的土，使相邻点可压缩土层厚度相对一致；②将基底做成阶梯状，相邻点可压缩土层厚度呈渐变状态；③做置换处理，如果挖除一定厚度土层后，下部可塑土无论承载力和变形检验都难以满足要求，此时可在挖除后作置换处理。

4) 防止基土收缩及缩后膨胀的不利影响。总的处理原则是应尽可能保持土的天然结构和湿度，具体措施有：①尽可能用浅埋基础，适当加大建筑物失水界面较大部位（角端、转角处）的基础埋深；基础埋深一般大于大气剧烈影响带，以便能使这些较容易失水的部位基底土的湿度保持相对稳定；②在表层土失水较易而难补充的部分和挖方地段较湿的部分，收缩较大，应加大基础埋深或基底做一定厚度的砂垫层；③做好有组织的排水，加宽散水坡以取代明沟；由于有一定深度明沟的存在实际上减小了基础埋深，形成了失水通道，因此，加宽散水坡以取代明沟是简易有效的方法；④对热工构筑物，工业窑炉的基础应设隔热层，以保持基底土水分的稳定；⑤围绕建筑物种植花草，以保持地基土水分不致剧烈变化；⑥加快开挖作业进程，以减少新挖面上土体失水过多而开裂；⑦当基础或坡面不能及时砌筑或护面时，可预留一定厚度的保护层，也可用"水封"，以避免基底土直接暴露于大气，尤其在干旱季节；⑧在坡面上用浆砌片石护坡，并采用支挡或分级放坡，以防止边坡坡面土体中裂隙的发生和发展；⑨及时处理土洞，保持地裂与坡肩一定距离（10～15m）；⑩此外，人工挖孔扩底墩可直接观察岩石表层和岩溶情况，可靠性大，承载力高，已普遍采用。

4.2.8　冻土

1. 基本概念

（1）定义。冻土是指温度等于或低于 0℃ 并含有冰晶的土，是由土颗粒、冰、未冻水和气体 4 种物质组成的多成分多相体系，其中冰、未冻水和气体含量随温度变化。不含冰的负温土称为寒土。

（2）分类。根据冻土的冻结延续时间又可分为多年冻土和季节冻土。

1）寒区多年冻土。冻结时间连续 3 年或 3 年以上，分布在青藏高原，黑龙江的大兴安岭，新疆、甘肃的高山地区。冻结深度为数米。

2）季节性冻土。地壳表层冬季冻结而在夏季又全部熔化的土，冻结时间 ≥1 个月，我国西北、华北和东北广大地区均有分布，冻结深度为数厘米至 1～2m。

2. 冻土力学性质的影响因素

（1）与一般土力学性质相同的影响因素。

1）土质因素：矿物成分、颗粒组成、湿密结构状态等。

2）荷载因素：载荷大小、形式、加载速率等。

3）结构因素：结构基础的尺寸、埋深、应力应变的边界条件等。

（2）温度因素和水分因素在各种因素影响下的耦合变化。

1）温度因素：低温水平、温变速率、温度场分布，由于无覆盖、保温或热力供散等不同而引起的边界条件和初始条件。

2）水分因素：冻土中的水分存在形式主要是冰、未冻水和水蒸气，相变会对其力学特性产生重大影响。

3）温度、水分因素耦合变化：水分和热质的迁移与相变，热导系数的变化，冰裹体组构的变化，土颗粒、冰粒、水之间荷载分配的变化，冻胀与融沉、强化与衰化导致的变形强度变化，这些变化之间的机理、相互影响、分布差异以及动态过程构成了冻土力学研究的基本内容。冰是冻土存在的基本条件和主要组成部分，它的数量、产状和成因以及变化是影响冻土工程性质的主要原因。

3. 冻土的基本特性

(1) 多年冻土。

1) 平均气温低于−4℃，10m 处的土温常年处于负温状态。

2) 强度高，压缩小，而且变化不大。

(2) 季节性冻土。强度低，压缩大，而且变化大。

(3) 明显的冻胀性和融沉性。

1) 冻胀。土在冻结时，土中原有水分冻结成冰，且在冻结过程中未冻结部分的水分不断向冻结峰面迁移、聚集、水分结冰致使体积膨胀，这种现象称为冻胀。

2) 融沉。冻土在融化过程中，在无外荷作用下所产生的沉降称为融沉。

(4) 冻土的结构及其对融沉性的影响。

1) 整体结构。冻土整体结构是土石孔隙内部或颗粒交接处因温度骤降而原地冻结，冰晶对土起胶结作用（胶结冰），表现为整体结构，水与土形成一个整体；融化后仍能保持原骨架及孔隙度、强度，对建筑物影响较小。

2) 层状结构。冻土层状结构是土中的水分迁移，产生聚冰作用，在黏性土或粉细砂土中形成相互平行的冰层或透镜体（分凝冰）等异离体，表现为层状结构；融化后骨架破坏，呈可塑或流动状态，强度显著降低。

3) 网状结构。冻土网状结构是由重力水在压力作用下迁移冻结成冰（侵入冰），形成不均匀的冻胀，或产生冰丘；粗粒土或基岩裂隙风化带中的水冻结时多呈脉状（裂隙冰），埋藏较深，对工程影响不大；水渗入冻土的裂隙中冻结，亦呈脉状（脉冰），但对围岩有冰劈作用。如果地表不平，冻结时水向低温处转移的同时，又向不同方向转移，就可以形成形状和方向不同的冰异离体，表现为网状结构，使土的含水量、含冰量都较大。融化后强度剧降，危害较大。

4) 扁豆体和楔形结构。当发生季节性冻融时，在冰层上限冻结成扁豆体的冰层，冻土层向深层发展使扁豆体夹于冻土层中，表现为扁豆体和楔形结构。其上的建筑物易沿冰体方向发生滑动。

(5) 冻土的主要物理性质指标。

1) 含冰量：冰重占含水重的百分数。

2) 冻胀量：冻结前后体积差与冻结前体积之比。

一般按冻胀量 V_p 可将冻土分为不冻胀土（$V_p < 1$）、弱冻胀土（$V_p = 1 \sim 3.5$）、冻胀土（$V_p = 3.6 \sim 6$）及强冻胀土（$V_p > 6$）。

(6) 冻土的力学性质指标。

1) 抗压强度。

2) 抗剪强度：主要为内聚力，土粒由冰分离，摩擦力很低。

3) 冻胀力：土的体积膨胀，对基础产生的作用力称为土的冻胀力。分为沿土与基础侧面向上作用的切向冻胀力；垂直向上作用于基础底面的法向冻胀力。

4) 流变性：土中冰体在荷载作用下具有流变性。

4. 冻土地区防止冻胀与融沉危害的基本措施

(1) 选择地质条件较好的地段。

1）平而缓的高级阶地。

2）粗粒土层分布的地段。

3）地下冰不太发育的地段。

（2）采取排水、防水措施。

（3）应该从热动态的角度采取的措施。

1）保持原有的冻结状态：即保持多年冻土地基在施工和运用期间处于冻结状态。可采取建筑物通风的地下室，用导热性低的材料作基础，使建筑物原有条件不会发生变化。

2）消除原有热动态的影响，如基础穿越季节性影响的冻层；基础置于融后不产生不均匀沉降的土层等。

（4）采用集中荷载的扩大柱基或者设置大面积基础板，以抵制不均匀冻胀与融沉。

（5）采用热桩。这是一种新的无需外加动力的冷冻技术，可以解决基础冻胀融沉等热力过程中的许多问题，保持多年冻土地区地基的稳定性。

1）热桩的定义。热桩是一根密封的管子，管内充以某种工质，管的上下端分别接冷凝器与蒸发器。

2）工作原理。当冷凝器与蒸发器之间发生温差时，蒸发器中的液体工质吸收热量，经蒸发变成气体工质，上升至冷凝器，与较冷的冷凝器管壁相接触后，放出气化潜热，冷凝成液体；在重力作用下又沿管壁流回蒸发器，再进行蒸发。如此往复循环将热量传出，消除热力效应对地基和基础的不良影响，如图 4.2.6 所示。

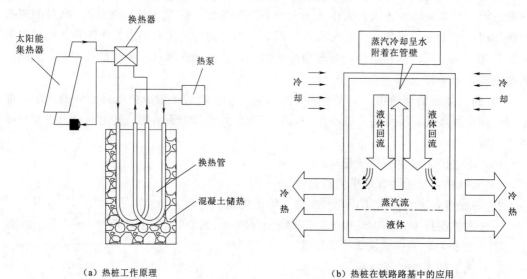

（a）热桩工作原理　　　　　　　　　（b）热桩在铁路路基中的应用

图 4.2.6　冻土地基的热桩处理工艺

3）热桩设计的任务：根据使用要求和工作条件，选择工质和管材，确定管材尺寸，计算工质的充装数量，选定冷凝器尺寸。

工质选择的原则：以其工作温度在工质的正常沸点附近为宜，管材应与工质不起化学作用（相容）为前提。常用的工质为氨（NH_3），另外还有 CO_2、丙烷和氟利昂。管材的选择上，与氨和氟利昂相容的管材可为普通钢、铝、不锈钢，CO_2 还可与铜相容，丙烷亦可与普通钢、铝、铜相容,故通常管材的问题不大,可选用与工质相容的材料作管材。

4.2.9 风化岩与残积土

1. 定义

风化岩:岩石在风化营力作用下,其结构、成分和性质已产生不同程度的变异,但保持了母岩的结晶、结构和构造,称为风化岩,风化岩基本上可以作为岩石看待。

残积土:已完全风化成土而未经搬运的全风化岩石,母岩的结晶、结构和构造已基本破坏,仅有残余结构强度,称为残积土,残积土则完全成为土状物。

共同特点:风化岩与残积土均保持在其原岩所在的位置,没有受到水平搬运;岩石的工程性质随风化程度的不同而逐渐发生变化。

2. 岩石风化程度的指标

(1) 风化系数 K_f,即风化岩石的饱和单轴抗压强度对新鲜岩石饱和单轴抗压强度之比。

(2) 波速比 K_v,即风化岩与新鲜岩纵向波速之比。

(3) 纵向波速 V_p。

3. 风化岩分类

(1) 根据岩石风化程度的不同,可分为新鲜岩(未风化岩)、微风化岩、中等风化岩、强风化岩和全风化岩、残积土6类,见表4.2.3。

表 4.2.3 根据风化程度对岩石分类

类 别	$v_p/(m/s)$	波速比 K_v	风化系数 K_f
新鲜岩(未风化岩)	>5000	0.9~1.0	0.9~1.0
微风化岩	4000~5000	0.8~0.9	0.8~0.9
中等风化岩	2000~4000	0.6~0.8	0.4~0.8
强风化岩	1000~2000	0.4~0.6	<0.4
全风化岩	500~1000	0.2~0.4	—
残积土	<500	<0.2	—

(2) 根据岩石的结构、颜色、破碎程度,也可分为新鲜岩、微风化岩、中等风化岩、强风化岩和全风化岩、残积土6类,见表4.2.4。其中,岩石结构,反映组织结构破坏情况;岩石颜色,反映矿物成分变化情况;破碎程度,反映风化裂隙情况。不同的岩石,其结构、颜色、破碎程度等均有明显差异,它们也是对岩石风化程度进行分类的定性参考依据。

(3) 根据岩石的抗压强度的大小,分为硬质岩石(抗压强度大于30MPa)与软质岩石(抗压强度小于30MPa)。

4. 勘察时应注意的问题

(1) 应注意残积土和风化岩的下伏新鲜岩的类别、岩性、产状、岩溶发育情况。

(2) 注意残积土和风化岩的水平厚度、稳定性、垂直分带完整性。

(3) 注意调查岩脉、软弱夹层、透镜体、球状风化体、袋状风化带的分布、产状。

(4) 注意自然地质现象与风化岩、残积土的内在联系和产生条件。

表 4.2.4　　　　　　　根据岩石的结构、颜色、破碎程度对岩石分类

类　别	组织结构破坏（岩石结构）	矿物成分（岩石颜色）	风化裂隙（破碎程度）	其　他
新鲜岩	无	无	无	
微风化岩	基本未变	略有变色	少量裂隙	
中等风化岩	部分破坏	节理面附近成黏土矿物	裂隙发育	标贯器很难击入
强风化岩	大部破坏	含大量黏土矿物	裂隙很发育	
全风化岩	基本破坏	有微弱的结构强度	岩块割成碎块，可以镐挖	
残积土	全部破坏	全部改变	易镐挖	肉眼观察像岩石

（5）注意残积土和风化岩的特殊性质：湿陷性、膨胀性、软化性。

（6）注意收集有关残积土与风化岩的试验资料，调查当地建筑经验以及地下水类型、补给水位变化。

（7）取样时，除钻探取样外，对残积土、强风化岩宜挖探井取样，并观察其结构以及暴露后的变化情况（如干裂、湿化、软化等）。从探井中取原状样，并利用探井作密度测试。

5. 地基评价时应该考虑的主要因素

（1）考虑风化岩及残积土中软弱层和软硬互层的厚度、位置、产状对边坡和地基稳定性和均匀性影响。

（2）考虑风化带中残留的球状体及岩脉、岩层中的构造断裂破碎带、囊状风化带的平面和垂直位置及其对地基均匀性的影响。

（3）考虑残积土和风化岩以及红土化作用形成的残积土硬壳层的厚度及其均匀性。

（4）考虑风化残积岩土的膨胀、湿陷性。

6. 残积土地基的评价

（1）承载力确定。

1）对一、二级建筑物，尤其是缺乏建筑经验的地区，宜采用荷载试验确定。

2）对三级建筑物，可建立载荷试验结果与其他简易原位试验结果或力学指标（能取得原状样时）之间的统计关系，列出承载力表。当取得强度、压缩性指标时，亦可用计算方法。

3）对于物理风化为主形成的碎石质土或砂质土，可参照一般碎石土和砂土的承载力确定。

4）对花岗岩、残积土等已有较多经验的情况可参考《工程地质手册》（第 4 版）。

（2）地基变形计算。可用直线变形体理论公式或弹性理论公式；对于一般建筑物，如地基均匀时，可以不考虑沉降及差异沉降问题；变形计算用的变形模量，如用室内试验不能取得可靠变形性质资料时，也无其他可靠方法获得，可以用载荷试验方法。

1）对大基础（$b \geq 10m$）。

$$S = Mpb \sum_{i=1}^{n} \frac{K_i - K_{i-1}}{E_{0i}} \tag{4.2.7}$$

式中：M 为修正系数；p 为基底平均压力；K 为与基础尺寸和土层深度有关的应力分布

系数，$K=f(L/b，z/b)$；E_0 为变形模量；n 为在地基压缩层深度内所划分的土层数。

zH 为计算时压缩层深度，对方形为 $zH=0.7(z_0+\zeta b)$；对条形（$L/b>5$）为 $zH=0.7(10.5+0.87b)$。z_0 和 ζ 可根据 L/b 值查表确定，具体参见《工程地质手册》（第4版）。

2）对中小基础（$b<10m$）。

$$S=\sum_{i=1}^{n}\frac{P_{0i}}{E_{0i}}h_ib_i \tag{4.2.8}$$

$$P_{0i}=\alpha(P-P_c) \tag{4.2.9}$$

式中：P_{0i} 为由于基础压力在 i 层的顶面和底面中间所产生的法向压力；P 为基底平均压力；P_c 为基础地面以上土层的自重压力；α 可根据 L/b、$2z/b$ 查表；β_i 为经验系数；h_i 为第 i 层土的厚度；关键是指标 E_{0i} 及经验系数 β_i 值的确定，上述具体参数取值参见《工程地质手册》（第4版）。

7. 风化岩地基的评价

（1）承载力的确定。

1）承载力的影响因素。承载力与岩石的坚硬程度和风化程度（表4.2.5）有关，同时又受岩体完整性与水稳性的巨大影响。

表 4.2.5　　　　　　　　　　　　岩 石 承 载 力　　　　　　　　　　　单位：MPa

坚硬程度　　　　　　　风化程度	强	弱	微
硬质岩	0.5～1.0	1.0～2.5	2.5～4.0
软质岩	0.2～0.5	0.5～1.2	1.2～2.0

2）表示完整性的指标：①完整性系数，即岩体的声波速度对岩石声波速度之比，分为完整（完整性系数 >0.75）、较完整（$0.75～0.55$）、较破碎（$0.55～0.35$）、破碎（$0.35～0.15$）和松散（<0.15）五级；②结构面发育程度，主要与结构面的组数与平均间距有关；③结构面结合程度，与结构面的粗糙起伏度、闭合度、贯通性、填充物等有关。

3）表示水稳性的指标。软化系数，即饱和与风干岩石单轴抗压强度比。分为软化岩石（软化系数 $\leqslant0.75$）和非软化岩石（>0.75）。

4）承载力的确定。以岩石的饱和单轴抗压强度（试样为 $\phi50mm\times100mm$）标准值 f_R 为基础乘上一个考虑其他因素（如岩石风化程度、岩石软硬程度、完整性、水稳性等因素）的系数 ψ 来确定承载力。系数 ψ 值没有考虑施工因素及建成使用后风化作用的继续；系数 ψ 值对微风化取 $0.13～0.17$，对中等风化取 $0.11～0.14$，对强风化，按荷载试验及建筑经验确定。

（2）地基的变形计算。

1）当地基由同一种风化程度的岩石组成时，不考虑沉降及沉降差问题。

2）若由风化程度相差两级的岩土组成时，应考虑沉降差问题。

3）计算可用弹性理论公式，强风化时可按弹塑性考虑。

4）变形模量应由荷载试验和其他可靠方法求得。

8. 有膨胀性和湿陷性的风化岩土的处理措施

（1）地下水位以下开挖时，应降水或支挡。

（2）对易风化的泥岩类，开挖后不宜过久。

（3）岩溶地区应对石芽及沟槽间的残积土采取措施。

（4）对残留的球状风化体（弧石），应视实际情况区别对待，不一定非视为不均匀地基而采取桩基。

4.3　特殊地区条件下的环境问题

4.3.1　地裂区

1. 地裂的定义

地表岩、土体在自然或人为因素作用下，产生开裂，并在地面形成一定长度和宽度的裂缝的一种地质现象，称为地裂缝。当这种现象发生在有人类活动的地区时，便可成为一种地质灾害。地裂泛指所有的地表土层中的裂缝，不是岩层中的裂缝。

2. 地裂的类型

（1）构造地裂，由地震、火山、蠕滑引起的。

（2）滑塌地裂，是斜坡失稳的先兆。

（3）沉陷地裂，包括断裂塌陷型和地面沉降型。

（4）土性地裂，由膨胀、湿陷引起的。

（5）气象地裂，由雨涝、干旱、冻融引起的。

（6）复合地裂，由多因素引起的。

上述地裂类型也可简单地概括为构造性地裂、重力性地裂和复合性地裂 3 种。

3. 西安地裂缝

（1）分布及规模。西安现有 14 条地裂缝和 4 条次生地裂缝，均穿过西安市区，其特征比较典型。新发现的都在已有地裂缝的南侧。14 条地裂缝规模不等，最长的 12km，最短的 3km，总计长度 160km。地裂的平面分布有良好的定向性（北东向）和近似等间距性，以 1～2km 的等间距排列，分布面积为 250km^2。近年来，西安地铁的建设比较活跃，地铁 1 号、2 号线穿越的地裂缝情况如图 4.3.1 所示。

地裂均分布在黄土梁南侧与洼地的过渡带，地貌位置相同，有南倾南降的正断型活动方式；通过地应力反演得到的主应力方向与现代构造应力场主应力方向一致，且地裂与下伏的隐伏断裂（由物探得知）相对应，地裂两侧的地层错距自上而下有由新至老的生长性。

（2）影响因素。

1）构造活动和人为因素。构造活动是地裂缝形成的基础，人类活动导致了地裂缝活动加剧，视相对强弱表现出不同的属性。

2）构造属性的表现。

3）在地震时明显的活动性（历史上有过多次地裂活动的记载，唐山地震后，在区域

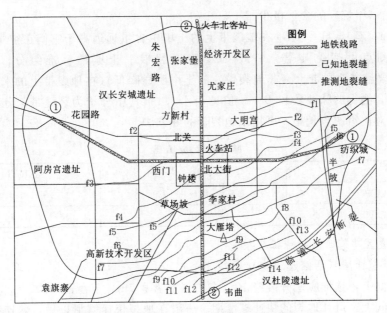

图 4.3.1　西安地铁 1 号、2 号线与地裂缝相交情况

构造应力场调整期内开始地裂加剧）。

4）人为属性的表现。

5）过量抽取深层承压水引发地面不均匀沉降，地裂强烈活动地段多位于承压水位降落漏斗及地面沉降的中心区。

（3）地裂的变化特性。地裂有年内周期性变化规律（3—4 月份快，9—10 月份慢），且与地沉的年周期变化基本一致；抽水量增加的区域内，地裂活动由隐伏到明显增强。西安市的地裂缝仍在活动（1994 年竣工的二环长安路立交桥跨越的地裂缝，路面已有 90mm 的变形），在建筑中引起了广泛的重视。

4. 在有地裂缝通过的地区建筑时应该进行的工作

（1）查明地裂缝的具体位置、延伸方向、产状、影响带宽度及其产生机理。

（2）分析地裂缝活动对场地稳定性的影响。

（3）评估场地建设的适应性以及建筑时应采取的措施。

5. 在进行地裂缝勘察时注意的问题

（1）注意地裂的地貌特征（几何形态）。

1）在梁、洼交界处出现，与深部断裂性态一致，与地震活跃期相对应，具有有序性、自相似性。

2）与区域重力场相协调，出现在沉降区边缘，以环状角度倾向沉降中心。

（2）注意地裂的形态特征。可能出现俯仰型、台阶型、台凹型、既定型甚至反向型。

（3）注意地裂的地球物理特征。如有地裂存在，可出现地震波传播受阻，视电阻率出现高值，α 射线出现高值。

（4）注意地裂的地球化学特征。

1）一般 N_2、Ne（氖）、Ar（氩）、He（氦）的含量在地裂带和非地裂带及空气中十分接近，CH_4（甲烷）的含量极少。

2）而 Rn（氡）、H_2、CO_2 在地裂带上的土壤中含量远远高于它们在空气中的含量，而且在不同测点上变化显著。一般 CO_2 为地裂带上土壤的标准组分，但离散大；Rn（氡）的含量在地裂带上（非地裂带）的土中明显降低（在地裂带上的水中，氟、砷的含量增高），测得的脉冲数和 Bq/L 值见表 4.3.1（其中分子为裂缝带，分母为非裂隙带）。因此，对比氡的含量是一个揭示地裂带的好方法。

表 4.3.1　　　　　　　　　　　脉冲数和 Bq/L 值

项　　目	脉冲数/2min	Bq/L
土中	160～271/98～229	17.9～35.1/11.0～25.7
空气中	10	1.1

6. 在地裂区建筑时的特殊工程措施

（1）时空避让法（新修建筑物）。

1）在空间上，选址应避开裂缝 10m 左右（上盘避 7m，下盘避 5m）。

2）在时间上，避开地裂的快速蠕滑期。一般在地裂快速蠕滑以后，若连续 3 年的活动速率小于 $0.1\sim1m/a$，则致灾作用已减弱。

（2）部分拆除法与适当加固法（已修建筑物）。当位于地裂缝上的建筑物多年遭受破裂已成为地裂危房，不处理加固不能继续使用时，根据地裂缝穿过建筑物不同部位，分为以下几种方案进行加固处理：

1）在地裂走向与建筑物长轴接近正交时：可设沉降缝隔开；地裂缝虽然继续活动，整栋建筑不致破坏。

2）地裂缝斜切建筑物一个小角，大部分建筑在地裂缝的一盘上时：可作整体加固（加固基础的整体性），以保持整幢建筑的完整性。

3）地裂缝从建筑物中间斜穿时：一般加固很困难，常采用拆除部分建筑物，保全大部建筑物的方法。

4）地裂缝平行于建筑物的长边穿过时：如它在边墙基下（平行长边），可采用挑梁加固；如在中间直穿，挑梁措施要拖起边建筑，难度较大，只有易地重建。

（3）断裂置换法。在断裂上建筑物近旁用人工方法设置一条新的断裂，使断裂沿人工断裂活化，使原断裂老化（基于费马原理，即能量最小原理）。

（4）主要工程设计措施。为了增强建筑物、管道等适应不均匀沉降的能力，采取如下工程设计措施：

1）对钢筋混凝土结构采用筏基、箱基及十字基础。

2）对多层框架和多层砖房增强整体性，简化体形，设现浇混凝土圈梁和门窗洞口的钢筋混凝土过梁。

3）对单层工业厂房采用铰接排架体系和轻型屋盖。

4）对各类管道明装（便于检查），跨越地裂时用柔性接口（实行软连接）。

5）对贮水和大量用水的建筑（如印染、化工、浴池、水池等）远离地裂布置以及采用排水防水措施，不使水渗入或不排向地裂缝。

6）不采用振冲桩等水量较大的方法处理地基以免加剧地裂等。

应该指出，从当前对地裂的认识来看，建立和加强地裂减灾系统工程（包括监测系统、信息系统、研究系统、实施系统）并对地裂学开展多学科交叉（涉及地震地质学、地球物理学、断裂力学、工程地质学、水文地质学、灾害学、系统工程学等）的研究具有重要意义。

4.3.2 岩溶区

1. 定义

岩溶区是指可溶性岩层因受到水的化学作用和机械作用产生沟槽、裂隙和空洞以及因空洞的顶板塌落使地表产生陷穴、洼地等现象的地区。

2. 可溶性岩层的种类

（1）碳酸盐类岩石（石灰岩、白云岩、白云质灰岩等）。

（2）硫酸盐类岩石（石膏）。

（3）氯盐类岩石（岩盐）。

3. 岩溶的形态

（1）在地表，主要有：石芽、石林、溶隙、溶洞、溶沟、溶槽、溶碟、漏斗、落水洞，甚至溶蚀状平原等。

（2）在地下，主要有：溶孔、落井、溶潭、溶泉、暗河等。

4. 岩溶区发育的基本条件

岩溶区的基本发育条件主要包括以下 4 个方面，如图 4.3.2 所示。

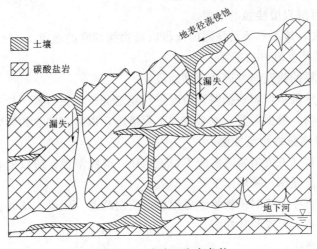

图 4.3.2 岩溶区发育条件

（1）具有可溶性岩层。

（2）有溶解能力且足量的水。

（3）有地质构造的节理、裂隙、断层与褶皱，这样水可沿着节理、裂隙等孔隙渗入可溶岩体中。

（4）丰富的大气降水和潮湿的气候条件。

5. 岩溶区建筑物地基的环境灾害

（1）因洞穴塌陷引起下沉。

（2）因起伏不平的基岩面上土层变化而产生不均匀沉降。

（3）因沟槽内部软弱土层的分布而复杂化。

（4）因上覆土层中土洞形成而塌陷。

（5）因岩洞水的动态变化给施工和建筑物使用造成不良的影响。

6. 在岩溶区内进行勘察要点

（1）查明岩相的变化、地质构造、地下水补给、径流和排泄条件以及地表形态的分布规律。

（2）查明岩溶的形态及其大小、方向、填塞情况、顶板厚度、覆土特性及厚度、稳定性。

（3）查明岩溶区的不利地段。可判定为未经处理不宜作为地基的不利地段的场地情况：

1）浅层洞体和溶洞群，洞径大，顶板破碎，有变形迹象，洞底有新塌落物的地段。

2）隐伏的漏斗、洼地、槽谷，其间和其上为软弱土体，地表有变形的地段。

3）地表水沿裂隙下渗，或地下水使上覆土层冲蚀，出现成片塌陷的地段。

4）岩溶水通道不畅，导致暂时淹没的地段等。

（4）应注意对特殊地段的勘探。

1）地表塌陷、洼地、土洞密集的地段。

2）基岩面起伏大，软土分布不均的地段。

3）可溶与非可溶岩层接触的地段。

4）地表水消失，地下水活动强烈的地段以及物探异常的地段。

7. 岩溶区地基处理的一般原则

（1）岩溶区重要的建筑物宜避开不利地段。

（2）对于一般建筑物，需根据洞体情况进行稳定分析，在石膏、盐岩等易溶盐中还需考虑继续溶蚀的影响，根据需要采取必要的工程措施，以适应建筑的需要。

8. 不稳定岩溶地基的处理措施

不稳定岩溶地基（主要指岩溶洞隙不稳定，还在继续溶蚀）应以地基处理为主，可根据岩溶形态、大小及埋深，采用以下处理措施：

（1）对沟槽、石芽或溶洞顶板为清爆挖填，浅层跨盖（用梁式基础、拱形结构、楔状填塞或大刚度平板基础）或调整柱距。

（2）对深洞为灌注。

（3）对岩溶水为排导，以防堵、截造成动水压力对基坑底板、地墙产生不良影响。

（4）对地表水为截堵、防渗（挖、灌、回填通道）。

9. 岩溶区地基的具体处理措施

（1）对于重要建筑物，采用桩基、墩基，优先用大径墩基或嵌岩柱。

（2）基底有大块溶蚀的孤石、单个石芽时，可清除孤石，凿平石芽，铺设毛石混凝土垫层。

（3）基底下有多个石芽时：①在石芽出露处做碎石或黏土褥垫；②或用碎石置换芽间软土；③或用混凝土填塞芽间溶沟。

（4）基底旁侧有溶沟、落水洞时：①充填或置换或灌浆加固其中的软弱土；②灌浆加固基岩。

（5）基底下有溶洞时：①用梁板跨越，充填置换洞中软土；②深基穿洞。

（6）基底下有土洞时：①用梁板拱跨越，砂砾填洞；②深基。

（7）基础位于塌陷坑中时：清除坑中软土，抛填块石、碎石和砂作反滤层，上填黏土层，并用梁板拱跨越；或深基。

（8）对水工建筑物做防渗处理。

1）坝前铺盖（黏土、混凝土板）。

2）封闭洞口（浆砌块石，混凝土墙、板、钢铁闸口）。

3）填塞（混凝土桥、混凝土塞、黏土骨料）。

4）围隔通气（圆烟囱井围隔，弧形堤坝围隔，混凝土管、钢管通气，自动洞门通气，浮动阀门通气）。

5）喷涂（砂浆勾缝）。

6）灌浆（悬挂帷幕，封闭帷幕）。

7）坝下帷幕、防渗墙、齿墙、坝后反滤料、排水减压。

（9）对地下河、地下河与地表河相连的水系，可修建地下水库，或连通水库。

（10）岩溶塌陷除绕避外，可进行处理。

1）用压力灌浆法做帷幕灌浆处理，如相对封闭，可设置通气孔，以防产生负压。

2）条件许可时，用深基或桩基，抽水过程中防止土体颗粒淘刷。

3）用直梁、拱梁、八字梁、筏板跨越。

4）若土层较厚，塌坑较多，宜用强夯分层填塞夯实。

（11）岩溶区地下水的污染。

1）地下水的污染源，来自岩溶类型及工程活动等的化学污染（有害、有毒）、物理污染（有色、有味、放射性混浊）、生物污染（疾病传染媒介）。

2）地下水的流动影响生活用水、生产用水，应堵截其流向深部及周围的通道。

10．基础措施和结构措施

（1）当岩溶区位于地下时：尽量采用浅基础，这样可以保留上部较好的土层作持力层，使基底与洞体间保留相当厚度的完好岩体。

（2）以岩石作为持力层时：局部加深基础，穿过洞体至下部完好岩体上。

（3）当顶板薄、跨度大时：在洞底设置支撑，以减小洞跨。

（4）选用整体性好，可适应较小范围塌落变位的基础形式：如配筋的十字交叉条基、筏基、箱基等。

（5）采取必要的结构加强措施：如加强圈梁，加强柱间支撑系统，调整柱距。

（6）当洞隙较大，而两侧有可靠岩体时：采用跨越结构，如有足够支承的梁、板、拱及悬挑等方案。

4.3.3 采空区

采空区引起的环境岩土工程问题较多,分析与处理采空区有利于实现对矿产资源的科学开采,并减少对周边地面建筑的影响,降低矿业环境岩土工程灾害发生率,促使实践中的采矿作业方式得以优化,不断改善采矿作业状况;有利于满足采矿作业计划中生态环境科学保护要求,并为矿产开采活动顺利开展积累丰富的实践经验。同时,通过对采矿过程中所产生环境岩土工程问题的科学处理,能够实现对水土流失、地震等不利影响因素科学应对;有利于实现对采矿作业开展中可能存在安全隐患的高效处理,从而改善矿山周边的环境状况,并降低采矿过程中固体废弃物放置不当而引起的人员伤亡事故发生率。因此,需要从不同的角度进行充分考虑,实现对采矿引起的环境岩土工程问题的深入分析,从而实现科学采矿,给予其周边生态环境相应的保护。

1. 定义

采空区系因地下采矿(煤)使地面下一定深度处存在一定采空空间的地区,可以分为老采空区、现采空区、未来采空区。

2. 采空区上部的地表移动盆地

(1)地表移动盆地的形成。在采空区内,由于采空空间的存在常使覆盖岩层和地表因失去平衡而移动变形(如下沉、倾斜、水平位移等),在采空区的上部形成地表移动盆地。

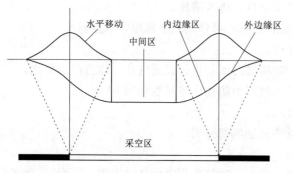

图 4.3.3　地表移动盆地的 3 个区域

(2)地表移动盆地的 3 个区域。地表移动盆地按照其形状特征,分为 3 个区域,分别为中间区、内边缘区和外边缘区,具体如图 4.3.3 所示。

1)中间区(平缓区):位于采空区的正上方,地表下沉均匀,地面平坦,一般不出现裂缝,地表下沉值最大。

2)内边缘区(凹形区):位于采空区外侧上方,地表下沉不均匀,地面向盆地中心倾斜,呈凹形,产生压缩变形,一般不出现裂缝。

3)外边缘区(凸形区):位于采空区外侧煤层上方,地表下沉不均匀,地面向盆地中心倾斜,呈凸形,产生拉伸变形,当拉伸变形超过一定数值后,地表出现张裂缝。

3. 采空区的环境问题

(1)引起地面变形及地面塌陷。采矿过程中实施地下开采作业计划时,由于其在实践中进行了较大面积的开采、挖掘,从而形成了一定的采空区。此时,若对采空区进行放顶处理,则会形成变形带、裂隙带等,并随着时间的推移,会导致地面出现变形及塌陷问题。具体表现为:采矿作业期间,会使采矿区周围因采空区的形成而降低岩土体结构的稳定性,且在变形带、冒落带等要素的影响下,使得采矿区域的地面性能可靠性缺乏保障,从而加大了地面变形问题发生的概率,且对岩土工程周边环境造成了不利的影响。

(2)使地表已有建筑物产生变形、破坏或倒塌。随着采矿作业计划的深入推进,会使采矿放顶后冒落带逐渐发展到地面,从而为地面塌陷问题的出现创造了有利的条件,间接地加大了这类问题在采矿过程中出现的概率。同时，基于采矿影响环境岩土工程地面塌陷问题的产生，也会在地下水的配合作用下，逐渐降低地面建筑物的结构强度，影响建筑物安全性能的同时会扩大地面塌陷事故的影响范围，也会影响到拟建建筑物的正常工作。

（3）采空区的突水、突泥、塌方、岩爆、瓦斯等的出现，会进一步加剧地面移动的影响。

（4）采矿废弃物对矿山环境的影响。在采矿作业中，需要剥离所在区域的地表土壤及覆盖岩层，从而会产生较多的废弃物，且在实践中因大量尾矿的产生，也会对矿山环境造成较大的影响，从而引发环境岩土工程方面的问题。具体表现如下：

1）所有矿山的开采都伴随尾矿排放问题。这种矿山特有的固体废料往往就地堆放，不可避免地要覆盖农田、草地或堵塞水体，从而给生态环境带来了破坏，使得采矿引起的环境岩土工程问题发生率增加。

2）采矿过程中有的废石堆或尾矿场会不断溢出或渗滤析出各种有毒有害物质，污染大气、地下或地表水体等。同时，干旱刮风季节会从废石堆、尾矿场扬起大量粉尘，引发大气粉尘污染问题，威胁采矿过程中环境岩土工程的质量可靠性。

3）选矿过程中因大量尾矿的存在，会因暴雨因素的影响而导致大量砂石被冲走，从而对周边的农田、河流等造成不利影响，威胁生态环境质量。

（5）尾矿库及露天矿坑引起的安全问题。采矿过程中因尾矿库及露天矿坑的存在，会导致安全问题的产生，使得周边环境岩土工程的人工边坡受到了较大的威胁，可能会破坏岩土工程结构稳定性。具体表现如下：

1）在尾矿库及露天矿坑的影响下，会有大量废石堆积，可能会导致滑坡事故的发生，间接地加大了采矿过程中环境岩土工程的安全问题发生率。

2）由于对尾矿库及露天矿中的灾害应对工作落实不到位，使得采矿过程中环境岩土工程周边的安全状况受到了不同程度的影响，致使采矿作业计划推进过程受阻。

4. 采空区的地基问题

（1）对地表移动特征，即移动大小、移动速度和移动过程的定性、定量研究。

（2）地表移动对建筑物影响的研究及其防治措施的研究。

5. 地表移动特征

地表移动盆地的范围要比采空区大得多。

（1）地表盆地 3 个区的范围与相对位置。

1）水平煤层及缓倾角（$\alpha < 25°$）时，3 个区基本对称，中央部位下沉最大，如图 4.3.4（a）所示。

2）倾斜煤层（$\alpha = 25° \sim 45°$）时，3 个区非对称，上陡下缓，如图 4.3.4（b）所示。

3）急倾斜煤层（$\alpha > 45°$）时，3 个区更加不对称，且水平移动往往大于下沉量，如图 4.3.4（c）所示。

（2）地表移动的 3 个阶段。地表移动是一个连续的时间过程，一般分为 3 个阶段：

1）起始阶段：地表下沉达到 10mm 起至下沉移动速度小于 50mm/月。

2）活跃阶段：下沉移动速度大于 50mm/月（$\alpha > 45°$为 30mm/月）。

3）衰退阶段：从活跃阶段结束至下沉移动速度小于 30mm/6 月为止。

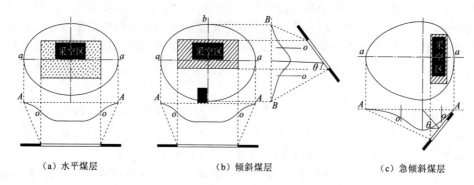

（a）水平煤层　　　　　　　（b）倾斜煤层　　　　　　　（c）急倾斜煤层

图 4.3.4　地表盆地 3 个区的范围与相对位置

（3）地表变形最大值、最大速度和持续时间。煤层的开采引起的地表移动特征主要分为沉降和水平位移，其特征值影响因素较多，确定难度较大。

1）影响因素：①地表最大下沉值的影响因素，包括煤层的采厚、煤层的法线与水平线的夹角、开采深度和影响范围。②地表下沉速度和持续时间的影响因素，包括工作最大推进速度，开采深度、厚度，覆岩性质，采空区尺寸，顶板管理方式。

2）确定方法。目前对地表变形的最大值、最大速度和持续时间已经有了部分研究，提出了一些计算公式，但是由于岩土地质条件的复杂性，影响因素较多，这些计算公式仅作为参考。

6．地表移动对建筑物损坏的影响因素

（1）地层结构、地质构造、地表变形性质和大小。

（2）回采工作面的推进方向。

（3）建筑物与地表盆地的相对位置。

（4）建筑物抵抗变形的能力。

7．在采空区勘察中应注意的问题

（1）注意塌陷坑的位置、大小，地表移动盆地的特征。

（2）注意地层岩性、矿层层数、厚度、倾角、埋深。

（3）注意开采计划、方法、边界，推进方向、速度，地下水，顶板管理方法。

（4）注意老采空区及其活化的可能性。

8．在采空区的观测中应注意的问题

（1）观测线的布置。

1）至少应布置两条观测线，分别平行于矿层走向和矿层倾向。

2）观测线的长度应超过盆地边界一定距离，以便确定地表盆地的边缘。

3）观测线上的观测点应大致等距，间距随开采深度增大而增大。

4）观测周期随开采加深而增大。

（2）观测资料的整理。

1）观测资料可以表示为下沉曲线、下沉等值线及水平变形分布图。

2）根据建筑物对地表变形容许极限值（地表下沉容许值 10mm），确定移动区范围。

3）根据观测资料，确定地表变形参数。如：
地表沉降量 η、地表水平位移 ζ、地表水平变形
ε、地表倾斜 i、地表曲率 K 等，具体如图 4.3.5
所示。

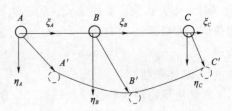

假定地表监测点 A、B、C 发生了向 A'、
B'、C' 处的位移，所测得的对应地表沉降分别为

图 4.3.5　地表变形计算简图

η_A、η_B、η_C，水平位移分别为 ζ_A、ζ_B、ζ_C；l_1
为 AB 两点的水平距离；l_2 为 BC 两点的水平距离；L_{1-2} 为 AB 和 BC 两直线中点的水平
距离，则地表的变形参数可表示为

$$i_{AB} = \frac{\Delta \eta_{AB}}{l_1} = \frac{\eta_A - \eta_B}{l_1} \qquad (4.3.1)$$

$$i_{BC} = \frac{\Delta \eta_{BC}}{l_2} = \frac{\eta_B - \eta_C}{l_2} \qquad (4.3.2)$$

$$\varepsilon_{AB} = \frac{\Delta \xi_{AB}}{l_1} = \frac{\xi_A - \xi_B}{l_1} \qquad (4.3.3)$$

$$\varepsilon_{BC} = \frac{\Delta \xi_{BC}}{l_2} = \frac{\xi_B - \xi_C}{l_2} \qquad (4.3.4)$$

$$K_B = \frac{i_{AB} - i_{BC}}{L_{1-2}} \qquad (4.3.5)$$

9. 采空区的设计

（1）已有建筑物设计中应注意的问题。

1）根据不同建筑物的破坏程度与地表变形的关系确定保护等级。保护等级分为 3 级、
4 级或 5 级（不同行业分级标准不同），级别越高，破坏越大。

2）把保护等级作为对已有建筑采取处理方式（不修、小修、中修、大修、重建或拆
除等）的参考。

（2）新建建筑物设计时应注意的问题。

1）必须根据勘察和观测资料评价其场地的适宜性。

a. 不宜作为建筑场地的地段：①可能出现非连续变形的地段，当出现非连续变形时，
地表将产生台阶、裂缝、塌陷坑，它对建筑物的危害要比连续变形的地段大得多；②地表
移动处于活跃阶段的地段，在地表移动活跃阶段内，各种变形指标达到最大值，是一个危
险变形期，它对地面建筑物的破坏性很大；③特厚煤层和倾角 $\alpha > 55°$ 的厚煤层露头地段，
随所采煤层厚度、倾角的增大，除了产生顶板方向的破坏外，采空区上边界以上的破坏范
围也显著增大，而且上边界所采煤层的破坏越来越严重；④地表移动可能引起边坡失稳和
山崖崩塌的地段；⑤地下水位深度小于建筑物可能下沉量和基础埋深之和的地段；⑥地表
倾斜大于 10mm/m、地表水平变形大于 6mm/m、地表曲率大于 0.6mm/m² 的地段。

b. 应对场地的适宜性做专门研究的地段：①采空区的采深与采厚比小于 30 的地段；
②地表变形的倾斜为 3～10mm/m，曲率为 0.2～0.6mm/m²，水平变形为 2～6mm/m 的
地段；③采空区可能活化及有较大残余变形的地段；④采深小，上覆岩层极坚硬并采取非
正规开采方法的地段。

c. 可作为建筑场地的地段：①已达到充分开采、无重复开采可能的地表盆地中间区；②预计地表变形的倾斜小于 3mm/m，曲率小于 0.2mm/m²，水平变形小于 2mm/m 的场地。

2）总体规划

新建建筑物的长轴线应与回采工作面推进的方向垂直或平行，避免斜交，以防建筑物扭曲变形；应根据建筑物在地表移动盆地中的位置确定建筑物的长轴方向：①当建筑物位于盆地中间区时，新建建筑物的长轴线应与回采工作面推进的方向垂直；②当建筑物位于盆地边缘区时，新建建筑物的长轴线应与开采边界平行。

3）建筑措施。

a. 建筑物的体型力求简单、对称，高度相同。

b. 沉降缝，是使采空区建筑物免受损坏的有效方法。

当建筑物的体型比较复杂、长度过长、各部分刚度或荷载相差较大时，必须用沉降缝将建筑物划分成若干个体型简单、长度较短、结构刚度和荷载均匀的独立单元。

4）结构措施。

a. 设置圈梁（隔层或逐层），可以增强建筑物的整体性和刚度，提高墙体的抗弯、抗剪和抗拉强度。

b. 构造柱（各单元墙体转角处或所有纵横墙相交处），可以提高墙体的抗剪切强度，增加建筑物的整体刚度。

c. 对称布置承重墙，内外墙纵横贯通连成整体。

d. 基础浅埋，可以减少地表变形时土作用于基础上纵向和横向的水平附加应力。

e. 不同埋深的基础间用不大于 1∶2 台阶形成过渡。

f. 地基强度差异不大时，基础应在同一标高上。

g. 在基础与基础圈梁之间设置水平滑动层，可以减小地表水平变形对建筑物上部的附加应力。

h. 提高地基承载力，可以适应不均匀沉降。

5）注意消除和减小开采影响的不利叠加和开采边界的影响。在开采边界附近处布置充填带；使用充填法处置顶板；条带法开采；减少一次采出厚度；分层间隔开采；减少第一层、第二层开采厚度；避免全部开采或高落式开采；对倾斜矿层用水平分层开采。

6）注意防止建筑物变形。

a. 避免工作面长期停在建筑物下方，在建筑物下方设保护柱。

b. 对已有建筑物采取加固措施。

7）建筑物下采空区的处置措施。

a. 避绕法。

b. 注浆充填法（充填和压密）：以水泥粉煤灰为主，也用水泥黏土，或水泥黄土浆材。

c. 灌浆柱支撑法。

d. 桥跨-板跨法。

e. 高能量强夯法。

f. 维修法。

10. 采空区环境岩土工程问题的治理原则

针对采矿引起的环境岩土工程问题，需要运用相应的对策予以处理，从而实现对采矿过程中周边环境的科学保护，避免对环境岩土工程造成较大的影响。具体的对策包括以下方面：

（1）立法层面。矿产资源开发中能够向相关部门提交环境方面的影响及安全评价报告，进而对矿业岩土工程规划设计方案进行科学评估，从而使其作业计划实施中能够达到环境保护要求，确保采矿过程中的环境岩土工程问题应对状况良好。同时，政府管理部门及安全生产监察部门应定期对矿业企业的生产状况进行必要的检查，使得这类企业在矿产资源开发中能够给予环境保护足够的重视，并将实践中的岩土工程及环境保护有效地结合起来，最大限度地减少采矿过程中对环境岩土工程方面的影响。

（2）管理层面。部分矿山和加工企业的废气、废渣、废水严重污染周边环境，从而诱发了地质灾害。针对这种情况，需要在采矿过程中注重环境保护及治理。具体表现为：减少和控制矿产资源采选冶等生产环节对资源环境造成的破坏和污染，实现矿产资源开发与生态环境保护的良性循环；加强对矿山生态环境防治的执法检查和监督；加强教育，强化矿山企业和全社会的资源环境保护意识；要抓污染严重、影响面广的遗留问题，督促企业下大力气进行治理整顿，无力整改的要限产或关闭；新建矿山企业必须将环境保护与治理贯彻始终，建立生态环境履约金制度，并加强行政监督力度，使得采矿过程中的环境质量能够得到相应的保障，并为相应的岩土工程问题处理积累丰富的实践经验。

（3）科学技术层面。采矿过程中应通过对采矿区域实际情况的充分考虑，注重科学的采矿技术使用，且需要结合岩土体理化性质，针对性地制定出切实有效的采矿方案，使得采矿过程中地面建筑物的结构安全性能够得到相应的保障；采矿企业及技术人员在作业计划实施及推进过程中，应从技术层面对周边环境状况的影响程度做出客观评价，且在丰富实践经验、理论知识等要素的支持下，对采矿空间岩层的稳定性进行维护，并处理好采矿过程中的固体废弃物；因地制宜地在采矿地面沉降区域进行科学处理，从而达到美化环境的目的。

（4）实践经验层面。注重矿业废弃物的科学处理，在应对因矿业废弃物而引起的环境岩土问题过程中，为了实现资源的充分利用，则需要注重矿业废弃物的科学处理。具体表现为：加强先进的选冶工艺技术使用，使得尾矿资源能够实现再生利用；将尾矿及相应的固体废弃物作为二次资源进行再生利用，满足加气混凝土、耐火材料等建筑材料的生产要求；在应对采空区问题的过程中，需要注重固体废弃物在采空区中的回填利用，从而为工业废弃物科学处理积累丰富的实践经验。

4.3.4 泥石流区

1. 定义

泥石流是山洪挟带大量泥砂、石块等固体物质，突然以巨大速度从沟谷上游奔流直下的特殊洪流。

2. 泥石流的分类

《岩土工程勘察规范》（GB 50021—2009）根据泥石流特征和流域特征，将泥石流分为：高频率泥石流沟谷，每年均发生泥石流；低频率泥石流沟谷，爆发周期 10 年以上。常见的泥石流分类方法如下：

1）根据固体物质成分分类。泥流，由黏粒、粉粒和少量砂砾、碎石等物质组成；泥石流，由黏粒、粉粒和砂砾、漂砾等物质组成；水石流，由砾石、碎石、块石及少量砂砾、粉粒组成。

2）根据泥石流流体性质分类。黏性泥石流，包括泥流和泥石流，黏度大于 0.3；稀性泥石流，包括泥流、泥石流、水石流，黏度小于 0.3。

3）根据泥石流的规模，如流域面积、最大流量和龙头冲出力分为以下 4 种：

a. 特大型（类型为黏性泥石流）：流域面积大于 $10km^2$，最大流量大于 $2000m^3/s$，龙头冲出力为 500kPa。

b. 大型（黏、稀性泥石流）：流域面积大于 $5km^2$，最大流量为 $500 \sim 2000m^3/s$，龙头冲出力为 $200 \sim 500kPa$。

c. 中型（泥石流、水石流和泥流）：流域面积大于 $2km^2$，最大流量为 $100 \sim 500$ m^3/s，龙头冲出力为 $100 \sim 200kPa$。

d. 小型（泥石流、水石流和泥流）：流域面积小于 $2km^2$，最大流量小于 $100m^3/s$，龙头冲出力 $<100kPa$。

3. 泥石流产生的危害

泥石流爆发突然，来势凶猛，历时短暂，破坏力很强。严重的泥石流常堵塞江河，使江河泛滥成灾。

4. 泥石流的形成条件

泥石流的形成必须具备 3 个条件：地形条件、地质条件、水文条件，如图 4.3.6 所示。

（1）地形条件。开阔、陡峻，便于集水集物的地形。

1）形成区：地形多为三面环山一面出口的围椅状地形，周围山高坡陡，但地形开阔，山体光秃破碎，植被不良，这样的地形有利于集水集物。

2）流通区：地形多为狭窄陡深的峡谷，谷底纵坡大，便于泥石流的迅猛通过。

3）堆积区：地形多为开阔的山前平原或河谷阶地，能使泥石流停止流动并堆积固体物质。

（2）地质条件。上游堆积有丰富的松散固体物质。

（3）水文条件。水是泥石流的组成部分，又是泥石流的搬运物质。

5. 泥石流地区选址原则与防治措施

（1）严重泥石流地区。工程上应尽可能采用避绕方案，或采取隧道方案、明洞渡槽方案（对交通工程）。

（2）一般泥石流地区

1）防治原则：①以防为主，防治结合；②避强制弱；③重点治水；④沟谷上、中、下游全面规划，山、水、林、田综合治理；⑤工程方案应以小为主，中小结合，因地制

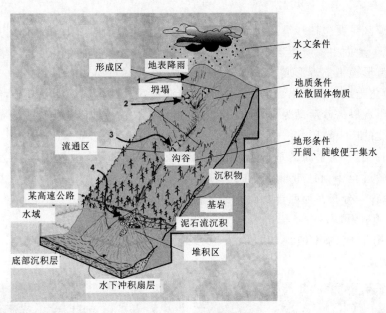

图 4.3.6 泥石流形成条件

宜，就地取材。

2）防治措施。

a. 在泥石流的形成区（上游区域、汇水区）：①植树造林；②改善坡面排水；③平整山坡，整治不良地质现象，加固岸坡的松散物质。其作用是调控洪雨径流，削弱水动力，减少水的供给；固定沟岸，防止岩土冲刷，减少物质来源。

b. 在泥石流的流通区（中游区）。宜用拦挡措施。修筑各种拦截（栅）坝，如：设置拦截坝、溢流坝、谷坊、栏栅、护坡、挡墙。其作用是：拦碴滞流，减弱泥石流规模和流量；防止沟岸冲刷，减少固体供给量；固定沟床，防止沟床下切；放缓沟床纵坡比降，减小流速。

c. 在泥石流的堆积区（下游区）。宜用排导停淤措施。设置排洪道、导流坝、激流槽、排导沟，渡槽、束流堤、停淤场或拦泥库。其作用是：固定沟床；约束水流，改善泥石流的流向和流速；调整流路，限制漫流，改善流势；引导泥石流安全排泄或沉积于固定位置。

d. 在已建工程区。主要采用支护措施。做好护坡、挡墙、顺坝、丁坝等。其作用是：抵御、消除泥石流对已建成工程的冲击、侧蚀和淤埋。

3）防治措施的选择依据：①泥石流的类型特征，稀疏泥石流，宜防水、治水、排导；黏性泥石流，宜治土、拦挡；②工程性质与需要，大型工程应全面规划处理；中小型工程做局部防护，重点整治；③泥石流的规模及危害程度。

4.3.5 风沙荒漠区

1. 定义

风沙：风吹沙移动现象的简称。风沙作用：风对地表松散沙的吹蚀、搬运、堆积过程。

2. 风沙荒漠区的分类

风沙荒漠区主要包括沙漠、沙漠化土地及戈壁等类型，如图 4.3.7（a）、（b）所示。

1）沙漠。地面由沙所覆盖，广泛分布有各种沙丘，分布在我国西北、华北北部及东北西部一条弧形地带上，形成了东西长 4000km、南北宽 600km 的沙漠区。

2）沙漠化土地。在干旱、半干旱及部分湿润地区，因生态平衡受到破坏，使原来非沙漠的地区出现以风沙活动为主要特征的环境退化区，称为沙漠化土地。分布在贺兰山以东、长城以北的广大地区。

3）戈壁。由石质平原的基岩经长期风化剥蚀而成（称为剥蚀戈壁），以及山地风化破坏物经河流搬运至山前地带堆积而成（称为堆积戈壁）的地区，称为戈壁区（以砾石为主，又称砾漠）。分布在河西走廊西北部、新疆和内蒙古。

3. 风沙地貌及其形态特征

风沙作用形成的各种地貌，称为风沙地貌，分为风蚀型和风积型，如图 4.3.7（c）、（d）所示。

(a) 沙漠及沙漠化土地　　　　　　　　　(b) 戈壁

(c) 风蚀地貌　　　　　　　　　　　　(d) 风积地貌

图 4.3.7　风沙地貌及形态特征

（1）风蚀地貌。在吹蚀作用为主的地区形成风蚀地貌，呈洼地状，地面松散物质经风力吹蚀形成的宽广而轮廓不明显的椭圆形洼地；呈残丘状，风吹蚀地面不断缩小而成岛状高地或孤立小丘；呈城堡状，水平岩层被风蚀所成的多层状山丘，远看如颓毁的城堡。

（2）风积地貌。在堆积作用为主的地区形成风积地貌；呈流动、固定和半固定的各种形状的沙丘、沙垄和沙丘链。风沙作用的搬运过程使这些地貌会以风沙流运动的形式经常发生变动，造成这些地区内生活环境和工程环境的变迁与恶化。风沙流，是指含有沙粒的运动气流，风吹经沙质地表时，由于风力作用，使沙粒脱离地表进入气流中而搬运前进。

4. 风沙荒漠区的环境问题

风沙荒漠区的环境问题主要是沙害，主要表现如下：

（1）土地和大气被风沙尘所侵害。

（2）居民点和工程建筑被风沙所撞击、磨蚀、掩埋或掏空。

无论从工程建设角度还是从环境改善角度，对风沙的治理都有着非常现实的必要性。

5. 风沙治理

（1）风沙治理的实质及基本措施。

1）风沙治理的实质是削弱引起风沙活动的风力和减少气流中的含沙量，达到防治风沙危害的目的。

2）风沙治理的基本措施可以分为工程措施、化学措施和植物措施 3 类，以固沙为主，固沙、阻沙和输沙相结合。

（2）工程措施。工程措施是指在沙土表面人工设置覆盖或设置沙障、设置人工构筑物的方法。工程措施的优点是：立见成效。但其缺点是：需耗费大量的材料和劳力，且保存年限不长，要经常维修和养护，通常视为一种临时措施。

1）固沙措施。

a. 重型材料覆盖。用重型材料在沙土表面人工设置覆盖，一般采用卵石、碎石、黏土、矿渣等抗风蚀材料，平铺在沙土表面，覆盖厚度为 5～15cm。

b. 设置各类沙障。按设置高度分为隐蔽式沙障和半隐蔽式沙障，按使用材料分为草类沙障、黏土沙障和卵石沙障：

①隐蔽式沙障，将草类埋入沙中，障的埋深为 15～20cm，障顶与沙面齐平，其作用是控制风蚀基准面；②半隐蔽式，将草类埋入沙中 15～20cm，障顶高出沙面 20～30cm，厚约 50cm，以抑制地表沙粒移动；③黏土（卵石）沙障，在当地有黏土或卵石时，可以就地挖取黏土或卵石筑埂，埂高 20～30cm，底宽 40～50cm，其作用与半隐蔽式沙障相同，但较草类沙障使用年限长；④沙障的型式，沙障常设置成条状和栅状，条距为 2～3m，格宽为 1～2m（草障）和 2～3m（土石障）。

2）阻沙措施。在建筑物两侧适当距离（一般为 100～200m），设置各种人工构筑物，以阻拦沙丘和风沙前移，使其停积在构筑物附近，作为建筑物前沿的第一道防线。其主要类型如下：

a. 高立式沙障。沙障可用作物秆、芦苇、树枝等，障的高度达到 1.5～2.0m（埋入 1/3），沙障走向应与主风向垂直。当设置一排至多排这种沙障时，它就可以和沙一起形成沙堤，起到阻拦来沙的作用。

b. 阻沙沟堤。阻沙沟堤是一种沟、堤结合的土工建筑物，在建筑物的迎风侧适当距离处，挖沟、筑堤，沟深、河堤高均为 1.5～2.0m，以阻拦流沙。堤身设在沟的外侧时，尚有导沙效果，用挖出来的卵石、碎石（戈壁区）作堤身，可以节省工程投资，如图 4.3.8 所示。

c. 拦沙墙。用黏土分层夯实作成不透风的墙（沙障），墙高 2m。可以在墙身两侧积沙，阻沙效果更好。

3）输沙措施。输沙措施是通过改变下垫面的形状与性质，以减少地表粗糙程度；或

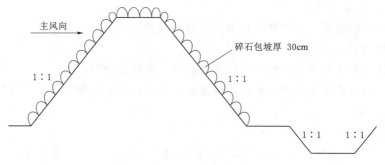

图 4.3.8　阻沙沟堤

通过工程构筑物的设置，改变气流的运行方向和加快速度等；通过这些途径使风沙顺利通过保护地区，防止建筑物遭到沙埋。

a. 聚风板。采用聚风板（下方设口，或八字形布置），加大风速，使风沙流顺利通过被保护地区，如图 4.3.9 所示。

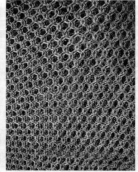

图 4.3.9　聚风板

b. 导沙堤。修筑导沙堤（与风向交角大于 30°时最佳），以改变风沙流的方向。

c. 清除地面障碍。清除地面障碍，减小风沙流下垫面的粗糙度，改善环流条件，提高输沙效果。

（3）化学措施。化学措施主要是选用固沙材料的配方和喷洒工艺。沥青乳液因其对水质要求低，耗能少，黏结力强，是常用的一种固沙材料。当将它喷洒在沙面上时，水分下渗，而沥青微粒则保留在表层沙粒中，将表层沙粒胶结成数厘米厚的固结层，以达到防风固沙的目的。固结层间有孔隙，不会影响植物的生长。化学措施特点：虽能立见成效，但需耗费大量的材料和人力，且保存年限不长，需经常维修和养护，通常视为一种临时措施。

（4）植物措施。植物措施的优点：植物固沙不仅能削弱风速，改变流沙的性质，达到长久固沙的目的，同时能调节气候美化环境，具有多方面的功能。但植物措施实施中较困难且复杂。

1）树种选择。

a. 固沙植物：耐旱、耐高温、不怕风蚀沙埋、分枝多、冠幅大、根系发育、繁殖能力强。

b. 树种：草本植物，沙竹、沙米等；半灌木，籽蒿、油蒿等；灌木，柠条、红柳、沙柳、沙拐枣等；乔木，沙枣、旱柳、小叶杨、胡杨等。

2）林带结构（通风结构、稀疏结构、紧密结构）及组成。

a. 纯林带：为一种主要树种组成的林带，能形成结构简单的林相。

b. 混交林带：为两种或两种以上树种组成的林带，能形成结构复杂的复层林相。

3）造林技术：包括方法、季节和成活条件。

6. 交通工程建设的风沙防治措施

（1）风沙地区的选线原则。对于交通工程，选线选点是首当其冲的重要问题。

1）应设法绕避严重风沙地段。

2）如果没有绕避的可能，应充分利用有利地形，将线路选在固定、半固定沙丘、丘间低地、草滩、戈壁以及沙漠中的现代河流、古河床、山前平原潜水溢出带。

3）线路尽可能顺直，与主风向平行。

4）避免长段的路堑，尽量移挖作填。

（2）路基本体防护。

1）取土和弃土。取土和弃土一般置于路基背风侧，距坡脚 5～10m，必须双侧取土时，迎风侧的土坑应适当防护。

2）用黏性土防护路基。为防止路基风蚀，用黏性土防护路基，路基边坡的黏土防护厚度应为 10～15cm。风速较大时，可在土中掺入重量比为 20%～30%的碎石或砾石，以提高黏性土的抗风蚀能力。

（3）路基两侧工程防护措施。

1）把道路两侧一定范围内（迎风侧 100～200m、背风侧 50～100m）的流沙加以固定；作卵石覆盖或沥青乳液喷固，以使风与沙隔离；设置草格沙障，以增加粗糙度，降低风速。

2）在固沙带、林带外缘采用人工阻沙措施（高立式沙障、阻沙沟堤、挡沙墙），以拦截风沙流，阻止沙丘前移。

3）采用导沙措施，以减少风沙堆积，或使风沙在无害方向停积。如：①在路基两侧修筑 20～30m 高的砾石平台，使风沙流顺利通过，不致发生堆积；②将路基的边坡放缓，作成流线型断面，有利于沙的非堆积搬运。

这种由路基向外设置砾石平台输沙带、草格固沙带和高立式沙障阻沙带，层层设防的措施，在实践中收到了良好的效果。

（4）植物固沙。在线路两侧根据自然条件和风沙特点选择或调整植物类型，营造防护林带（迎风侧 100～300m，背风侧 50～100m）的措施，防止沙子上道，具有改善环境、保护工程的长远效益。铁路建设的经验表明：年降雨量小于 400mm 时，小叶锦鸡儿、胡枝子、黄柳、樟子松、油松等较宜；年降雨量小于 200mm 时，油蒿、花棒、沙拐枣较宜；年降雨量小于 100mm 时，二白杨、沙枣、柽柳、柠条、银白杨、梭梭柴、营养乔等较好。

（5）风沙地区路基的工程施工及养护。

1) 注意施工季节；尽量安排在风速较小、气温较低的时段。

2) 采用分级施工，筑（挖）护一气呵成。

3) 尽量保护原有植被。

不任意取土弃土，施工车辆机具加履带和沙罩，并令其按划定线路行驶，以免引起新的沙源。

7. 居民点、厂矿的风沙防治

为了保护单独建筑物及居民点，如风向单一，不具备造林条件的地区，可以采取促进风沙流自由通过建筑物的输（导）措施，包括：

（1）设密闭的流线型围墙。

（2）品字形的房屋布置。房间距不小于 2 倍屋宽，行间距不小于屋长，可使风沙流绕过房屋外吹，不会形成旋涡带。

（3）填土及被破坏的地面应采用土石覆盖或用沥青固沙、草障防护等。

8. 其他设施的风沙防治

（1）输水、输油管道尽可能布置在背风侧通过。

（2）通信线路的电杆应有 1.5～2.0m 埋深，用土和草类树枝分层回填夯实，在周围再立筑环形锥体与地面平缓连接，争取条件对基础周围土进行加固处理。

上面的一些工程经验可以说明风沙区建设的一些基本原则，但工程条件和自然条件差异颇大，应在一般原则指导下灵活处置。

第5章 地水环境问题

5.1 概　　述

地水环境问题是指由于地面水和地下水的活动引起的环境问题。其中地面水的环境问题在城市和工业化建设中主要以污染土为主，在山区主要以水土流失为主，地下水环境问题主要以区域性地面沉降为主。本章主要以污染土、黄土地区的水土流失、区域地面沉降带来的环境岩土工程问题及其治理措施展开论述。

地面水活动引起的环境问题，主要包括：浸没、淤积、洪涝、盐渍化、泥石流、水土流失、河流改道、海面上升、江河湖海岸的崩塌、水土污染以及悬河等，都会使环境发生剧烈的改变。其中，污染土和水土流失引起的环境问题是研究中的热点，本节着重针对上述两类环境岩土工程问题展开讨论。

地下水引起的环境问题的主要原因是地下水位的上升或下降，由于大气温室效应的加剧，各种污染源的增多以及城市发展对水资源需求的激增，地水环境问题变得更加突出。

5.2 地面水环境问题

5.2.1 污染土的环境问题

土体污染是指进入土体中污染物超过土体自净能力，而且对土体、植物或环境造成损害。地下水污染与土体污染既有联系，又有区别，目前对它们之间关联性研究还不够深入。土体污染和地下水污染被称为"看不见的污染"，具有隐蔽性、滞后性、累积性和不可逆性，治理难度大、成本高、周期长，对人类健康和经济社会发展的影响具有长期性。土体污染和地下水污染物主要来源包括：①工业污染源，如废气沉降、废水沉淀、废渣淋滤、化工产品渗漏与扩散等；②农业污染源，如农药、化肥、养殖场废弃物等；③生活污染源，如城市生活污水、污泥、垃圾、医疗废物等。土体和地下水污染物种类包括各种重金属（汞、镉、铅、砷、铬、镍、铜、锌等）、有机污染物（有机农药、苯类、酚类、氰化物、石油、合成洗涤剂等）、放射性污染物、病原微生物等。这些污染物在地下水土环境中迁移和扩散非常复杂，如图 5.2.1 所示。

5.2.1.1 污染土

定义：由于人类生产生活活动中的一些外来污染物质侵入土体，从而使原生状态的土性发生改变的土。

作用：污染使水-岩（土）离子交换能力增强，引起岩土体结构和性状的改变。

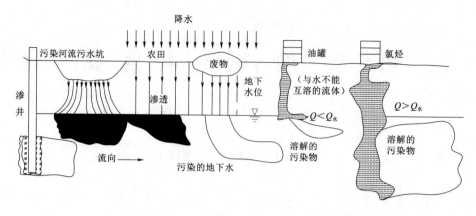

图 5.2.1 污染物在水土中迁移示意图

特性：强度低，压缩性大；对建筑材料具有腐蚀性；有害于人类健康和动植物的生长。

污染土引起的环境问题：影响工程活动，使承载力、强度降低，地基稳定性减弱，边坡失效增多；影响人类健康和生物繁衍。

5.2.1.2 污染土的主要研究问题

(1) 污染土的物理力学性质、腐蚀性。

(2) 污染土的治理措施。

(3) 对于污染源的性质、途径、机理和历史进行分析。

(4) 土与污染物相互作用，时间、温度效应、地下水与污染作用关系。

(5) 污染等级区分方法。

(6) 污染土的承载力以及污染的发展趋势。

污染物质成分、含量、浓度和分布范围的现状和变化（时空效应、温度效应），污染物浸入土体的途径和方式是对污染土研究中应注意的问题。

5.2.1.3 污染物质的侵入方式

液态污染物质本身可以直接浸入土中；固态污染物质往往经液态介质（降水、地表水）溶淋后浸入土中；气态污染物质溶解于大气，降水再回落地面浸入土中。

5.2.1.4 水土污染源对工程材料的腐蚀性特征

水土污染源主要来自于地表水、地下水、大气降水。首先，"三水"的循环过程导致地下水出现污染；其次，固体垃圾无序堆放产生的二次污染；最后，重金属元素和污染物的水文地球化学作用导致水土污染。水土污染源对岩土工程环境材料的腐蚀类型包括如下几个方面。

1. 对混凝土的腐蚀类型

(1) 结晶类。腐蚀介质渗入混凝土内部产生结晶，晶体膨胀产生的内应力使混凝土破坏的现象称为结晶类腐蚀，又称膨胀腐蚀。

(2) 分解类。腐蚀介质使混凝土中碱性游离石灰质的碱度降低或消失，引起水泥石分解，导致强度降低甚至溃散的现象称为分解类腐蚀，又称溶出腐蚀。

（3）结晶分解复合类。水或土中的某些盐类，阴离子具有结晶类腐蚀，阳离子具有分解类腐蚀的现象称为结晶、分解复合类腐蚀。

（4）碱集料类。水泥中的碱、或水、土中的碱渗入混凝土，与混凝土的骨料作用产生膨胀，引起混凝土裂纹的现象为碱集料类腐蚀。

2. 对钢结构的腐蚀类型

（1）污染土对钢结构的腐蚀分类。

1）酸腐蚀：酸对钢铁的化学溶解作用。

2）原电池腐蚀：土中的水分和能导电的盐类与金属发生电化学反应。

3）细菌腐蚀：铁细菌、硫酸盐还原细菌、硫氧化菌。

4）杂散电流腐蚀：电力系统及工业生产中的漏电，地下发生电解腐蚀。

（2）污染水对钢结构的腐蚀分类。

1）酸碱腐蚀：强酸性水（pH 值<3）或强碱性水（pH 值>14）。

2）细菌腐蚀：与污染土相同。

3）盐腐蚀：氯化物和硫酸盐的腐蚀。

5.2.1.5　水土污染源对工程材料的腐蚀性评价

1. 评价依据

水质检验、土质检验、大气分析、细菌分析。

2. 腐蚀性检验

水、土、大气及细菌，对混凝土和钢筋腐蚀性检验。

（1）水质检验。

1）溶解气体：游离的 CO_2、侵蚀 CO_2、硫化氢。

2）阳离子：Na^+、K^+、Ca^{2+}、Mg^{2+}、NH_4^+。

3）阴离子：Cl^-、SO_4^{2-}、HCO_3^-、CO_3^{2-}、OH^-、NO_3^-。

4）pH 值：总硬度，总矿化度（电阻率）等。

（2）土质检验。

1）土的化学分析：①易溶盐全量分析，Na^+、K^+、Ca_2^+、Mg^{2+}、NH_4^+、Cl^-、SO_4^{2-}、HCO_3^-、CO_3^{2-}、OH^-、NO_3^-、OH^-；②中溶盐石膏（$CaSO_4 \cdot 2H_2O$）、难溶盐碳酸钙的分析；③有机质含量，硫化物、交换性酸总量。

2）土的电化学与电测检验：氧化还原电位、自然电位、电位梯度、极化电流密度、质量损失、电阻率。

3）大气分析：CO_2、SO_2、氨、氟化氢。

4）细菌分析：硫酸铁还原细菌、铁细菌、硫氧化细菌、硝酸盐细菌、甲烷细菌。

5）原位埋藏试验：金属材料在土介质中腐蚀过程的性质、特征和腐蚀速度。

5.2.1.6　治理污染土的措施

1. 预防土污染的措施

（1）控制污染物排放。

（2）消除水作为污染的载体（媒体的作用）。液态污染物渗入土体是造成土污染的重要途径，影响范围较大。固态污染物必须通过液态介质溶滤才能进入土中，影响范围较小。气态污染物必须溶解于大气降水回落到地面并进入土体中，影响范围更小。

2. 治理污染土地基的措施及基本原则

（1）治理污染土地基的措施。在污染土的场地上建造时，应以避让为原则，必须采取治理措施时，按其污染程度的强、中、弱和未污染 4 个等级提出处理措施：①隔绝污染物，治理"三废"，合理排放；②采取有效的地基处理措施和基础设计。具体技术措施包括：

1）换填垫层：换填素土或灰土夯实。

2）固化覆盖：水泥、石灰、火山灰及其他新型固化材料等加入到污染土内固化。在新型固化稳定化材料方面，国内学者积极开展了价廉高效且环境友好的新型固化稳定化药剂的研发和相关研究，并取得了良好效果。改性工业废渣、复合磷基固化剂、碱激发材料以及其他高性能吸附材料，均被用于单一及复合重金属污染土的污染物封闭与固化。东南大学基于磷基的新型系列固化剂 KMP、MC 固化效果及长期稳定性显著优于传统硅酸盐水泥材料，修复土可作为绿化用土、公路路基回填土进行二次开发利用；新型羟基磷灰石基固化剂 SPC 和活化钢渣固化剂 PAB 适用于高浓度 Pb、Zn、Cd 复合污染土修复场地；在挥发性有机物污染泥浆固化方面，东南大学研究指出，水泥基固化剂配合少量凹凸棒土（占泥浆质量的 0.83%），可有效提高污染泥浆的力学性能，降低有机污染物浸出浓度。相对于传统水泥基固化剂，新型固化剂改变了污染土中重金属的固定机理：由传统水泥基材料的水化产物封闭污染物理论向低溶解度化学沉淀物生成以及点位吸附模式转变。

3）桩基或竖向隔离墙技术：桩基处理，要求穿过污染土层，支承在未污染的有足够承载能力的土层上。近年来科学家根据工程实践提出了竖向隔离墙技术，即采用具有高膨胀性的天然钠基膨润土的处理措施，该措施在最高浓度铅、六价铬污染作用下防渗阻隔性能的增强效果较优越。

4）化学处理：与污染物反应生成无害的、能提高土的强度的新物质。

5）热处理、微生物处理、溶剂洗剂。

（2）桩基处理原则。

1）用桩基穿越污染土时，桩身应防护处理。

2）桩基宜用预制混凝土实心桩。

3）混凝土的水灰比应小于 0.4（强腐蚀时）或 0.45（中、弱腐蚀时）。

4）混凝土的保护层厚度大于 50mm。

5）当氢离子指数 pH 值小于 4.5 时，宜用涂料防护。

3. 污染土中岩土材料的保护措施

（1）混凝土的防护措施：选取水泥的品种，最大水灰比和最大水泥用量。

（2）钢铁的防护措施：①涂膜保护，沥青、氧化橡胶、环氧树脂；②外加电流阴极保护，利用钢铁的结构（阴极）和另一种导电性和抗腐蚀性较强的材料（废钢材、石墨、高硅铸铁、石膏、氧化铁等作为辅助阳极）之间的电位差使后者腐蚀，达到保护阴极的作用。

（3）牺牲阳极保护。利用钢铁结构（阴极）和另一种电位更负的金属（镁合金、锌合金和铝合金等作为阳极）之间的电位差所产生的电流来保护阴极的钢铁结构。

（4）防护气体介质腐蚀的措施。

1）增大混凝土保护层：中、弱腐蚀时为15cm，强腐蚀时为20cm。

2）对内有腐蚀性气体介质的钢筋混凝土管道，提高混凝土的强度标号不低于B30，抗冻标号不低于F200，抗渗标号不低于W8。

4. 污染土地基基础处理技术

（1）污染土地基的分类。

1）重金属污染场地：包括单一重金属污染和多种重金属污染，国内常见的重金属污染主要有汞、铜、锌、铬、镍、钴、砷、铅、镉等。重金属污染具有普遍性、隐蔽性与潜伏性、不可逆性与长期性、复杂性、传递危害性等特点。

2）有机物污染场地：土壤有机污染物的来源包括农药和化肥的施用、污水灌溉和污泥施肥、工业废水废气和废渣的污染、空气中沉降物的污染。其中，农药施用和工业生产中排放的人工合成有机物是土壤有机污染的主要污染源。

3）复合污染场地：两种及以上的复合污染，这种复合污染场地通常具有污染物成分多样、场地状况复杂、污染浓度高、不易修复等特点。

（2）污染土地基处理的思路：①清除污染源，在污染源位置对污染物质进行萃取、清除或者改变其成分与毒性；②对传播途径进行控制，通过固化稳定、隔离污染物质，阻止其进一步扩散。具体修复处理设计时除了一般地基处理要求之外，还需重点考虑下列因素：场地再使用功能、场地环境风险评估、修复标准。

刘松玉教授根据多年的研究经验，将污染土地基修复处理工程的位置分为原位修复技术与异位修复技术；将污染土地基修复原理分为物理技术、化学技术、热处理技术、生物技术、自然衰减和其他技术等。同时通过国内外大量文献的整理，系统地总结了不同污染土地基修复技术的具体方法、优缺点及处理的对象，如图5.2.2和表5.2.1所示。

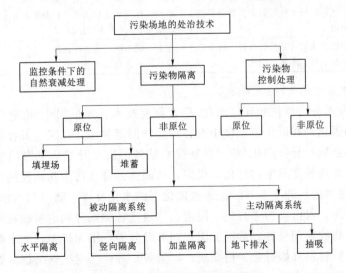

图5.2.2 污染土地基的处置技术

表 5.2.1 常用的污染土地基修复技术

修复技术	方 法 简 介	优 缺 点	主要处理对象
固化/稳定法 (in/ex)	将水泥等固化剂与土搅拌,形成物理化学特性;稳定的固体材料,减小污染物质的淋滤特性	优点:水泥搅拌技术成熟,水泥固化体长期稳定性好。 缺点:处理深度受限	H. M. 、PAHs、PCBs、Inorg
动电修复 (in)	利用动电现象(电渗、电泳、电解),将污染物质从土里分离和去除	优点:二次污染少,可用于低渗透性土或淤泥。 缺点:适用于浅层低浓度污染场地,处理时间长	H. M.
气相抽提法 (in/ex)	将非饱和区的高挥发性物质利用合适的抽取装置通过蒸汽来去除	优点:造价低。 缺点:适用于非饱和浅土层	VOCs、SVOCs
曝气法 (in)	将一定压力的压缩空气注入饱和土中,促进污染物质生物降解,产生气压劈裂增加水力和气流通道,促进污染物质挥发至地表,收集后去除	优点:深部处理。 缺点:不能洗提、降解所有物质,一些挥发性污染物质有扩散到周围环境的危险	VOCs、SVOCs
冲洗法 (ex)	将热水或含清洗剂注入含水层,使物质挥发至非饱和区被真空抽井收集,或溶解于水中后抽取	优点:易操作。 缺点:产生废水需处理,易二次污染	VoCs、SVOCs、PAHs、H. M.
淋洗法 (ex)	土和浸提剂在搅拌器中进行洗,用沉降池、过滤、旋液分离器、离心等方法分离洗液和被净化的土	优点:易操作。 缺点:需对洗液进行处理	VoCs、SVOCs、PAHs、H. M. 、PCBs、Pest
焚烧 (ex)	污染土粉碎后焚烧,并对废气进行处理	优点:处理污染物质的类型广。 缺点:造价高	VoCs、SVOCs、PAHs、PCBs、Pest
玻璃固化法 (in/ex)	通过电极加热土至高温(2000℃),有机物燃烧或挥发,污染土熔化并转换成稳定的玻璃态或结晶态	优点:适用范围广,污染土体积减小25%~50%。 缺点:造价高	VoCs、SVOCs、PAHs、H. M. 、PCBs、Pest. 、Inorg
植物修复法 (in)	通过植物的吸收、挥发、根滤、降解、稳定等作用,净化土壤或水体中的污染物	优点:适用范围广,无二次污染。 缺点:植物本身需要处理	VoCs、SVOCs、Inorg、H. M.
生物堆法 (ex)	污染土堆积约 2m 左右高,由预埋管供应空气,利用土中好氧微生物分解去除污染物	优点:成本低,无二次污染。 缺点:促进微生物活性的营养素的开发,温度、pH 等条件控制	VoCs、SVOCs、PAHs
生物通风法 (in)	采用低流速的气流提供保持生物活性所需要的氧气,降解污染物	优点:成本低,无二次污染。 缺点:不适合低渗透性土	VoCs、SVOCs、PAHs

5. 污染土地基的固化/稳定技术

固化/稳定技术分为原位和异位固化/稳定修复技术。原位固化/稳定修复技术是通过搅拌等方式采用固化剂在原位将土体中有害污染物固定起来,以阻止其在环境中迁移、扩散等并提高地基强度;异位固化/稳定修复技术是将污染土开挖运至专门地点,添加固化剂进行混合搅拌处理使之发生物理化学反应,从而达到降低污染物活性的目的。

固化/稳定技术的机理主要有:①通过固化剂的水化反应产物(例如水合物 CSH)与污染物的相互作用,对污染物进行化学固定;②通过各类水合物的表面对污染物进行物理吸附;③对污染物的物理包裹。常用的固化剂可以分为:①无机类,如水泥基材料(例如水泥)和火山灰质材料(如石灰、粉煤灰、矿渣等)等;②有机黏结剂,如沥青等热塑性材料;③热硬化有机聚合物,如酚醛塑料和环氧化物等;④玻璃质材料等。与其他修复技术相比，固化/稳定技术具有成本较低、施工方便、适应性较广、处理后的地基强度高、对生物降解有良好阻碍等优点。针对污染土固化/稳定效果的评价方法，主要分为两个方面：固化体理化及力学特性、固化体毒性浸出特征。

根据世界各国多年的研究经验表明，常用的固化剂主要有：水泥、粉煤灰、磷灰石、合成羟磷灰石、橡树皮、冷杉树皮、沟污肥、壳聚糖等天然材料、家禽、牲畜粪便等有机肥料、无水硫铝酸钙和无水石膏制得钙矾石、棕闪粗面岩和堆肥混合物、$FeSO_4$ 和钢包渣、双组份沥青乳液、磷酸盐陶瓷、混合 MgO 和多种胶凝材料如粉煤灰和高炉矿渣、硅酸盐水泥＋热固性黏合剂、碳酸钙、沸石＋硅藻土＋海泡石＋膨润土＋石灰石等 5 种矿物组合材料稳定剂、石灰＋钙镁磷肥＋海泡石＋腐殖酸等材料组合剂、粉煤灰＋铁铝酸钙＋高炉渣＋硫酸钙＋碱性激活剂＋锯末＋10％黏土矿物混合制成的固化剂、磷矿粉＋碱性激发剂的系列固化稳定化药剂。

6. 竖向隔离技术

竖向隔离技术主要分为被动隔离和主动隔离技术，竖向隔离墙技术主要用于阻滞污染场地污染物水平向运移扩散，是目前最为有效的限制污染物运移的技术。竖向隔离墙按其材料分为水泥系类、膨润土类、活性反应墙（Permeable reactive barriers，PRB）。

活性反应墙隔离处理污染地下水的思想，早在 1992 年美国环保署发行的环境处理手册中已提及。活性反应墙是一个原位的、被动的由活性反应材料组成的墙，当污染地下水渗流通过时，可以通过降解、吸附、沉淀等方式移去溶解的有机质、金属、放射性物质或其他污染物。常用的活性反应材料包括工业副产品（粉煤灰、红泥等）和天然矿物材料（膨润土、沸石、方解石、磷灰石等）。

竖向隔离工程屏障的设计需考虑宽度、深度、渗透系数、黏度、密度、化学相容性、抗拉强度以及无侧限抗压强度等多项设计指标参数。刘松玉教授系统地总结了其优缺点，见表 5.2.2。

表 5.2.2 常用竖向隔离墙优缺点

隔离墙类型	优 点	缺 点
土-膨润土系	①抗渗性能好，渗透系数可达 10^{-9} cm/s；②工程造价低；③施工简便、易操作、工期短，可满足临时性抢修项目；④与其他保护屏障联合使用，如污染场地顶部覆盖层等；⑤施工深度大可达 60m	①开挖过程中度弃土难以妥善处理；②难以保证墙体底部有效嵌固；③阻滞能力可能随时间削弱，干湿循环及冻容循环导致墙体的开裂；④受场地条件限制，一般用于平地
水泥系搅拌桩连续墙	①原位搅拌、无需开挖成槽；②施工方便，技术成熟；③造价适中；④有效提高抗渗性能，渗透系数 $10^{-8}\sim10^{-7}$ cm/s；⑤可提高土体强度，强度高于膨润土系隔离墙	①桩垂直度、连续性控制要求高；②施工深度受限制，一般小于 20m；③需明确水泥与污染物的相容性；④水泥在干缩、硫酸根侵蚀等作用下易产生开裂，影响长期稳定性
水泥系旋喷桩墙	①适用于大多数地层类型；②高压旋喷桩强度高、厚度大；③有效提高抗渗性能，渗透系数 10^{-7} cm/s；④深度可达到 45～60m	①墙体垂直度控制要求高；②水泥与污染物化学相容性等影响长期稳定性；③工程造价高
活性反应墙	①一般通过开挖成槽施工，深度小于 10m；②反应墙为开放系统，可以定期检查和监测，且可更新墙体材料；③PRB 中的活性反应材料可根据污染物质灵活应用	①渗透性会随时间下降；②活性反应材料适应性需要试验论证

7. 污染土地基处理期间需要注意的问题

（1）在含有硫酸盐介质作用下，不应采用灰土垫层、石灰桩、灰土桩。

（2）地下水 pH 值＜4.5，不应采用含碳酸盐的砂桩或碎石桩。

（3）污染土或地下水对素混凝土的腐蚀性等级为强、中级时，不应采用水泥作固化剂的深层搅拌桩。

（4）污染土或地下水的 pH 值＞9 时，不应采用硅化法。

（5）污染土或地下水的 pH 值＞7 时，不应采用碱液加固法。

（6）地面有较多硫酸、氢氧化钠、硫酸钠时，基础埋深应大于 1.5m。

（7）在中强腐蚀性的污染土中，不应采用壳体、折板薄壁形式的基础。

（8）基础混凝土等级不应过低（不低于 C20）。

5.2.2 有机污染物的环境问题

1. 有机污染物的定义及其特性

（1）定义：有机污染物是指进入环境并且污染环境的有机化合物。

（2）分类。

按来源可分为天然有机污染物和人工合成有机污染物两类。天然有机污染物是生物体的代谢活动及其他生物化学过程产生的。人工合成有机污染物是现代合成化学工业产生的，如塑料、合成纤维等。按形态分为固体和液体。

（3）固体有机污染物的特性。自然降解能力较差，可在土壤和地下水构成长期威胁（几十到几百年）。

（4）液体有机污染物的特性。

1）绝大多数有机污染液体是微溶于水。

2）常在地下环境中以自由相的形式出现。

3）其迁移不同于溶质的迁移。

4）它是一种非水相液体。

5）有 4 种存在形式：自由态、溶解于水、挥发成气、吸附到固相。

6）不能采用水力的办法处理：吸附性。

7）在常温下常有很高的蒸汽压力：易分解成气体进入大气环境。

2. 有机污染物的处置措施

常见的传统有机污染物处理措施包括：气相抽提法、土壤耕作法、高温热脱附、焚烧、玻璃化等方法。近年来，随着科技的进步，中国科学院武汉岩土力学研究所针对传统方法的缺点，提出了热蒸驱替修复挥发性/半挥发性有机污染场地技术，即将水蒸气注入污染场地内，使污染物快速挥发或被冷凝水驱动，至真空抽提井内，并进行后续无害化处理的方法。该方法相较于传统方法具有处理时间短、处理效果好、适用范围广等优点，如图 5.2.3 所示。

此外，还可采用曝气法（Air sparging，AS）来处理饱和土体和地下水的可挥发性有机物（VOCs）污染。该技术是利用垂直或水平井，用压缩机将空气喷入地下水饱和区内，空气在向上运动过程中引起部分易挥发污染物从土体和地下水中挥发并进入空气流，含有污染物的空气上升至上层非饱和区，再结合土体气相抽提（Soil vapor extraction，

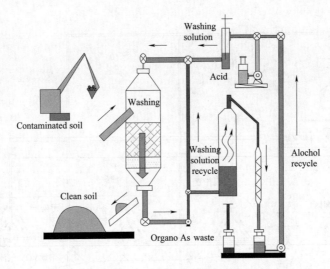

图 5.2.3　有机污染土的处理工艺

SVE) 系统进行处理从而达到去除化学物质的目的。其处理机理包括挥发、溶解、吸附/脱附和降解作用。该技术是去除饱和区土体和地下水中挥发性有机化合物的最有效方法。但该技术也有局限性，包括：①当存在低渗透土层或是上覆盖层时，施加较高的喷气压力可能造成污染源的侧向迁移，造成污染范围扩大；②喷入气体的不均匀分布导致部分受污染区无法或难以得到修复；③由于 AS 过程具有瞬时性，故传统的监测考察瞬时喷气压力及地下水位变动等存在诸多难点；④AS 过程中加速了地下水流动，其一方面增加了污染物与地下水的混合增加溶解量，同时也可能由于溶解的污染物造成污染范围扩大。

　　曝气法是一个复杂的多相传质过程，影响其处理效果的因素主要有场地条件、曝气压力、曝气流量、曝气井深度、污染物特性、影响区域的大小等（图 5.2.4）。为了提高修复效率，近年来发展了脉冲曝气、表面活性剂曝气、微气泡曝气、臭氧曝气等增效技术。脉冲曝气可以减小 AS 后期的"拖尾"效应的影响；表面活性剂能够减小水的表面张力，形成微气泡，扩大影响范围；臭氧易溶于水，其强氧化性以及降解生成氧气可以有效提高地下水溶氧水平，促进有机污染物的化学和生物降解，提高修复效率。

5.2.3　水土流失引起的环境问题

　　1. 水土流失的定义及现状

　　水土流失是指在水力、风力、重力及冻融等自然营力和人类活动作用下，水土资源和土地生产力的破坏和损失，包括土地表层侵蚀及水的损失。

　　中国是世界上水土流失最为严重的国家之一，由于特殊的自然地理和社会经济条件，使水土流失成为主要的环境问题。中国的水土流失分布范围广、面积大。根据 2011 年第一次全国水利普查水土保持情况普查成果，中国现有土壤侵蚀总面积 294.9 万 km^2，占普查范围总面积的 31.1%。其中，水力侵蚀 129.3 万 km^2，风力侵蚀 165.6 万 km^2。西北黄土高原区侵蚀沟道共计 666719 条，东北黑土区侵蚀沟道共计 295663 条。

　　根据 2018 年水利部公布的全国水土流失动态监测结果显示，2018 年全国水土流失面积 273.69 万 km^2，占全国国土面积（不含港澳台）的 28.6%，与 2011 年相比，水土流

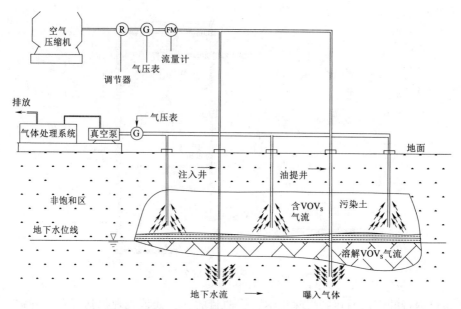

图 5.2.4　曝气法修复技术示意图

失面积减少了 21.23 万 km²，相当于一个湖南省的面积，减幅为 7.2%。另外，在全国水土流失面积中，超四成为水力侵蚀，全国 31 个省（自治区、直辖市）均有水力侵蚀分布，近六成为风力侵蚀，主要分布在"三北"地区。我国西部地区水土流失最为严重，面积为 228.99 万 km²，占全国水土流失总面积的 83.7%；中部地区次之，面积为 30.04 万 km²，占全国水土流失总面积的 11%；东部地区最轻，面积为 14.66 万 km²，占全国水土流失总面积的 5.3%。

2. 水土流失的分区

根据水利部 1997 年《土壤侵蚀标准》中以地质地貌、气候特点、侵蚀发生规律等为依据，将我国的水土流失区分为：西北黄土区、东北黑土区、北方土石山区、南方红壤丘陵区、西南土石山区等五大区域。

（1）西北黄土区。该区域以集中降雨和暴雨为主，且黄土疏松多孔，抗蚀能力极差，受降雨、岩性、地形条件及人类活动的影响，该区域水土流失最为严重，黄土丘陵沟壑区河口镇-龙门区为剧烈侵蚀区，为黄河流域粗砂主要来源区。

（2）东北黑土区。该区受降雪影响较大，融雪侵蚀占主要地位，该区域土壤侵蚀属于轻微侵蚀，但土壤退化对粮食生产及区域可持续发展构成了较大威胁。

（3）北方土石山区。该区域植被覆盖率低、土层较薄，降雨侵蚀能力较弱，但带来的危害较为严重，属于中度侵蚀区。

（4）南方红壤丘陵区。该区域广泛分布红壤及黄壤，在高温高湿条件下易于风化，土壤透水性差，已形成产流，且该区域降水丰沛，但植被遭到破坏后很容易产生水土流失问题。

（5）西南土石山区。该区域广泛分布碳酸盐岩、花岗岩、紫色砂页岩、泥岩等，且山高坡陡、降水丰沛，水土流失也很严重。

3. 水土流失的分类

根据产生水土流失的"动力",分布最广泛的水土流失可分为水力侵蚀、重力侵蚀和风力侵蚀 3 种类型。另外还可以分为冻融侵蚀、冰川侵蚀、混合侵蚀、风力侵蚀、植物侵蚀和化学侵蚀。

(1) 水力侵蚀分布最广泛,在山区、丘陵区和一切有坡度的地面,暴雨时都会产生水力侵蚀。它的特点是以地面的水为动力冲走土壤。例如:黄河流域,按照水力侵蚀强度分级及侵蚀模数标准,可将侵蚀强度分为:轻度侵蚀($500 \sim 2500 t \cdot km^{-2} \cdot a^{-1}$)、中度侵蚀($2500 \sim 5000 t \cdot km^{-2} \cdot a^{-1}$)、强度侵蚀($5000 \sim 8000 t \cdot km^{-2} \cdot a^{-1}$)、极强侵蚀($8000 \sim 13500 t \cdot km^{-2} \cdot a^{-1}$)、剧烈侵蚀(大于 $13500 t \cdot km^{-2} \cdot a^{-1}$)。

(2) 重力侵蚀主要分布在山区、丘陵区的沟壑和陡坡上,在陡坡和沟的两岸沟壁,其中一部分下部被水流淘空,由于土壤及其成土母质自身的重力作用,不能继续保留在原来的位置,分散地或成片地塌落。

(3) 风力侵蚀主要分布在中国西北、华北和东北的沙漠、沙地和丘陵盖沙地区,其次是东南沿海沙地,再次是河南、安徽、江苏的"黄泛区"(历史上由于黄河决口改道带出泥沙形成)。它的特点是由于风力扬起沙粒,离开原来的位置,随风飘浮到另外的地方降落。例如:河西走廊、黄土高原。

4. 水土流失的成因

(1) 自然因素。自然因素主要有地形、气候、地面物质组成、植被 4 个方面。

1) 地形。沟谷发育,陡坡;地面坡度越陡,地表径流的流速越快,对土壤的冲刷侵蚀力就越强。坡面越长,汇集地表径流量越多,冲刷力也越强。

2) 气候。产生水土流失的气候条件主要是降雨,一般是强度较大的暴雨,降雨强度超过土壤入渗强度才会产生地表(超渗)径流,造成对地表的冲刷侵蚀。

3) 地面物质组成。地表土质疏松的位置容易发生水土流失。

4) 植被。达到一定郁闭度的林草植被有保护土壤不被侵蚀的作用。郁闭度越高,保持水土的越强。

(2) 人为因素。人类对土地不合理的利用、破坏了地面植被和稳定的地形,以致造成严重的水土流失。如植被的破坏、不合理的耕作制度(轮荒)、开矿。

5. 水土流失诱发的环境问题

严重的水土流失威胁国家生态安全、饮水安全、防洪安全和粮食安全,制约山丘区经济社会发展,而且还具有长期效应。主要有以下几个方面:

(1) 使土地生产力下降甚至丧失。中国水土流失导致土壤中氮、磷、钾肥的流失。长江、黄河两大水系每年流失的泥沙量达 26 亿 t。其中含有的机肥料相当于 50 个年产量为 50 万 t 的化肥厂的总量。

(2) 淤积河道、湖泊、水库。很多河床、水库淤沙太多,被迫停航;沙洲露出水面或水库成为泥沙库;湖水面积缩减、湖水面高出湖周陆地,导致丧失分洪作用;严重时可引起城市内涝、农田淹没等灾害。

(3) 污染水质影响生态平衡。水土流失是江河湖泊(水库)水质严重污染的一个重要原因,可导致水产资源枯竭。

6. 水土流失的综合治理措施

（1）化学处理。应用阴离子聚丙烯酰胺（PAM）防治水土流失，已成为国际普遍采用的化学处理措施。2003 年美国水土保持报道了美国印第安纳州 D. C. Flangan 等人应用模拟降雨装置，在多干扰农田中，进行了施用 PAM 防治水土流失的试验研究，取得了在雨量充沛地区施用 PAM 防治水土流失的试验成果。

（2）调整土地利用结构，治理与开发相结合。

1）压缩农业用地，重点抓好川地、塬地、坝地、缓坡梯田的建设，充分挖掘水资源，采用现代农业技术措施，提高土地生产率，逐步建成旱涝保收、高产稳产的基本农田（基本前提）。

2）扩大林草种植面积。

3）改善天然草场的植被，超载过牧的地方应适当压缩牲畜数量，提高牲畜质量，实行轮封轮牧。

4）复垦回填。

我国根据多年的研究经验和实践，提出了小流域综合治理措施，其治理的重点原则是：保持水土能力，开发利用水土资源，建立有机高效的农林牧业生产体系。方针是：保塬，护坡，固沟。具体工程措施是：打坝建库，平整土地，修建基本农田，抽引水灌溉。

（3）生物措施。农业技术措施：深耕改土，科学施肥，选育良种，地膜覆盖，轮作复种。

（4）对于不同区域的水土流失治理措施应对症下药。

1）黄土高原水土流失治理措施。黄土高原不如南方水热条件好，又处于过渡地带，需实施植树种草、退耕还林还草等生物措施；兴修水库、打坝淤地、修建水平梯田等工程措施以小流域为单位进行综合治理，使黄土高原生态环境得以改善，区域经济得以发展。

2）南方丘陵地区水土流失治理措施。南方低山丘陵地区由于水热条件好，其有效措施是以封山育林恢复植被、新兴小水电、大办沼气等（切实解决农村生活用能问题，才是封住山林的基本保障）。

5.2.4 生态防护技术及植被生态护坡理论

1. 生态防护技术

生态防护技术是随着世界范围内高速公路建设而兴起的一门工程技术，是一门涉及土壤学、肥料学、植物学、园艺学、环境生态学和岩土工程力学等多学科的综合环保技术。与传统的工程防护技术不同，生态防护技术充分利用植物自身特点并结合必要的工程防护，起到工程建设与环境保护兼顾的目的。在越来越重视环境保护和生活质量的今天，生态防护已成了边坡防护的一种趋势，代表着边坡防护的发展方向。

生态防护的实施过程：通过生态系统的调查与功能分析，结合土壤条件，对工程扰动区进行分区规划；针对不同分区设计恢复目标和恢复途径；在改善立地条件基础上遴选适宜物种构建先锋群落；监测并适时调控群落的演替，以形成结构稳定、功能协调的植被群落。

2. 植被生态护坡理论

水土流失导致生态环境日益恶化，生态修复已经成为一个新兴的生态环境建设领域，植被护坡作为既能满足工程应用又能满足生态理念的新型支护手段，越来越受到国家和人民的广泛关注，生态防护和绿色工程已经成为岩土工程的新趋势。森林资源的无节制开采，矿场废渣的胡乱堆放，以及铁路、公路、水电等基础设施的大规模建设，必然破坏原有的表土层及原生植物群落，产生大量无法恢复植被的岩土边坡，随之会出现大量的次生裸地，并产生严重的水土流失和土地沙化现象。

植被作为天然的工程师，在恢复生态、美化环境的同时，也能防止地表侵蚀，维持地层稳定。面对大量裸露边坡和矿山，如何利用植被进行绿化的同时还要保证岩土体的稳定，防止滑坡和崩塌事故的发生便是我们要解决的问题。植被根系的固土作用是显而易见的，虽然目前植被护坡应用不断发展，种子喷播等高新技术层出不穷，但根系固土机理研究尚不明确，面对不同的土质和地理环境，如何因地制宜，用什么种类、多少数量的植被进行生态防护，如何保证早期边坡稳定，如何评价植被护坡的可靠性，这些问题都未得到解答。

植被生态护坡的理论基础是恢复生态学，即通过人工调控的手段来改变边坡生态系统的演替方向和速度，消去人为造成的干扰，恢复自然状态。边坡生态修复技术利用植被涵水固土的特点稳固边坡，同时通过建立先锋物种群落而达到逐渐恢复自然生态环境的目的，是集岩土工程、恢复生态学、植物学和土壤肥料学等多学科于一体的综合工程技术。

3. 植被生态护坡实践

植被护坡的实践历史久远，但将植被护坡作为一种工程技术方法进行深入系统的研究，且形成一门学科，仅有十几年的历史，至今还没有一个固定成形的术语。国际上直到1994 年才在英国牛津召开了第一次专门以植被护坡为主题的国际性学术会议。

中国最早有记载的植被护坡应用在明代（1591 年），通过栽植柳树来加固河岸，17 世纪植被护坡应用于保护黄河河岸。从 1633 年用铺草皮、栽树苗的方法治理荒坡，到近几十年来开发出众多适应多种气候和地质特性的护坡技术，日本关于植被护坡的应用已较为成熟。20 世纪 30 年代起，植被护坡开始传到世界各国，1936 年美国用于南加利福尼亚州公路边坡治理，1940 年英国用于稳定陆地景观，保护堤岸和交通线路，马来西亚、泰国、新加坡等国家则利用香根草根系发达、扎根深、抗拉强度大等特点对沟渠和高速公路路基进行护坡，并且取得了很好的防护效果。20 世纪 50 年代中国开始用植被护坡技术保持水土和防风固沙，1989 年液压喷播试验成功，1993 年引进土工材料植草护坡技术，目前我国已研制出植生型生态混凝土，并应用于护坡工程。当前，边坡防护的方法主要有 3 种，即：工程护坡、植被护坡和工程与植被相结合的护坡。

生态防护 20 世纪 90 年代以前采用播草种、铺草皮、砌石骨架植草及蜂巢式网格植草等形式，随着土工材料植草护坡技术的引进和新型植被护坡技术的研究，1997 年以后，针对岩石边坡的植被防护开始进行较为广泛的应用研究，形成多种多样的技术，国内可查的技术名称就有液压喷播护坡技术、水力喷播护坡技术、客土喷播技术、混喷快速绿化技术、厚层基材喷播技术、喷混凝土植草技术、植被混凝土生态防护技术、三维植被网喷播植草技术、边坡植生基质生态防护技术、有机基材喷播绿化技术、植生基材喷射技术、高次团粒喷播技术等。其中通过技术鉴定并获得科学进步奖项的有厚层基材喷播技术、植被混凝土生态护坡技术、植生基材喷播技术等，形成了适用于不同岩（土）质边坡的多种防护技术。同时，生态护坡在边坡工程中大量应用，且获得了很好的护坡效果。国内外学者从固土护坡机理、根土相互作用的力学加筋特性、茎叶的水文效应及边坡稳定等不同方面对生态防护技术展开了大量的探索与研究，研究发现根系加筋可促使坡体稳定，与此同时提高渗透性又可能对坡体稳定不利，植被茎叶还可截留部分降雨，削减降雨入渗，提高边坡稳定性。

4. 根土复合体的力学性能

根土复合体的力学性能主要表现在以下几大方面：

（1）浅根的加筋作用。草本植物的根系在土中盘根错节，使边坡土体成为土与植物根系的复合材料。根系可视为带预应力的三维加筋材料，使土体强度提高。

（2）深根的锚固作用。木本植物的垂直根系穿过坡体浅层的松散风化层，锚固到深处较稳定的岩土层上，起到预应力锚杆的作用，更深的根系锚固作用可影响到地下更深的岩土层。

（3）降低坡体孔隙水压力。边坡的失稳与坡体水压力的大小有着密切关系。降雨是诱发滑坡的重要因素之一。植物通过吸收和蒸腾坡体内水分，降低地下水位，降低土体的孔隙水压力，提高土体的抗剪强度，有利于边坡体的稳定。

（4）茎叶的降雨截留作用。一部分降雨在到达坡面之前就被植被截留，以后重新蒸发到大气或下落到坡面。植被能拦截高速下落的雨滴，减少能量及土粒的飞溅，木本植物的截留起到减小地表降雨强度的作用，草本植物的降雨截留量可以忽略。

（5）控制土粒流失，削弱溅蚀。地表径流带走已被滴溅分离的土粒，进一步可引起片蚀、沟蚀。植被能够抑制地表径流并削弱雨滴溅蚀，从而能控制土粒流失。其护坡机理如图 5.2.5 所示。

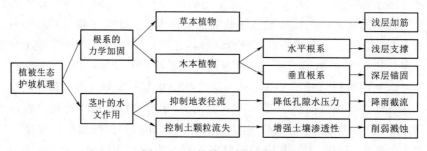

图 5.2.5 植被生态护坡机理

5. 根系固土的"四大作用"

植被护坡主要依靠坡面植被的地下根系及地上冠层的作用护坡，具有良好的保持水土和加固边坡功效。斜坡的不稳定性通常表现为表层不稳定、浅层不稳定和深层不稳定，由植被增加降雨入渗及其影响的研究可知，植被能在较大程度上控制由雨水造成的斜坡表层物质迁移，对表层不稳定性有抑制作用。

根系加固作用的范围与根系分布有关，草本植物主要分布在边坡浅层的根系，以及木本植物分别在浅层的根系，对浅层土起到很好的加筋作用，对提高土的强度、加强和锚固土层具有明显的效果，对浅层不稳定性有重要影响。

　　木本植物可扎入土体深层的主根能起到深层锚固边坡的作用，而草本植物没有根系扎入土体深层，不能起到深层锚固边坡的作用。植被护坡的力学效应包括加筋作用、拱阻抗、超荷重，具体为：

　　(1) 根系的加筋作用：增加土的黏结力，使土的抗剪力增加。Gray（1970）过去经验指出森林植生对坡面稳定的加强效果，主要源自根系的力学加劲。部分深根植物可以把根部延伸到潜在滑动面之下，因此对边坡稳定有增强作用；部分浅根植物，其根系对土粒亦有相当的凝聚效果。

　　(2) 根系拱阻抗：当土体开始移动经过或绕过一排林木时，将于坡面的任意相邻两根林木间引起土体拱作用而产生土体拱阻抗力。此作用力产生于两相邻树干间的坡面表土受到树干的局限或束制时形成横向的土拱，此土拱可提供阻抗力以抵抗土拱后方持续下滑的土体。一般此拱阻抗力的大小与两相邻树干的直径成正比，而与两相邻树干的间距成反比。

　　(3) 植被超荷重：木本植物自重将增加坡面荷重，进而增加垂直及水平应力。在滑动的坡面上，由于木本植物的移除，将可减少坡面的潜移速度达11%，而在未滑动坡面上，由于林木的除去，将使坡面稳定的安全因子减少0.4%。一般而言，于缓坡地木本植物的荷重有利于坡面安定，于陡坡林地则有不利影响。

　　(4) 风的摇撼作用：风的摇撼作用在使风力动能传递至植被的根部，如此将增加土体的受剪应力，降低边坡的稳定性。若将影响较小的风压力及表面荷重予以忽略，则其余各影响因子对坡面的安定性具有正面效果，因此林木对于坡面崩塌的抑制应给予正面的评价。

　　6. 根系固土"三大效应"

　　植被根系对土体的加固作用是显而易见的，在植被发育良好的边坡，一般不会出现滑坡或崩塌的事故，而森林砍伐会导致山体滑坡增加。一般认为，植被护坡作用可从3个作用因素考虑，即力学效应、水文效应和生物效应。对于力学效应，主要考虑浅根的加筋作用和深根的锚固作用，其作用机理为根系的抗拉强度和根土间的摩擦力。对于水文效应，主要考虑植物的降雨截留作用、坡面抗冲刷作用和蒸腾作用，其机理为通过各种方式减小土体含水量，增加吸力，从而增强土体抗剪强度和边坡稳定性。对于生物效应，主要考虑植被系统产生的有机质和分泌物，增强根土间摩擦力，改变土颗粒间的联结方式，通过生物化学作用，增强根土复合体的黏聚力。

　　(1) 力学效应。在植被护坡中，植物根系的力学效应起着很大作用，浅层根系的加筋作用和侧根的牵引作用能显著提高浅层土的抗剪强度，深层根系起着锚固作用，其效果类似于锚杆或者抗滑桩，增加土体的迁移阻力。相对于土体，植物根系具有较大的抗拉强度，在土体受剪切力作用时，剪切力会传递到植物根系上，表现出对根系的拉力。在根系土受剪破坏时，植物根系被拉断或拔出，这两种截然不同的破坏方式，蕴含了根系两方面的固土机理。从根系被拉断的角度看，根系的抗拉强度可以有效增强土体的抗剪强度。一般情况下，根系与周围土体形成整体，在土体发生剪切破坏时，土中根系在剪切压力下会变形拉直，从而转化为根系的拉力作用，因此根系的抗拉强度可作为评判根系固土能力的重要指标。

　　(2) 水文效应。植被的水文效应就是通过截留、蒸腾等作用降低边坡含水量，从而增强吸力，提高土体强度。生态边坡中植被根系对土壤的水文效应不可忽略，根系对土壤的水文效应，主要体现在根系土的渗透性能的改变上，植物能够调节靠近地面区域的气候和地下的水文情况，改变了植被生长区的水循环路径，从而改变侵蚀的过程，减少土壤侵蚀植被，主要是通过茎叶对降雨和径流削弱、飞溅拦截等以及浅根系对土体边坡加固效果，从而防止边坡水土流失，理论上称之为生态护坡的水文效应。

（3）生物效应。随着边坡植被的种植和生长，以植物为主的边坡生物群逐渐形成，植被稳固土壤，土壤反过来养育植被，在这种关系逐渐演化的过程中，生物群不断向土壤输入有机质，而有机质会改变土体的胶结方式，无机胶结逐渐向有机胶结过渡，从而增强土体黏聚力，增大根系和土体的摩擦力，土体抗剪强度提高，边坡稳定性得到提高。

7. 植被生态护坡工程技术与实践

我国经济的高速发展伴随着基础设施的大量建设，为生态防护技术的发展和应用创造了新的契机，我国研究者在技术应用方面硕果累累。生态防护明显区别于传统的绿化工程，后者侧重于绿化植物的观赏性，以最大限度发挥植物的景观效益为导向，前者在此基础上兼顾防治水土流失的使命。此外，由于公路布局的线性特征，生态防护在后期养护阶段较难投入大量人力物力。因此，较之一般的绿化工程，其在防护植物选择上更着重植物对当地气候环境的适应性。常见的边坡生态防护措施主要有：

（1）液压喷播植草技术。最早的液压喷播技术源于日本，我国引进该项技术并推广使用时间较晚。液压喷播植草技术使得种子、黏结剂、营养物质、稳定剂等在专用仪器中充分混合，利用外部物理压力由喷机将混合物均匀喷射到防护坡面，一般混合物的凝固时间不低于2h。如果施工期恰逢多雨时段，为防止坡面冲刷对草籽发芽造成破坏，常覆盖无纺布营造利于种子发芽的小环境，技术现场图如图5.2.6所示。该项技术的优点是：防护效果显著。经过研究观测，在养护得当的情况下，施工后半月之内即可出苗，1个月之后可达75%以上的覆盖度；传统的种草护坡技术是将撒种、施肥、薄膜覆盖等工序相互隔离，虽工艺简单，易于操作，但施工后草种分布零散，发芽前易被雨水冲走，植物生长整齐度较差，见效慢、防护效果差强人意，液压喷播弥补了这一不足；同时，由于施工过程添加了充足的保水剂及植物生长必备的营养元素，液压喷播技术可广泛用于土壤瘠薄、坡面破碎的岩质坡面。

（2）植生带技术。植生带技术（图5.2.7）是目前高速公路的路堑和路堤边坡、露

图5.2.6 液压喷播植草技术

图5.2.7 植生带技术

天边坡及生态恢复与重建的重要材料之一，其将培养土、植物种子、保水剂等按照规格的次序固定在自动降解的无纺布特质材料上，经过碾压后成形为带状产品，植生带宽度由铺设的坡面面积所决定。植生带具有质量较小、施工工艺简单、复垦效果好、运输方便、成本低、可二次利用、环保无污染等优点，其常作为岩质边坡生态防护的备选方案之一。

（3）客土植生植物护坡（客土喷播）。客土植生植物护坡技术（图5.2.8），是指在边坡坡面上挂网机械喷填（或人工铺设）一定厚度适宜植物生长的土壤或基质（客土）和种子的边坡植物防护措施，是一种融合土壤学、植物学、生态学理论的生态防护技术。首先配制适合于特殊地质条件下的植物生长基质（客土）和种子，然后用挂网喷附的方式覆盖在坡面，从而实现对岩石边坡的防护和绿化。该技术首先根据地质和气候情况确定边坡的植物生长基质配方，同时确定喷播厚度（一般为0.03~0.1m），然后根据坡面稳定性确定锚杆的长度和金属网的尺寸，多用于普通条件下无法绿化或绿化效果差的边坡。施工工序为：清理坡面、钻孔打锚杆、挂网、喷射客土。客土的配方包含土壤、纤维、肥料、保水剂、黏结剂、稳定剂、酸碱调节剂。配制后的客土能满足植物生长所需要的基本厚度、酸碱度、空隙率、营养成分、水分以及耐久性。客土喷播的植物由多种草本、灌木组成，而且尽量采用与当地天然植被类似的种类。客土基质可以借助金属网的支撑附着在坡面，对陡坡可以加密网或设置双层网。由于客土可以由机械拌和，挂网实施容易，因此施工的机械化程度高、速度快、效率高。

（4）喷混类边坡生态修复技术。喷混类边坡生态修复技术（图5.2.9），是在稳定岩质边坡上施工短锚杆、铺挂镀锌铁丝网后，采用专用喷射机，将拌和均匀的种植基材喷射到坡面上，植物依靠"基材"生长发育，形成植物护坡的施工技术，具有防护边坡、恢复植被双重作用，一般应用于坡度较陡或稳定性较差的岩质边坡，且能最大限度地顾及环境和生物的需求，可以取代传统的喷锚防护、片石护坡等措施。该技术已广泛应用于铁路、公路、水利等各类岩石边坡绿化防护工程。对于边坡稳定性不足者，首先在坡面上打设锚杆并挂镀锌编织铁丝网起到稳定坡面的作用，然后将由黏土、谷壳、锯末、水泥、复合肥以及草木种子等通过一定配方拌和的混合物喷射在边坡上，视坡度和坡面的破碎程度定喷

图5.2.8 客土植生植物护坡技术

图5.2.9 喷混类边坡生态修复技术

射厚度，一般为 0.06～0.1m。对于边坡比较稳定者则可以直接在原始坡面上喷射混合物。一周之后，岩石坡面上就会逐渐形成草木结合的植被绿化。在该技术中，混合物配方是成功实施的关键。该技术使用的种植基材由种植土、混合草灌种子、有机质、肥料、团粒剂、保水剂、稳定剂、pH 缓解剂和水等组成，其种植基材的配方是成功的关键，良好的配方能够在陡于 1∶0.75 的边坡上既具备一定的强度保护坡面和抵抗雨水冲刷，又具有足够的空隙率和肥力以保证植物生长。与客土喷播相比，此项技术的缺点是保水、保肥效果较差，植物演替及隔热性能较低。

（5）三维植被网植草技术。三维植被网植草技术（图 5.2.10）是一种固土防冲刷的植草技术，近年来逐渐开始在高速公路中推广使用。它将一种带有突出网包的多层聚合物网固定在边坡上，在网包中敷土植草。三维植被网从功能上分为抗拉纤维层和固土网包两个部分，根据其抗拉能力和固土能力的不同又分为 2、3、4、5 层网。其中薄层应用于下边坡，厚层应用于上边坡。该技术对于设计稳定的上、下边坡，特别是土质贫瘠的上边防冲刷并改善植草质量的良好效果。由于比较经济，因此在一定程度上可以取代部分拱型截水骨架植草。挂三维网植草工艺流程：边坡场地处理→开挖水平沟→客土填平→挂三维网→U形钉固网→回填土→材料（复合肥、保水剂、黏结剂、低纤维、水等）与多草种混拌→液压喷播→盖无纺布→前、中、后期养护。

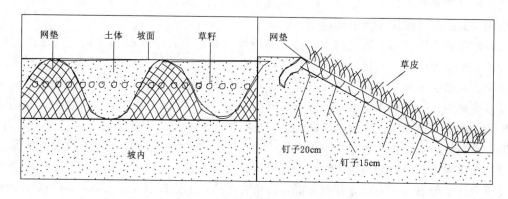

图 5.2.10　三维植被网植草技术

（6）加固填土类边坡生态修复技术。加固填土类边坡生态修复技术指在坡面上先采取砌筑混凝土框格、挡墙等加固措施，再铺填种植土进行植被种植的一类护坡技术。单纯的植被护坡技术在初始阶段加固作用较弱，随着植物的生长繁殖，其固坡及抗侵蚀方面的作用才会越来越明显。为对开挖后处于不稳定状态的边坡进行植被生态修复，则必须借助一些传统的边坡加固技术使边坡先处于稳定状态，加固填土类植被生态修复技术便是在此基础上发展起来的。但由于造价高，且对原始生态环境破坏较大，与目前注重保护生态环境的发展趋势相违背，在工程建设中的应用已受到越来越多的限制。这类技术主要以框格梁填土护坡技术和土工格室生态挡墙技术等为主。框格梁由横梁和竖梁组成，呈方格状，工程中需要考虑其结构的稳定性和施工方式等很多因素，因此框格梁结构的优化研究一直在进行。

5.3　地下水环境问题

5.3.1　地下水引起的环境问题

1. 温室效应

太阳短波辐射可以透过大气射入地面，而地面增暖后放出的长波热辐射却被大气（二氧化碳）等物质所吸收，这样就使地表与低层大气温度增高，因其作用类似于栽培农作物的温室，故称为温室效应。

大气中以相当小量存在的水汽、二氧化碳和一些微量气体却可以部分地吸收地表发射的热辐射，对地表起部分遮挡作用；从而保持了平均地表温度（15℃），温差达到 21℃，形成了自然温室效应。

如果大气中的水汽和二氧化碳增多，则温室气体的温室效应，即遮挡作用更加显著，温差值将会更高，其结果是气候变化（风暴、异常持续降雨、长期少雨）和全球变暖（冰雪融化）。

2. 人类活动对温室气体含量的影响

（1）水汽量。水汽量主要取决于海洋表面的温度，大部分来源于海面的蒸发，不受人类活动直接的影响。

（2）二氧化碳。因工业生产和森林的毁坏，二氧化碳含量发生剧烈的增大（每年将有 70 亿 t 的二氧化碳送入大气），这就使温室效应加剧。据估计，全球温度今后将至少以每 10 年 0.25℃ 的速度上升，以便维持太阳给地球的热辐射（加热地球表面）和地球向太空的热辐射之间的平衡。

3. 地下水变化引起的环境问题

（1）浅基础地基承载力降低。

（2）砂土地基液化危害的加剧。

（3）建筑物沉降变形的加剧。

（4）岩土体变形、滑移、失效现象的增多。

（5）地基土的冻胀及与之相关的地面隆起。

（6）桩台隆胀。

（7）湿陷性基土、崩解性岩土、盐渍岩土的湿陷、崩解、软化。

（8）膨胀岩土膨胀变形等引起的不均匀沉降及对建筑物、地面及地下管道造成的倾斜开裂和拉断现象。

（9）地表塌陷，地面沉降。

（10）地裂缝的诱发复活。

（11）泉水断流，井水枯干。

（12）地下水中有害离子量增多、矿化度增高等地下水质量的恶化等现象。

5.3.2　区域性地面沉降引起的环境问题

1. 定义

区域性地面沉降是指在各种因素作用下，地层产生压密变形或下沉，从而引起区域性的地面标高下降。它是一种大范围内的地面沉降问题。它的影响范围可由几十平方公里到数千上万平方公里。累计沉降可由 1~9m。

我国有 50 余座城市出现地面沉降，其中上海在 1957—1961 年间沉降超过 0.5m 的范围达到 66.1km²；西安在 1970—1989 年间的最大沉降达到 1.509m；天津在 1958—1988 年间最大沉降达到 2.830m，沉降面积 121km²。

2. 区域性地面沉降的原因

区域性地面沉降包括自然因素和人为因素两个方面。

（1）自然因素。

1）新构造运动。新构造运动引起的地面长期缓慢的下沉。以垂直升降为主的新构造运动可使地面随基底而升降，世界著名的 9 个岩溶塌陷坑：里斯本葡萄牙街道圆形陷坑、危地马拉街道圆形陷坑、佛罗里达州公共游泳池 185 英尺深的天坑、密苏里州蓝洞、阿拉巴马州天坑湿式石灰石、俄克拉荷马州天坑、冰岛、150 英尺洞径陷坑、奇琴伊察玛雅陷坑（地下湖），这些陷坑就属于垂直升降形成的沉降。

2）强烈地震。强烈地震引起的强烈地面下沉与震陷。强烈地震是新构造运动的一种突发事件，在短期内可引起变幅较大的区域性地面垂直变形。1976 年唐山地区发生了 7.8 级强烈地震，震后在主震和强余震的震中附近，形成了 3 个强烈地面下沉中心，其中宁河的最大沉降达 1.551m。

3）海平面上升。海平面上升引起的地面相对下沉。全球气候从 90 年代开始转暖，气温上升，必加速冰川消融，从而使海平面上升，地面相对下沉。

4）土层的天然固结。欠固结土在自重压力下的自然固结和正常固结土的次固结作用，引起的土层压缩沉降。

（2）人为因素。

1）抽吸地下气、液体。成层的疏干排水和抽取深层的气、液使地层内孔隙压力减小、有效应力增大而引起的地层压密。

2）大面积地面堆载。高压缩性土上大面积的堆载引起的压缩。

3）固体矿产的开发和诱发性的岩溶塌陷。固体矿产的开发和诱发性的岩溶塌陷引起的地层垂直位移。

3. 区域性地面沉降引起的环境问题

区域性地面沉降对环境主要有以下 6 大危害：

（1）建筑物地基下沉、房屋开裂破坏。

（2）形成地裂缝，或诱发地裂缝的复活和产生，直接或间接地恶化环境。

（3）地面沉降，井管较地面相对上升，泵房地面及墙体开裂，造成泵房破坏，严重影响抽水。

（4）由于地面沉降、水准点失准，城市工程建设所需水准资料，需从地面未沉降区水准点引测，增大了水准测量的工作量。

（5）影响建筑物抗震能力，致使地震灾害加重。

（6）由于地面沉降作用，局部改变地形地貌条件，形成地面沉降降落漏斗，降低防洪排涝工程效能，造成大面积积水，洪涝灾害加剧。

5.3.3 区域性地面沉降计算及控制

1. 区域性地面沉降的计算方法

（1）地面沉降计算的目的。地下水采灌量、地下水位变化量与土层变形量之间的数学关系，进而预测一定时期内在特定的地下水采灌条件下，水位与沉降的变化规律，为采用合理的地下水采灌方案及有关防治措施提供依据。

（2）地面沉降计算时需要确定的关系。

1）含水层水位与开采量间的关系：常采用三维模型用差分法或有限元法求解。

2）地下水位与土层变形量的关系。含水砂层的变形一般会迅速完成，可用分层总合法计算。黏性土层的变形要经历一个过程，需要用渗透固结理论、Biot 固结理论、流变固结理论、弹塑性理论或其他计算方法。最好在多种方法的基础上，采用大量的定性资料进行最优化计算，找出对实测资料模拟效果最好的模型进行计算。

2. 分层总合法

分层总和法是根据室内压缩试验所得到 $e-p$ 曲线，按照荷载压力段给出的有关压缩指数、压缩模量、体积压缩系数或者孔隙比来计算线沉降。

（1）基本假定。

1）基底附加应力 p_0 是作用于地基表面的局部柔性荷载。

2）地基土为弹性半无限体。

3）地基应力的大小分布，服从 Boussinesq（1885）单个集中应力的弹性理论应力解。

4）地基应力的大小分布与土的类型无关，对非均质地基，由其引起的附加应力分布可按均质地基计算。

5）在外荷载作用下的变形只发生在有限厚度的范围（即压缩层）内。

6）只需计算竖向附加应力 σ_z 的作用使土层压缩变形导致的地基线沉降，而剪应力可略去不计。

7）土层压缩时不发生侧向变形（侧限）。

8）将压缩层厚度内的地基土分层，分别求出各分层的应力，然后用土的应力-应变关系式求出各分层的变形量，再总和起来作为地基的最终线沉降量。

（2）计算原理。在基础中心底部取截面面积为 1m^2 的小土柱，土柱上作用有自重应力和附加应力如图 5.3.1 所示。

假设第 i 层土柱在自重应力 P_{1i} 作用下稳定后的孔隙比为 e_{1i}，土柱高度为 h；当压力增大至 P_{zi}（相当于自重应力和附加应力之和）时，压缩稳定后的孔隙比为 e_{2i}，该土柱的压缩变形量为

$$\Delta S_i = \frac{e_{1i}-e_{2i}}{1+e_{1i}}h_i = \frac{\Delta e_i}{1+e_{1i}}h_i = \frac{p_{2i}-p_{1i}}{E_{si}}h_i = \frac{\Delta p_i}{E_{si}}h_i = \xi_i h_i \qquad (5.3.1)$$

将各土层的变形量叠加，可得到地基最终沉降量：

$$S = \sum_{i=1}^{n}\frac{\Delta e_i}{1+e_{1i}}h_i = \sum_{i=1}^{n}\frac{\Delta p_i}{E_{si}}h_i = \sum_{i=1}^{n}m_{vi}\Delta p_i h_i = \sum_{i=1}^{n}\xi_i h_i \qquad (5.3.2)$$

或者表示为

$$S = \int \xi \mathrm{d}z = \int \frac{\Delta p}{E_s}\mathrm{d}z = \int m_v \Delta p \mathrm{d}z = \int \frac{\Delta e}{1+e_1}\mathrm{d}z \qquad (5.3.3)$$

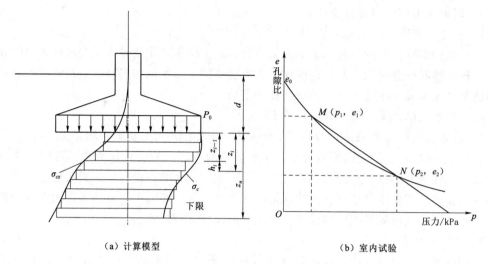

（a）计算模型　　　　　　　　　　（b）室内试验

图 5.3.1　分层总和法计算最终沉降量

式中：n 为地基沉降计算深度范围内的土层数；p_{1i} 为作用在第 i 层土上的平均自重应力 $\overline{\sigma_{czi}}$；p_{2i} 为作用在第 i 层土上的平均自重应力 $\overline{\sigma_{czi}}$ 和平均附加应力 $\overline{\sigma_{zi}}$；E_{si} 为第 i 层土的压缩模量；h_i 为第 i 层土的厚度；ξ_i 为第 i 层土的应变；m_v 为土体积压缩系数。

（3）计算步骤。

1）分层。将基底以下土分为若干薄层，分层原则包括：①厚度 $h_i \leqslant 0.4b$（b 为基础宽度）；②天然土层界面、地下水位处应作为薄层的分界面。

2）计算基底中心点下各分层面上土的自重应力 σ_{czi} 和附加应力 σ_{zi}。可绘制自重应力和附加应力分布曲线作为计算参照。

3）确定地基沉降计算深度 z_n。可按应力比确定：$\sigma_{zn}/\sigma_{czn} \leqslant 0.1 \sim 0.2$，对软土取小值。

4）计算各分层土的平均自重应力 $\overline{\sigma_{czi}} = \dfrac{\sigma_{cz(i-1)} + \sigma_{czi}}{2}$，平均附加应力 $\overline{\sigma_{zi}} = \dfrac{\sigma_{z(i-1)} + \sigma_{zi}}{2}$。

5）令 $p_{1i} = \overline{\sigma_{czi}}$，$p_{2i} = \overline{\sigma_{czi}} + \overline{\sigma_{zi}}$，由 P_{1i} 及 P_{2i} 在土层的压缩曲线中查出相应的 e_{1i} 和 e_{2i}。

6）计算每一分层土的变形量 ΔS_i，以及地基的总变形量。

3. 渗透固结理论

在土体中任意取一微元体 $dxdydz$（图 5.3.2），假定：①土颗粒和水不可压缩，土是饱和的；②单元体上的水头损失为 h；③X、Y、Z 轴向的渗透系数分别为 k_x、k_y、k_z，渗透速度分别为 v_x、v_y、v_z，水力梯度分别为 i_x、i_y、i_z；④渗流符合达西定律。

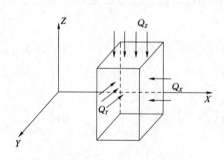

图 5.3.2　三维渗流微元体

（1）微元体的流量变化。在 X、Y、Z 轴上，符合以上 4 条假定条件时有：

水力梯度：
$$\begin{cases} i_x = \dfrac{\partial h}{\partial x} \\[2mm] i_y = \dfrac{\partial h}{\partial y} \\[2mm] i_z = \dfrac{\partial h}{\partial z} \end{cases} \tag{5.3.4}$$

渗流速度：
$$\begin{cases} v_x = k_x \dfrac{\partial h}{\partial x} \\[2mm] v_y = k_y \dfrac{\partial h}{\partial y} \\[2mm] v_z = k_z \dfrac{\partial h}{\partial z} \end{cases} \tag{5.3.5}$$

设在某时刻 t，在 X、Y、Z 轴向上流入的流量为 q_x、q_y、q_z 则

$$\begin{cases} q_x = k_x \dfrac{\partial h}{\partial x} \mathrm{d}y\,\mathrm{d}z \\[2mm] q_y = k_y \dfrac{\partial h}{\partial y} \mathrm{d}z\,\mathrm{d}x \\[2mm] q_z = k_z \dfrac{\partial h}{\partial z} \mathrm{d}x\,\mathrm{d}y \end{cases} \tag{5.3.6}$$

那么在时间内，从 X、Y、Z 轴向上的流量为

$$\begin{cases} q_x + \Delta q_x = q_x + \dfrac{\partial q_x}{\partial x} \mathrm{d}x = q_x + k_x \dfrac{\partial^2 h}{\partial x^2} \mathrm{d}x\,\mathrm{d}y\,\mathrm{d}z \\[2mm] q_y + \Delta q_y = q_y + \dfrac{\partial q_y}{\partial y} \mathrm{d}y = q_y + k_y \dfrac{\partial^2 h}{\partial y^2} \mathrm{d}x\,\mathrm{d}y\,\mathrm{d}z \\[2mm] q_z + \Delta \mathrm{q}_z = q_z + \dfrac{\partial q_x}{\partial z} \mathrm{d}z = q_z + k_z \dfrac{\partial^2 h}{\partial z^2} \mathrm{d}x\,\mathrm{d}y\,\mathrm{d}z \end{cases} \tag{5.3.7}$$

显然，在时间 $\mathrm{d}t$ 内流入、流出微单元体水流体积分别为

$$Q_1 = (q_x + q_y + q_z)\mathrm{d}t \tag{5.3.8}$$

$$Q_2 = (q_x + \Delta q_x) + (q_y + \Delta q_y) + (q_z + \Delta q_z) \tag{5.3.9}$$

微元在时间 $\mathrm{d}t$ 内渗流的净流出体积为

$$\mathrm{d}Q = Q_2 - Q_1 = \left(k_x \dfrac{\partial^2 h}{\partial x^2} + k_y \dfrac{\partial^2 h}{\partial y^2} + k_z \dfrac{\partial^2 h}{\partial z^2} \right) \mathrm{d}x\,\mathrm{d}y\,\mathrm{d}z\,\mathrm{d}t \tag{5.3.10}$$

式（5.3.10）为饱和土渗流分析中最为重要的公式，它的重要性体现在以下两个方面：

1）它是稳定渗流方程、不稳定渗流方程建立的基础。

2）它是饱和土地基在荷载作用下，因渗流引起地基基础沉降分析的重要途径。

（2）稳定渗流方程。根据稳定渗流的定义，任意时刻 $\mathrm{d}Q = 0$，根据式（5.3.10），三维稳定渗流方程为

$$k_x \dfrac{\partial^2 h}{\partial x^2} + k_y \dfrac{\partial^2 h}{\partial y^2} + k_z \dfrac{\partial^2 h}{\partial z^2} = 0 \tag{5.3.11}$$

对于二维稳定渗流，根据式（5.3.11）可知，其渗透方程为

$$k_x \frac{\partial^2 h}{\partial x^2} + k_y \frac{\partial^2 h}{\partial z^2} = 0 \tag{5.3.12}$$

当 $k_x = k_y = k$，式（5.3.12）即转化为典型的拉普拉斯（Laplace Equation）方程：

$$\frac{\partial^2 h}{\partial x^2} + \frac{\partial^2 h}{\partial z^2} = 0 \tag{5.3.13}$$

对于一维稳定渗流，根据式（5.3.11）可知其渗透方程为

$$\frac{\partial^2 h}{\partial z^2} = 0 \tag{5.3.14}$$

（3）不稳定渗流方程。

1）按照达西定律给出的渗流方程。根据不稳定渗流的定义，净水流体积 $\mathrm{d}Q$ 随着时间的变化而变化，微元体的水流体积应变（简称水体应变）定义为

$$q_v = \frac{\mathrm{d}Q}{\mathrm{d}x\,\mathrm{d}y\,\mathrm{d}z} = \frac{Q_2 - Q_1}{\mathrm{d}x\,\mathrm{d}y\,\mathrm{d}z} \tag{5.3.15}$$

对于微元体，设其渗流前后的体积为 V_1、V_2，按照渗流变形空间守恒原则，有

$$\mathrm{d}V = -(V_2 - V_1) = \mathrm{d}Q \tag{5.3.16}$$

规定微元体压缩为正，微元体的体积应变为

$$\varepsilon_v = \frac{V_1 - V_2}{\mathrm{d}x\,\mathrm{d}y\,\mathrm{d}z} = q_v = \frac{\mathrm{d}Q}{\mathrm{d}x\,\mathrm{d}y\,\mathrm{d}z} \tag{5.3.17}$$

则根据前述公式，不稳定渗流方程为

$$\frac{\partial \varepsilon_v}{\partial t} = k_x \frac{\partial^2 h}{\partial x^2} + k_y \frac{\partial^2 h}{\partial y^2} + k_z \frac{\partial^2 h}{\partial z^2} \tag{5.3.18}$$

2）Terzaghi - Rendulic 固结理论。Rendulic 不采用水头损失表达孔压，而直接采用孔隙水压力表示孔压，依据应力应变关系，给出了式（5.3.18）的另一种表达方式：

$$\frac{3(1-2\mu')}{E'} \frac{\partial u}{\partial t} = \frac{1}{\gamma_w}\left(k_x \frac{\partial^2 u}{\partial x^2} + k_y \frac{\partial^2 u}{\partial y^2} + k_z \frac{\partial^2 u}{\partial z^2}\right) \tag{5.3.19}$$

式中：μ' 为土的有效泊松比；E' 为土的有效弹性模量。

如果假定微元体均质的各向同性体 $k_x = k_y = k_z = k$，记 $C_{V3} = \dfrac{kE'}{3\gamma_w(1-2\mu')}$，根据前式，可以得到与均质固体散热方程一样的表达式。

$$\frac{\partial u}{\partial t} = C_{V3}\left(\frac{\partial^2 u}{\partial x^2} + \frac{\partial^2 u}{\partial y^2} + \frac{\partial^2 u}{\partial z^2}\right) \tag{5.3.20}$$

类似地，在二维条件下，不稳定渗流的扩散方程可以表示为

$$\frac{\partial u}{\partial t} = C_{V2}\left(\frac{\partial^2 u}{\partial x^2} + \frac{\partial^2 u}{\partial z^2}\right) \tag{5.3.21}$$

在一维条件下，不稳定渗流的扩散方程公式即是太沙基一维固结方程。

$$\frac{\partial u}{\partial t} = C_{V1} \frac{\partial^2 u}{\partial z^2} \tag{5.3.22}$$

三种空间状态的固结系数关系为

$$C_{V1} = 2(1-\mu')C_{V2} = 3\frac{1-\mu'}{1+\mu'}C_{V3} \tag{5.3.23}$$

一维条件固结系数 C_{V1}，就是通常所称的固结系数 C_V。多维固结理论是由 Rendulic 于 1935 年根据太沙基一维固结理论提出的，故上述理论统称为 Terzaghi – Rendulic 固结理论。

4. Biot 固结理论

1940 年，比奥（Biot）从连续介质的基本理论，建立了被命名为比奥固结理论的渗流分析理论。该理论通常被认为是真三向固结理论。

如果用 X、Y、Z 表示渗流微元体在 X、Y、Z 轴向的体力，则静力平衡方程为

$$
\begin{cases}
\dfrac{\partial \sigma_x}{\partial x} + \dfrac{\partial \tau_{xy}}{\partial y} + \dfrac{\partial \tau_x}{\partial z} - X = 0 \\[2mm]
\dfrac{\partial \tau_{yx}}{\partial x} + \dfrac{\partial \sigma_y}{\partial y} + \dfrac{\partial \tau_{yz}}{\partial z} - Y = 0 \\[2mm]
\dfrac{\partial \tau_{zx}}{\partial x} + \dfrac{\partial \tau_{zy}}{\partial y} + \dfrac{\partial \sigma_z}{\partial z} - Z = 0
\end{cases}
\tag{5.3.24}
$$

根据太沙基饱和土有效应力原理：

$$
\begin{cases}
\sigma_x = \sigma_x' + u \\[1mm]
\sigma_y = \sigma_y' + u \\[1mm]
\sigma_z = \sigma_z' + u
\end{cases}
\tag{5.3.25}
$$

假定 $\omega(X)$、(Y)、$\omega(Z)$ 分别为 X、Y、Z 轴向的土体位移，则有几何方程：

$$
\begin{cases}
\varepsilon_x = -\dfrac{\partial \omega(X)}{\partial x} \\[3mm]
\varepsilon_y = -\dfrac{\partial (Y)}{\partial y} \\[3mm]
\varepsilon_z = -\dfrac{\partial \omega(Z)}{\partial z} \\[3mm]
\gamma_{xy} = -\left[\dfrac{\partial \omega(X)}{\partial y} + \dfrac{\partial (Y)}{\partial x}\right] \\[3mm]
\gamma_{yz} = -\left[\dfrac{\partial (Y)}{\partial z} + \dfrac{\partial \omega(Z)}{\partial y}\right] \\[3mm]
\gamma_{zx} = -\left[\dfrac{\partial \omega(Z)}{\partial x} + \dfrac{\partial \omega(X)}{\partial z}\right] \\[3mm]
\varepsilon_V = \varepsilon_x + \varepsilon_y + \varepsilon_z
\end{cases}
\tag{5.3.26}
$$

记土体的剪切模量为 G，则应力应变关系为

$$
\begin{cases}
\sigma_x = \dfrac{3K - 2G}{3}\varepsilon_V + 2G\varepsilon_x \\[3mm]
\sigma_y = \dfrac{3K - 2G}{3}\varepsilon_V + 2G\varepsilon_y \\[3mm]
\sigma_z = \dfrac{3K - 2G}{3}\varepsilon_V + 2G\varepsilon_z \\[3mm]
\tau_{xy} = \gamma_{xy}G \\[1mm]
\tau_{yz} = \gamma_{yz}G \\[1mm]
\tau_{zx} = \gamma_{zx}G
\end{cases}
\tag{5.3.27}
$$

式中：K 为土的体积变形模量，且有

$$K=\frac{\sigma'_x+\sigma'_y+\sigma'_z}{3\varepsilon_V}=\frac{\Theta'}{3\varepsilon_V} \tag{5.3.28}$$

由上述公式得

$$\begin{cases} \dfrac{3K+G}{3}\dfrac{\partial\varepsilon_V}{\partial x}+G\Delta^2\omega(X)-\dfrac{\partial u}{\partial x}+X=0 \\[3mm] \dfrac{3K+G}{3}\dfrac{\partial\varepsilon_V}{\partial y}+G\Delta^2\omega(Y)-\dfrac{\partial u}{\partial y}+Y=0 \\[3mm] \dfrac{3K+G}{3}\dfrac{\partial\varepsilon_V}{\partial z}+G\Delta^2\omega(Z)-\dfrac{\partial u}{\partial z}+Z=0 \end{cases} \tag{5.3.29}$$

式中：拉普拉斯算子 $\Delta=\dfrac{\partial^2}{\partial x^2}+\dfrac{\partial^2}{\partial y^2}+\dfrac{\partial^2}{\partial z^2}$。

按照达西定律,可以给出：

$$\frac{\partial\varepsilon_v}{\partial t}+\frac{k}{\gamma_w}\frac{\partial^2 u}{\partial x^2}+\frac{k_y}{\gamma_w}\frac{\partial^2 u}{\partial y^2}+\frac{k_z}{\gamma_w}\frac{\partial^2 u}{\partial z^2}=0 \tag{5.3.30}$$

如果记 $\Theta=\sigma_x+\sigma_y+\sigma_z$,可知：

$$\frac{\partial\varepsilon_v}{\partial t}=\frac{1}{\partial t}\left(\frac{\Theta'}{3K}\right)=\frac{1}{3K}\frac{\partial\Theta'}{\partial t}=\frac{1}{3K}\frac{\partial(\Theta-3u)}{\partial t} \tag{5.3.31}$$

则：

$$\frac{1}{3K}\frac{\partial\Theta'}{\partial t}+\frac{k}{\gamma_w}\frac{\partial^2 u}{\partial x^2}+\frac{k_y}{\gamma_w}\frac{\partial^2 u}{\partial y^2}+\frac{k_z}{\gamma_w}\frac{\partial^2 u}{\partial z^2}=0 \tag{5.3.32}$$

$$\frac{1}{3K}\frac{\partial(\Theta-3u)}{\partial t}+\frac{k}{\gamma_w}\frac{\partial^2 u}{\partial x^2}+\frac{k_y}{\gamma_w}\frac{\partial^2 u}{\partial y^2}+\frac{k_z}{\gamma_w}\frac{\partial^2 u}{\partial z^2}=0 \tag{5.3.33}$$

式（5.3.33）和式（5.3.29）即为比奥固结理论方程。

5. 蠕变理论

采用蠕变理论来研究大面积岩土地质体的长期变形是有别于传统固结理论又一种方法。蠕变概念最初源于固体材料力学中，指的是固体材料在保持应力不变的条件下，应变随时间延长而增加的现象。它与塑性变形不同，塑性变形通常在应力超过弹性极限之后才出现，而蠕变只要应力的作用时间相当长，它在应力小于弹性极限时也能出现，后来随着流变理论的进一步发展，逐渐推广到土体结构的变形研究中，关于蠕变理论目前主要的研究方法有：模型理论、老化理论、流动理论、硬化理论、继效理论。

（1）模型理论。

1）线性蠕变元件模型：认为岩土体材料是具有弹性、塑性和黏性的综合蠕变体。其蠕变特性是由弹性、塑性和黏滞性联合作用的结果。材料模型分别采用 Hooke 弹簧、St. Venant 摩擦滑片和 Newton 黏壶 3 种不同蠕变元件的基本组合来描述岩土体中弹、塑、黏性的各种表现。模型理论的概念简单、直观，同时又能全面地反映材料的蠕变、松弛、弹性后效等各种蠕变特性，见表 5.3.1。

2）非线性蠕变模型：线性蠕变模型理论无法用来描述土的非线性蠕变，也无法描述加速蠕变。若要继续用它来建立非线性蠕变本构模型，则必须加以修正，岩土体与时间、应变和应力相关的土的应力-应变性状是高度非线性的，一些学者将组合模型中的线性元件改为非线性元件，形成了非线性元件模型。

表 5.3.1 　　　　　　　　　　　　**元件模型及组合模型**

元件名称	元件组成	模 型 方 程	元 件 模 型
虎克体（Hooke）	H	$\sigma = E\varepsilon$	
牛顿体（Newton）	N	$\sigma = \eta\dot{\varepsilon}$	
圣维南体（St. Venant）	V		
马克斯韦尔体（Maxwell）	M	$\dot{\varepsilon} = \dfrac{\dot{\sigma}}{E_0} + \dfrac{\sigma}{\eta_1}$	
开尔文体（Kelvin）	K	$\dot{\varepsilon} + \dfrac{E_1}{\eta_1}\varepsilon = \dfrac{\sigma}{\eta_1}$	
普兰特体	H/V		
广义宾汉姆体（Bingham）	H–N/V	$\begin{cases} \sigma = E\varepsilon\ (\sigma < \sigma_S) \\ \sigma - \sigma_S + \dfrac{\eta}{E}\dot{\sigma} = \eta\dot{\varepsilon}\ (\sigma \geqslant \sigma_S) \end{cases}$	
中村体	H–K	$\dot{\varepsilon} + \dfrac{E_1}{\eta_1}\varepsilon = \dfrac{E_0 + E_1}{E_0\eta_1}\sigma + \dfrac{1}{E_0}\dot{\sigma}$	
村山朔郎体（C）	H/N/V		
伯格斯体（Burgers）	K–M	$\dfrac{\eta_1\eta_2}{E_1}\ddot{\varepsilon} + \eta_1\dot{\varepsilon} = \dfrac{\eta_1\eta_2}{E_0E_1}\ddot{\sigma} + \left(\dfrac{\eta_1}{E_0} + \dfrac{\eta_1 + \eta_2}{E_1}\right)\dot{\sigma} + \sigma$	
西原模型	H–K–B	$\begin{cases} \varepsilon = \sigma_0\left\{\dfrac{1}{E_1} + \dfrac{1}{E_2}\left[1 - \exp\left(-\dfrac{E_2}{\eta_2}t\right)\right]\right\}\ (\sigma < \sigma_S) \\ \varepsilon = \sigma_0\left\{\dfrac{1}{E_1} + \dfrac{1}{E_2}\left[1 - \exp\left(-\dfrac{E_2}{\eta_1}t\right)\right]\right\} + \dfrac{\sigma_0 - \sigma_S}{\eta_2}t\ (\sigma \geqslant \sigma_S) \end{cases}$	

注　σ 为应力；σ_s 为屈服应力；E、E_1、E_2 为弹性模量；η_1、η_2 为黏滞系数；ε 为应变；$\dot{\varepsilon}$ 为应变速率。

　　3）经验蠕变模型：它是一种应用较广的非线性蠕变模型，通常是在岩土蠕变试验的基础上，根据试验数据建立岩土的应力、应变（或应变速率）与时间的函数关系式。对不同的土以及不同的条件，用不同的经验模型。它可分为应力应变关系型和应力应变速率关系型，后者也称速率型本构关系，它反映了土蠕变过程中的黏滞流动特性，包括时间显式出现在本构关系中和隐含在应变速率中的两种形式。土的经验蠕变本构关系与蠕变理论模型相比，缺乏理论指导，物理意义不够明确，通用性不强，但优点是直观明显，容易直接使用，所以一直是工程土蠕变研究的一个重要方向。常见的蠕变经验公式有对数函数型、幂函数型、指数函数型以及双曲线函数等类型，描述岩土变形-时间曲线全过程的蠕变方程一般可表示为

$$\varepsilon = \varepsilon_e + \varepsilon(t) + At + \varepsilon_T(t) \tag{5.3.34}$$

式中：ε 为总应变；ε_e 为弹性应变；$\varepsilon(t)$ 为描述初始蠕变的函数；A 为常数；At、$\varepsilon_T(t)$ 分别为描述等速蠕变和加速蠕变的函数。

（2）老化理论。老化理论又称陈化理论，以假设应力、应变和时间之间具有某种函数关系来表示的蠕变方程。蠕变应变为

$$\varepsilon_c = f(\sigma, t) \tag{5.3.35}$$

总应变为弹性应变和蠕变应变的总和：

$$\varepsilon = \varepsilon_e + \varepsilon_c = \frac{\sigma}{E} + f(\sigma)\varphi'(t) \tag{5.3.36}$$

应用老化理论方程式描述的应力、应变和时间之间仅具有某种简单的函数关系，数学计算简单，求解简便。但老化理论的关系式是在应力为恒量的作用下获得的，如果应力是变量，将会导致明显的误差。老化理论仅可用于应力是恒量或应力变化很缓慢的情况，在此条件下，应用老化理论能得到较为满意的效果，与实际试验结果较相符。

（3）流动理论。流动理论认为蠕变的应变速率与应力、时间之间存在着简单的函数关系，即

$$\varepsilon_c' = f_1(\sigma, t) \tag{5.3.37}$$

总变形速率是弹性变形速率和蠕变变形速率的总和，即

$$\varepsilon' = \varepsilon_e' + \varepsilon_c' \tag{5.3.38}$$

当应力未超过弹性极限时，弹性应变速率 ε_e' 和蠕变应变速率 ε_c' 分别为

$$\varepsilon_e' = \frac{1}{E}\frac{d\sigma}{dt}, \varepsilon_c' = f(\sigma)\chi(t) \tag{5.3.39}$$

式（5.3.39）中，对于 $\chi(\infty) = 0$ 为衰减蠕变，$\chi(\infty) = \mathrm{const}$ 为稳定蠕变，$\chi(\infty) = \infty$ 为加速蠕变。

流动理论的应用范围与老化理论有相似的限制，流动理论方程明显的包含时间因素的形式，起始时刻若有变化，则流动理论的方程也相应发生变化，流动理论方程对于应力变化平稳的条件下运用效果较好。

（4）硬化理论。硬化理论又称强化理论，该理论认为应变速率、应力和应变之间存在某种函数关系，有试验结果表明蠕变应变速率、应力和应变本身之间的关系为

$$\varepsilon_i' = \frac{f(\sigma)}{\varphi(\varepsilon_i)} \tag{5.3.40}$$

式（5.3.40）说明蠕变应变速率不仅与应力有关，而且随应变的增加，应变速率减小，材料仿佛是被硬化。式中的函数形式是多样的，根据试验结果，经验常取：

$$\varphi(\varepsilon_i) = \varepsilon_i^a, f(\sigma_i) = \alpha\sigma_i^\beta \tag{5.3.41}$$

当 $\sigma = \mathrm{const}$、$t = 0$ 时，$\varepsilon_i = 0$，则有

$$\varepsilon_i = [\alpha(1+\alpha)\sigma_i^\beta t]^{\frac{1}{1+a}} \tag{5.3.42}$$

硬化理论能够描述在变应力作用下的岩土体材料的蠕变性质，但此方法应用时涉及的数学计算比其他理论都复杂。岩土体的实际蠕变过程中，体积应变十分微小，瞬时间内无显著变化。而从体积应变速率不仅与应力大小有关，而且随应变的发展不断减弱。岩土的类似试验都说明硬化理论是最有前途的，但尚待积累足够的适合硬化理论的岩土变形规律

的试验数据。

（5）继效理论。继效理论又称为记忆理论或遗传蠕变理论。继效理论认为应考虑既往载荷和变形的历史过程，通常采用积分方程来表示。Boltzmann（1874）首先提出了线性继效理论的物理方程，其基本假设为：①材料介质为均匀体，各向同性；②蠕变应变和应力之间关系为线性；③应用叠加原理作为推导蠕变变形是继效理论的基础。

线性继效理论的蠕变方程为一积分方程式形式：

$$\varepsilon(t) = \frac{1}{E}\left[\sigma(t) + \int_0^t K(t-\nu)\varepsilon(\nu)\mathrm{d}\nu\right] \tag{5.3.43}$$

式中：$\varepsilon(t)$ 为 t 时刻总应变；$\sigma(t)$ 为 t 时刻应力；$K(t-\nu)$ 为蠕变继效函数，即瞬时 ν 作用的应力对时间 t 的变形影响函数，蠕变速度是随时间变化的函数；E 为 t 时刻弹性模量。

继效理论考虑到加载过程对变形的影响，能够描述岩土材料较复杂的蠕变现象。适用于加载方式随时间变化的蠕变和在复杂条件下的蠕变，以及考虑卸载的情况和岩土体的特性随时间而改变的情况。

6. 弹塑性理论

弹塑性理论用于计算沉降的最著名的两种方法是采用剑桥模型和修正剑桥模型，基于数值分析方法来进行沉降的计算。

（1）剑桥模型。剑桥模型（图 5.3.3）是由剑桥大学罗斯柯（Roscoe）等根据正常固结土和弱超固结土试验所建立的土体弹塑性模型，该理论现已推广至强超固结土和其他土类。

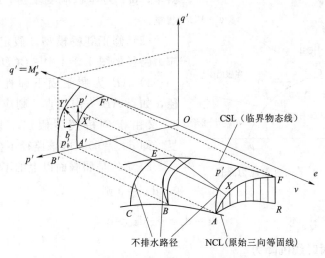

图 5.3.3 剑桥模型示意图

采用 $q'-p'-v$ 坐标，其中：

$$\begin{cases} q' = \sigma_1' - \sigma_3' \\ p' = \frac{1}{3}(\sigma_1' + 2\sigma_3') \\ v = 1 + e \end{cases} \tag{5.3.44}$$

式中：e 为孔隙比；q' 为广义有效剪应力；p' 为平均有效主应力；v 为比体积。

如图 5.3.3 所示，临界物态线 CSL 是一条空间破坏曲线，它在 $p'-q'$ 平面上的投影是

一条直线 $q'=Mp'$（M 为斜率），在 $p'-v$ 平面上是一条曲线。

通过对弹塑性变形能的分析，罗斯柯给出一个地基变形的流动规则

$$\frac{d\varepsilon_v^p}{d\varepsilon^{\overline{p}}}=M-\eta \tag{5.3.45}$$

式中：$\eta=\dfrac{q'}{p'}$；$d\varepsilon_v^p$、$d\varepsilon^{\overline{p}}$ 为塑性变形分量的增量。

1965 年，勃兰德将式（5.3.45）修正后，给出式（5.3.46）：

$$\frac{d\varepsilon_v^p}{d\varepsilon^{\overline{p}}}=\frac{M^2}{2\eta}-\frac{1}{2}\eta \tag{5.3.46}$$

在 $p'-q'$ 平面上，可以给出一个椭圆屈服轨迹表达：

$$\left(p'-\frac{p_0'}{2}\right)^2+\left(\frac{q'}{M}\right)^2=\left(\frac{p_0'}{2}\right)^2 \tag{5.3.47}$$

应力应变关系为

$$\begin{cases} d\varepsilon_v=\dfrac{1}{1+e}\left[(\lambda-\kappa)\dfrac{2\eta}{M^2+\eta^2}d\eta+\lambda\,\dfrac{1}{p'}dp'\right] \\ d\overline{\varepsilon}=\dfrac{\lambda-\kappa}{1+e}\dfrac{2\eta}{M^2-\eta^2}\left(\dfrac{2\eta}{M^2+\eta^2}d\eta+\dfrac{1}{p'}dp'\right) \end{cases} \tag{5.3.48}$$

式中：λ 为 NCL 线在 $v-\ln p'$ 平面中的斜率；κ 为卸载（回弹）曲线在 $v-\ln p'$ 平面上的斜率；$d\varepsilon_v$ 为体积应变增量；$d\overline{\varepsilon}$ 为剪应力应变增量。

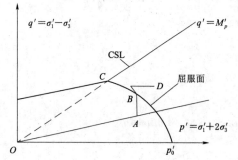

图 5.3.4　$P'-q'$ 平面有效应力路径

（2）修正剑桥模型。假定土体单元的有效应力路径如图 5.3.4 中 $ABCD$ 所示。则有：

1）AB 为屈服面下弹性区内的不排水路径，如果 AB 方向竖直，则应力体积应变 $d\varepsilon_v'=0$，又由于剑桥模型假定一切剪应变不可恢复（即 $d\overline{\varepsilon}'=0$），故该路径不会产生变形。

2）BC 是屈服面以上的不排水路径，$d\varepsilon_v=0$，$d\overline{\varepsilon}'=0$ 则

$$d\overline{\varepsilon}=d\varepsilon_1-\frac{1}{3}d\varepsilon_v=0 \tag{5.3.49}$$

那么路径产生的瞬时线沉降为

$$S_i=\sum_{i=0}^n\Delta h_i d\varepsilon_{1i}=\sum_{i=0}^n\Delta h_i d\overline{\varepsilon_i} \tag{5.3.50}$$

3）CD 固结段，其线沉降可表达见式（5.3.51）。

$$\begin{cases} S_c=\sum_{i=1}^n\Delta h_i d\varepsilon_{1ci} \\ d\varepsilon_{1ci}=d\overline{\varepsilon_{ci}}+\dfrac{1}{3}d\varepsilon_{ci} \end{cases} \tag{5.3.51}$$

7. 区域性地面沉降的治理及控制措施

对受损建筑物，应修复；对潮水侵袭，应沿海建造加高加固防潮墙；对洪涝灾害，应沿河加高河堤，提高排水能力，整修下水管道，填高路面。

（1）在地面沉降来自新构造运动及海平面上升等原因的地区，应根据其沉降速率与建筑物的使用年限，采取预留标高的措施。

（2）在地面沉降来自地震液化塌陷的地区，来自土的欠固结和大面积回填堆载的地区可采取加密固化处理措施，如强夯，挤密碎石桩，固化软土、液化层。

（3）地面沉降来自过量抽取地下水的地区，应控制开采量；向含水层进行人工回灌，包括真空回灌、压力回灌；调整地下水开采的层次，如适当增加渗透性好、层厚大的含水层中的开采量；适当增加深部含水层中开采量。

第6章 施工环境问题

6.1 概　　述

岩土工程的施工，如开挖、打桩、强夯等活动中会引起土体的应力状态、应力路径和工程性质的改变。施工前后，土体的物理指标（含水率、干密度、结构性）、化学成分、力学性质（压缩模量、湿陷性系数、强度等）等均发生变化。

在基坑开挖过程中主应力轴发生偏转，土体各点的应力路径变得较为复杂；基坑开挖过程的降水措施使得地下水位降低，土体中的含水量明显减小，从而引起土体强度、承载力等的增大，如图6.1.1所示。

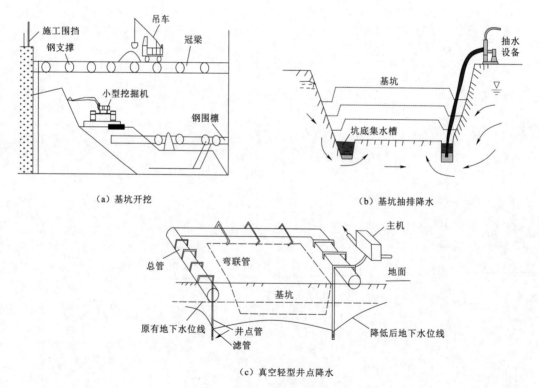

(a) 基坑开挖　　　　　　　　　　　　　　　(b) 基坑抽排降水

(c) 真空轻型井点降水

图 6.1.1　基坑开挖和降水

打桩施工（图6.1.2）中产生挤土效应，使桩周土体产生较大的应力增量，应力状态变得非常复杂；成桩后，桩周土含水量、孔隙比、渗透系数减小，干密度、标贯阻力、压缩模量、抗剪强度均增大。

强夯法一般是指利用起重设备将重锤（一般 $80 \sim 250$ kN）提升到较大的高度（$10 \sim 40$ m），然后使重锤自由落下，以很大的冲击能量作用在地基上，在土中产生极大的冲击波。在强夯施工过程中，由于夯击能量引起地基土挤压、振动波的传播以及动应力的扩散与衰减等作用，使得地基土中的应力状态变得十分复杂；强夯后土的含水量和孔隙比均有明显降低，饱和度明显增大。产生地面变形，同时出现噪声、振动等问题，影响到附近建筑物和居民的安全或安定。

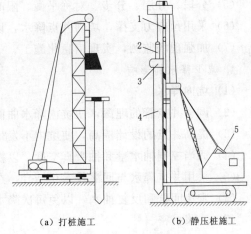

（a）打桩施工　　（b）静压桩施工

图 6.1.2　打桩施工

6.2　深基坑施工环境问题

1. 深基坑开挖引起的环境问题

（1）深基坑开挖卸荷引起的环境问题。

1）地表沉降与土层的侧移。

2）地面建筑物和地下设施的变形和破坏。

（2）基坑开挖引起变形的来源及其变形特性

1）开挖卸荷过程中土体内应力发生变化时：①坑底回弹或塑性隆起；②坑侧向坑内的位移；③坑内外土体的固结沉降。

2）地下水位降低时：土自重应力增大或土粒损失而引起的附加沉降等。

2. 深基坑开挖环境问题对策

深基坑工程的施工往往存在较多不确定因素，如：

（1）岩土性质、工程地质和水文地质条件复杂，数据离散性较大，且往往难以代表土层的总体情况，勘察报告提供的场地信息十分有限。

（2）基坑周围环境及邻近建筑物复杂。

（3）设计中土压力及支护结构的简化模型可能与实际不一致。

（4）连续降雨或暴雨对基坑开挖有极大的影响。

（5）基坑施工过程不可避免地会遇到一些突发或偶然的问题，如超支、超挖、支撑不及时、排水不畅，常对支护造成不良影响。

（6）侧向土压力和支撑力在开挖过程中是动态变化的，桩墙的内力也随之改变。

3. 预防控制变形的措施

（1）及时支撑或甚至先撑后挖。

（2）降水回灌。

（3）减小扰动。

（4）开挖步序设计时应减小暴露时间和暴露宽度。

（5）分段、分层、分步、对称平衡、限时开挖。

（6）采用预应力支撑，坑内井点降水，以改善土性，减小流变。

（7）加强现场监测，实现信息化施工。

4. 减少降水的影响

（1）坑内降水。

（2）调整井点管的埋深，使坑内降水曲面在坑底下 0.5～1.0m 处。

（3）提高井点的设计标高，使坑内不发生流沙或水从坑壁渗入。

（4）适当控制抽水量和抽吸真空度，以控制坑外降水曲面。

（5）采用井点降水与回灌技术相结合，在保护区内设回灌系统。

（6）避免间歇和反复抽水，以免每次降水使沉降增加。

（7）注浆挤密。

5. 减小和控制基坑变形

（1）按环境要求选择基坑位移的控制等级。

（2）水平位移大小与基坑开挖的深度、地质条件、支护结构的类型有关。

（3）围护体系的平面形状与变形有一定的关系；圆形、弧形、拱形比直线形要好；围护结构的平面形状不一定要与底板形状一致（由于在最不利的阳角部位，墙后地面和墙面最容易出现裂缝）。

（4）围护桩的根部最好插入较好的土层。

（5）尽快浇筑混凝土垫层和底板。

6.3 打桩施工环境问题

打桩施工引起的环境问题主要有：挤土效应引起的地面隆起和土体侧移；打桩引起的振动和噪声。

1. 地面隆起和土体侧移特征

（1）竖向隆起特征。由于土体的扰动重塑，孔压上升和强度降低，使桩周一定范围内土体产生竖向变形，因地表无约束，地表变形主要是竖向隆起，下部主要为向下的竖向变形及侧向挤压变形。竖向隆起较大，在距桩轴线 $(1\sim2)D$ 处最大，影响范围达到 $(3\sim5)D$。

（2）侧向位移特征。侧向位移相对较小，它在地面下一定深度处最大，随离开桩距离的增大而减小，影响范围达到 $(4\sim5)D$。

（3）桩尖以下部分的竖向、侧向位移均迅速变小。

（4）当在已有桩侧设置新桩时，两桩间的区域内将发生更大的地表隆起，但侧向位移受到了限制。

2. 减小打桩对邻近建筑物影响的措施

控制最小桩距（减小成桩上举或拉断）；钻打法施工；在工地周围挖设防挤沟；打遮拦桩（限制土体侧移和竖向变形）；施工前打预钻孔。

3. 振动和噪声的特征

振动较小；局限性、瞬时性；不累积，不残留，影响工作效率，危害健康。体力劳动，90～70dB；脑力劳动，60～40dB；睡眠休息，50～30dB。

4. 控制噪声的措施

(1) 应选择低噪声的施工设备和工艺。

(2) 采用隔音、吸声、消声的措施。

6.4 强夯施工环境问题

1. 强夯引起的环境问题

强夯的巨大冲击能量作用下，附近场地的下沉、隆起与振陷；冲击波传播引起地表和建筑物的损伤与破坏；振动与噪声等环境公害。

除此之外，强夯施工会对土体的变形性质产生影响。强夯引起土体的扰动可分为：沉陷、隆起及振陷。研究表明，在土中强夯，附近地表的变形特性随土质、土的含水量、孔隙比等的差异而变化。土体天然含水量较小时，夯坑深度较大，有的达到5m，一般为1～2m（也有的夯坑很浅，只有几毫米），夯坑侧面土的隆起与位移量较小，随后转为下沉及向坑心位移。如果土体天然含水量超过最佳含水量，夯坑相对深度较浅，夯坑侧面土的隆起与位移量较大。如图6.4.1所示。

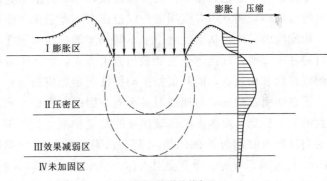

（a）重锤夯实法　　　　　　　　　　（b）强夯引起的地基变形

图6.4.1　强夯施工引起的环境问题

2. 强夯引起的地面振动特征

(1) 强夯引起的地面振动属瞬时冲击型，振动峰值强度持续时间很短（0.05～0.08s）。

(2) 振动数周期内急剧衰减，影响距离较小；夯心附近振动2～3周（次），振动持续时间0.1～0.5s；距夯心几十米处振动10余周（次），持续时间1～2s。

(3) 振动周期视土质硬软而不同。若土质相对松软，则振动周期较长；若土质相对坚硬，则振动周期较短；一般为0.025～0.2s。

(4) 只有在特定条件下才有引起建筑物发生共振现象的可能。

3. 强夯对周围建筑物的影响

（1）强夯振动对建筑物影响的有关因素。

1）建筑物附近地面水平振动最大加速度比 α/g、水平振动最大速度 $v(\text{cm/s})$。

2）建筑物的强度和刚度，用综合系数 f 来表示，对一般建筑物取 1.0，临时建筑物取 0.5～0.8。

3）附近地面的振幅 $A(\text{mm})$。

（2）强夯振动对建筑物的扰动影响区域划分。通常用一个扰动影响系数 k 反映强夯振动对建筑物的扰动影响。

$$k=(20\alpha/g+2v+100A-6)f/24 \tag{6.4.1}$$

根据 k 值的大小可将强夯振动对建筑物的不利扰动分为 3 个区域：

1）强不利扰动区（$k \geqslant 1.0$）：$\alpha > 0.5g$，$v > 5\text{cm/s}$，$A > 1.0\text{mm}$，可对一般建筑物造成一定的破坏。

2）中不利扰动区（$0.0 \leqslant k \leqslant 1.0$）：$\alpha=(0.1～0.5)g$，$v=1～5\text{cm/s}$，$A=0.2～1.0\text{mm}$，则会对强度和刚度较低的建筑物造成一定的危害。

3）弱不利扰动区（$k < 0.0$）：$\alpha < 0.1g$，$v < 1\text{cm/s}$，$A < 0.2\text{mm}$，则对普通建筑物不会造成破坏。

4. 强夯对环境影响的治理对策

强夯施工过程中，在夯锤落地的瞬间，一部分动能转换为冲击波，从夯点以波的形式向外传播，并引起地表振动。其中面波仅在地表传播引起地表振动，其振动强度随着夯点距离的增加而减弱；当夯点周围一定范围内的地表振动强度达到一定数值时，会引起建筑物、构筑物的共振，从而使之产生不同程度的损伤和破坏等公害。研究这种环境扰动公害的目的在于如何合理选定夯击能量与夯击方式，使得强夯所产生的冲击振动不至于危及周围的建筑物和构筑物，同时根据振动特征制定相应的隔振与控制措施。

强夯所引起的振动与地震明显不同，因此危害也不同。但目前尚未形成对建筑物危害判别的统一标准，而多参照爆破破坏的判别标准，其中有的以爆破地震烈度表进行控制，有的则以建筑物附近地面的最大振动。强夯的噪声影响距离较大，在 60m 以外，尚有80dB，超过国家规定。噪声会对人体产生影响，特别对高层居民影响更大。施工中产生的噪声既干扰人们的交谈，又能引起人的精神烦恼和注意力分散，还能引起人的疲劳，降低施工人员的工作效率。因此在强夯施工时，应采取合理的降低噪声的措施。

在强夯一定范围内的地面，将发生竖向和水平向的位移，还会产生很高的孔隙水压力。大量的土体位移，常导致邻近的建筑物发生裂缝，并引起道路路面损坏、水管破裂、煤气泄漏、通信中断等一系列环境事故。目前，隔振沟仍然是最基本的防护措施之一。隔振沟有两大类：①主动隔振，即在振源处采用靠近或围绕振源的隔振沟，以减少强夯振源向外辐射的能量；②被动隔振，即在减振对象附近设置隔振沟以达到保护建筑物和构筑物的目的。具体的防治措施如下：

（1）连续屏障法。

1）隔振沟，可消除 30%～60% 的振动能量。

2）隔振墙，刚性墙，刚性泡塑夹心墙，连续板桩。

3）泥浆屏障。

4）气囊屏障。

（2）非连续屏障法。

1）隔振空井排。

2）粉煤灰桩排。

3）砖壁井排。

4）泡塑桩井排。

6.5　盾构施工环境问题

6.5.1　盾构施工引起的环境问题

6.5.1.1　盾构施工的概念

近年来，盾构法施工是城市地下空间开发建设中常用的施工方法，即使用一种被称为"盾构"的机械在地下一边推进，一边出土，同时在后方将预制的钢质或混凝土管片拼装成环，从而连续地构筑隧道的施工方法。盾构施工过程中引起地层损失［图6.5.1（a）］，诱发的环境问题主要表现为：地层三维移动［包括纵向变形和横向变形，图6.5.1（b）］、地表建（构）筑物变形或破坏、地下管线变形或破坏、地下水循环系统的隔断、地质条件的变化等问题。

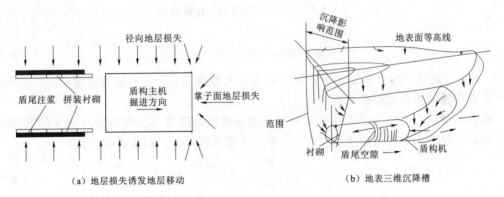

（a）地层损失诱发地层移动　　　　　　　（b）地表三维沉降槽

图6.5.1　盾构施工诱发地层位移特征

6.5.1.2　盾构施工引起地表变形特征

盾构施工引起地表沉降的预测是一个研究较多的课题，通常地表沉降主要包括：地表横向沉降［指的是隧道横截面上方两侧地表的沉降，图6.5.2（a）］、地表纵向沉降［指的是沿着隧道掘进的轴线方向地表沉降，图6.5.2（b）］和地表水平位移［图6.5.2（c）］。上述地表变形曲线，可采用经验公式法、半数值半经验公式法、半解析半经验公式法、随机介质理论法、明德林解（Mindlin）公式法、数值分析法等进行估算。

1. 地表横向沉降曲线的Peck公式法

Peck教授在大量实测资料分析的基础上，提出地表沉降槽的横断面Peck公式：

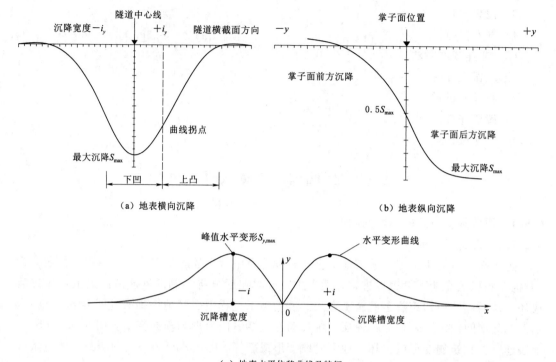

图 6.5.2 盾构施工诱发地层位移特征

$$S_x = S_{\max} \exp\left(-\frac{x^2}{2i^2}\right) \tag{6.5.1}$$

式中：$S_{\max}$ 为隧道开挖后在隧道中心以上地表最大沉降量；i 为沉降槽宽度，m；x 为地表沉降点与隧道轴心的水平距离，m。

根据 O'Reilly - New 结合工程实际得到地表最大沉降量 $S_{\max}$ 与隧道开挖半径 R 或开挖直径 $D = 2R(\mathrm{m})$、地层损失率 $V_l(\%)$ 和沉降槽宽度 $i(\mathrm{m})$ 的关系表达式：

$$S_{\max} = -\frac{V_l \pi R^2}{\sqrt{2\pi} i} = -\frac{0.313 V_l D^2}{i} \tag{6.5.2}$$

由此可见，对于 Peck 公式［式（6.5.1）］存在 3 个特性参数，即 V_l、i 和 $S_{\max}$，一般情况下这 3 个参数需要通过大量地表沉降实测资料、地层信息和施工信息来获取。关于 V_l、i 和 $S_{\max}$ 的取值和预测问题，下面通过大量文献资料来进行综述其获取方法。

（1）关于沉降槽宽度 i 的取值方法。

1）基于实测地表沉降的反演分析。可以根据实测数据进行反演分析，根据式（6.5.1），参数 i^2 和 x^2 的关系可以表示为

$$x^2 = i^2 \left[-2\ln\left(\frac{S_x}{S_{\max}}\right)\right] \tag{6.5.3}$$

其中，$-2\ln(S/S_{\max})$ 和 x^2 呈线性关系，其斜率即为 i^2，可间接求出沉降槽宽度 i。

2）经验公式法。大量研究文献表明，沉降槽宽度 i 主要与隧道轴心埋深 H、隧道半径 R 及地层内摩擦角 φ 有关，综合已有的预测公式的特点，可将其归纳为

$$i = f(H, R, \varphi) = \begin{cases} A_0 R (H/2R)^n \\ A_1 H + B_0 R \\ A_2 H + B_1 \\ f(\varphi) H \end{cases} \tag{6.5.4}$$

式中：φ 为隧道拱顶以上各层土的内摩擦角按厚度的加权平均值，(°)；A_0、A_1、A_2 为系数，$A_0 = 1.0 \sim 1.15$，A_1 或 $A_2 = 0.2 \sim 0.8$，该参数与地层性质有关系；B_0、B_1 为系数，其值视具体情况而定；$n = 0.8 \sim 1.0$。

为了更简单地描述地表沉降槽宽度，令沉降槽宽度系数 $k = i/H$，将韩煊公式进行重新整理，得到的沉降槽宽度系数 k 及其适用条件见表 6.5.1。

表 6.5.1   **沉降槽宽度系数 k 的预测公式及适用条件**

公式名称	沉降槽宽度系数 k	适 用 条 件
kNothe 公式	$k = 1/\sqrt{2\pi} \tan(45° - \varphi/2)$	岩石类材料
韩煊公式	$k = 1 - 0.02\varphi$	伦敦地区无黏性土、软黏土、硬黏土 [φ 为土体内摩擦角 (°)]
Peck 公式	$k = 0.5(H/D)^{1-n} (n = 0.8 \sim 1.0)$	各类土（实测）
Attewell 和 Rankin 公式	$k = 0.5$	英国黏土（实测和离心机试验）
Clough 公式	$k = 0.5(H/D)^{-0.2}$	英国黏土（实测统计）
Loganathan 公式	$k = 0.575(H/D)^{-0.1}$	黏性土
Atkinson 公式	$k = 0.25 + 0.125D/H$	松砂（实测统计）
	$k = 0.375 + 0.0625D/H$	密实和超固结黏土（模型试验）
O'Reilly 公式	$k = 0.43 + 1.1/H$	英国，黏性土（3m$\leqslant H \leqslant$34m）
	$k = 0.28 - 0.1/H$	英国，粒状土（6m$\leqslant H \leqslant$10m）
Leach 公式	$k = 0.45 + (0.57 \pm 1.01)/H$	固结效应不显著的地层
王正兴公式	$k = 0.2047 + 0.3361/H$	砂土（模型试验）

地层损失率 V_l 是指单位长度隧道开挖引起地表沉降槽的体积 S_A 与隧道开挖面形成的体积 S_D 的比值，即为 $V_l = S_A/S_D$，为了计算地表沉降槽的体积 S_A，采用梯形积分法来获取，如图 6.5.3 所示，将沉降曲线与横轴围成面积分成 $n-1$ 等分的近似梯形，梯形的宽度为 $(b-a)/(n-1)$，其中 a、b 为隧道上部地表监测点沉降量为 0 的测点与隧道轴心的水平距离，则根据梯形积分法，可得到降地层损失率 V_l：

$$V_l = \frac{S_A}{S_D} = \frac{4(b-a)}{(n-1)\pi D^2} \left(\frac{S_0}{2} + S_1 + S_2 + \cdots + S_{n-1} + \frac{S_n}{2} \right) \tag{6.5.5}$$

式中：S_0、S_i、$\cdots$、S_n 分别为沉降观测点所对应的沉降量。

(2) 关于地层损失率 V_l 的取值方法。

1) Peck 公式反算法。根据式 (6.5.1)，地层损失率可通过公式反算得到：

$$V_l = \frac{S_{\max} i \sqrt{2}}{\sqrt{\pi} R^2} \tag{6.5.6}$$

上式，多适用于隧道深埋条件、施工技术较好、地层不易出现张拉破坏，施工过程不

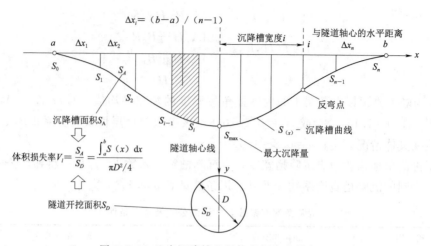

图 6.5.3 地表沉降槽地层体积损失率的定义

排水条件。

2）Glossop 公式。Glossop 提出了地层损失率 V_l 的经验关系：

$$V_l = 1.33(\sigma_s + \gamma H - \sigma_T)/c_u - 1.4 \tag{6.5.7}$$

式中：γ 为土的容重；H 为隧道轴线埋深；σ_s 为地面超载压力；σ_T 为隧道支撑压力；c_u 为隧道轴线深度处土体的不排水剪切强度。

该式适用于施工工艺良好，且为不排水条件下的施工条件。

3）Clough 公式。Clough 提出了在塑性黏土层中的 V_l 计算公式：

$$V_l = \frac{2(1+\nu)c_u}{E_u} \exp\left(\frac{p_0 - p_i}{c_u} - 1\right) \tag{6.5.8}$$

式中：E_u 为不排水变形模量；c_u 为不排水抗剪强度；p_0 为隧道上覆土体竖向压力；p_i 为隧道支护反力。

该式适用于深埋隧道，施工工艺良好的短期效应。

4）Andrew 公式。Andrew 基于弹性理论和位移互等定律，提出了非均匀应力场（$K_0 \neq 1.0$，$\nu < 0.5$）下的地层损失率解析法计算公式：

$$V_l = \frac{\gamma H(1+\nu)}{E}[(1+K_0) + 2(1-2\nu)(1-K_0)] + \gamma A^* \tag{6.5.9}$$

式中：E 为土体弹性模量；A^* 为隧道上部土体的刚体平移参数；γ 为土体容重；K_0 为土体侧压力系数；ν 为土体泊松比。

该式适用于弹性地层条件的圆形隧道开挖，无衬砌条件，且不考虑排水固结。

5）Lee 公式。Lee 等根据间隙参数 g 的概念，提出地层损失率 V_l 的理论公式：

$$V_l = \frac{4gR - g^2}{4R^2} \text{ 或 } V_l \approx \frac{g}{R} \tag{6.5.10}$$

式中：g 为隧道拱顶竖向收敛位移，由于 g 远小于 R，式（6.5.10）前者可略去微量，V_l 可简化为后者。

该式适用于任意地层及断面形状的隧道。

6）Gonzales 公式。Gonzales C 和 Sagaseta 基于弹塑性力学理论，提出了径向均匀收敛参数 ε 的概念（$\varepsilon = g/2R = V_l/2$），则地层损失率 $V_l = 2\varepsilon$，其中 ε 的取值如下：

$$\varepsilon = \begin{cases} \dfrac{N_c}{2I_r} & (N_q \leqslant N_{qe}) \\ \dfrac{N_{ce}}{2I_r}\left(\dfrac{N_q}{N_{qe}}\right)^{\frac{1-\sin\varphi\sin\psi}{\sin\varphi(1-\sin\psi)}} & (N_q > N_{qe}) \end{cases} \tag{6.5.11}$$

式中：I_r 为刚度系数；N_{qe}、N_q、N_{ce}、N_c 为稳定数。

该式是考虑隧道土体剪切刚度、抗剪强度及支护压力等综合条件下提出的计算方法，适用于弹塑性变形，不适用于具有流变效应地层。

7）地区经验方法。Mair 基于英国大量文献中的实测资料认为：在均质土中的盾构法施工，地层损失率一般为 $0.5\% \sim 2.0\%$，在砂性土层中，一般为 0.5% 左右；在软土地层中，一般为 $1.0\% \sim 2.0\%$。

O'Reilly 等统计盾构法施工认为：黏性土地层损失率一般在 $0.5\% \sim 2.5\%$，硬黏土为 $1.0\% \sim 2.0\%$，冰渍土中为 $1.0\% \sim 2.5\%$，粉质黏土（$c_u = 10 \sim 40\mathrm{kPa}$）为 $2.0\% \sim 10.0\%$，无黏性土为 $2.0\% \sim 10.0\%$，人工填土超过 10.0%。

韩煊等总结了中国 8 个地区的地层损失率经验值，认为其范围在 $0.22\% \sim 6.90\%$。魏刚等总结了国内 71 个实测数据，认为土体损失率分布在 $0.20\% \sim 3.01\%$。其中 95.77% 分布在 $0.20\% \sim 2.0\%$，43.66% 集中在 $0.5\% \sim 1.0\%$，黏性地层损失率分布在 $0.20\% \sim 2.0\%$。

8）理论方法。根据以往的大量工程实际经验表明，当缺少实测数据时，其中开挖面地层损失率为 $-2.0\% \sim 2.0\%$；切口超挖地层损失率为 $0.1\% \sim 0.5\%$；盾壳摩擦地层损失率为 0.1%；盾尾损失率为 $0 \sim 4.0\%$；纠偏地层损失率为 $0.2\% \sim 2.0\%$；蛇形地层损失率为 $0.5\% \sim 1.0\%$；正面障碍地层损失率为 $0 \sim 0.5\%$。

（3）关于地表最大沉降量 $S_{\max}$ 的估算方法。

1）半经验-半解析公式法。胡云世引入临界状态土力学理论，假定隧道开挖过程为圆柱孔收缩问题，得到了地表最大沉降量的半经验-半解析公式：

$$S_{\max} = \frac{0.616D^2}{H}\exp\left(\frac{p_0 - p}{c_u} - 1 - \ln\frac{G}{c_u}\right) \tag{6.5.12}$$

式中：p_0 为作用在无限远处的静止土压力；p 为隧道内部支护压力；G 为剪切模量；c_u 为不排水抗剪强度。

2）经验公式法。Atkinson 和 Potts 通过大量数值分析得到地表最大沉降量和拱顶竖向位移 u_c 之间的经验关系式：

$$S_{\max} = \left[1 - \alpha\left(\frac{H-R}{2R}\right)\right]u_c \tag{6.5.13}$$

上式中，u_c 与间隙参数 g 相等，对于密实砂土而言，$\alpha = 0.4$，对于正常固结黏土，$\alpha = 0.13$。

此外 Clough 和 Schmidt 等也得到了类似的经验公式：

$$S_{\max} = (D/H)^{0.8}u_c \tag{6.5.14}$$

此后，Lo 和 Ng 也分别提出了硬黏土和黏性土与砂土互层地层条件下的地表最大沉降值与间隙参数之间的关系式分别为

$$S_{max} = -0.33g, S_{max} = -0.42g \tag{6.5.15}$$

周文波以上海 120 多条隧道的实测值为背景，在前人的研究成果基础上提出了不同地层中地下开挖引起的地表最大沉降统计经验公式。

砂砾石地层：

$$S_{max} = 140.6242(H/D)^{-2.2574} \tag{6.5.16}$$

砂性土地层：

$$S_{max} = 1.032\exp(15.731D/H) \tag{6.5.17}$$

黏性土地层：

$$S_{max} = 29.0806 - \frac{12.173}{\ln(H/D)} + 7.4223OFS^{1.1556} \tag{6.5.18}$$

式中：OFS 为简单超载系数，取 $OFS = 2$。

3）Oteo 公式法。Oteo 等基于 Peck 公式和地区经验关系，提出了地表沉降槽的预测公式：

$$S_x = \psi \frac{\gamma D^2}{E}(0.85 - \nu)\exp\left(-\frac{x^2}{2i^2}\right) \tag{6.5.19}$$

式中：i 为沉降槽宽度；ν、γ 分别为泊松比、土体容重；ψ 为地区经验参数，为 $0.3 \sim 0.4$；E 为拉伸弹性模量。

将式（6.5.19）与 Peck 公式类比可知，地表中心最大沉降量可采用下式计算：

$$S_{max} = \psi\gamma D^2(0.85 - \nu)/E \tag{6.5.20}$$

4）统计方法。岳广学根据全国 70 多座隧道的浅埋暗挖法隧道地表沉降和拱顶沉降实测值进行了统计分析，分别得到了最大地表沉降的估算公式为

$$S_{max} = -1.71\times10^{-2}BQ - 2.93\times10^{-3}R - 1.98\times10^{-4}Z + 11.954 \tag{6.5.21}$$

式中：S_{max} 为最大地表沉降量，cm；BQ 为平均岩体基本质量指标；Z 为覆土厚度，cm；R 为等效半径，cm，对于矩形结构，$R = 0.29(B+H)$。

日本学者竹山乔利用弹性介质有限元分析的成果，并根据实测资料加以修正，提出地表最大沉降的估算公式如下：

$$S_{max} = \frac{2.3\times10^4}{E^2}\left(21 - \frac{H}{D}\right) \tag{6.5.22}$$

式中：E 为隧道上覆土层的加权平均弹性模量，MPa。

5）半数值半经验方法。李桂花用弹性有限元法模拟施工间隙参数，并总结得到上海软黏土地层的地表最大沉降经验预测公式：

$$S_{max} = -\frac{0.627Dg}{H(0.956 - H/24 + 0.3g)} \tag{6.5.23}$$

式中：g 为施工间隙参数；其余参数意义与前相同。

卿伟宸等采用二维有限元方法进行了数值试验研究，提出地面最大沉降预测公式：

$$S_{max}=-\frac{\left(1-\frac{a_1P_a}{P_0}\right)(1-a_2K_0)(1-a_3\omega)}{A\left(\frac{E_s}{P_0}\right)\left(\frac{H}{D}\right)^{0.24}\left(\frac{E}{10P_0}\right)^{0.154}}\delta \qquad (6.5.24)$$

式中：K_0 为静土侧压力系数；ω 为注浆填充率，%；E_s 为地基土压缩模量，MPa；E 为管片刚度，MPa；P_0 为标准大气压力，MPa；P_a 为注浆压力，MPa；a_1、a_2、a_3、A、δ 为拟合系数。

张海波等以上海软黏土地层条件下的盾构施工诱发地表沉降为研究背景，开展了大量数值分析，获取了地表最大沉降预测公式：

$$S_{max}=-\frac{\left(1-\alpha_1\frac{\Delta P}{P_a}\right)[1-\alpha_2(\psi-1)]}{\frac{E_s}{P_a}\left(1+\alpha_3\frac{H}{D}\right)}S_0 \qquad (6.5.25)$$

式中：ψ 为盾尾注浆填充率；ΔP 为土压仓压力与开挖面土体静止土压力之差，MPa。

6）考虑时间效应的预测公式。Hurrell 考虑到隧道的长期沉降问题，基于工程实际，得到了考虑盾构施工后期的长期固结效应引起的地表最大沉降 S_{max-t} 计算公式：

$$S_{max-t}=0.78S_{max}(1-0.01S_{max})[\gamma(H-Z_l)-\sigma_i]/c_u \qquad (6.5.26)$$

式中：S_{max} 为短期效应条件下地表最大沉降值；σ_i 为隧道内部支护压力；Z_l 为到沉陷参考平面到地表深度；其余参数意义同前。

刘建航、侯学渊等基于 Peck 公式，考虑隧道上覆土层的固结效应，提出了考虑排水固结的地表最大沉降量预测公式：

$$S_{max-t}=\frac{\pi R^2V_l+(H-R)K_xt}{\sqrt{2\pi}i} \qquad (6.5.27)$$

式中：K_x 为隧道顶部上覆土体的加权平均渗透系数，m/d；t 为超孔隙水压力消散时间，d。

2. 地表纵向沉降 Attewell 公式估算

Attewell 和 Woodman 于 1982 年提出采用累积概率曲线来描述沿隧道开挖方向的沉降曲线，推导并讨论了沉降槽的三维表达式（即地表任意一点的沉降）。在推导过程中，采用以下假定：①土层在变形过程中不存在体积变化；②地层中任一点的位移都可以看作隧道在推进过程中产生的位移增量的累积。根据试验结论提出，在深层一个点的位移源引起的地层位移可以表示为

$$s=\frac{V_l}{2\pi i^2}\exp\left[\frac{-(x^2+y^2)}{2i^2}\right] \qquad (6.5.28)$$

则深层的一个线形位移源（Linear source of loss）可以通过对上式的积分得到：

$$s=\frac{V_l}{\sqrt{2\pi i^2}}\exp\left(\frac{-y^2}{2i^2}\right)\left[G\left(\frac{x-x_i}{i}\right)-G\left(\frac{x-x_f}{i}\right)\right] \qquad (6.5.29)$$

式中：y 为从隧道中心线起算的水平向距离；i 为沉降曲线的拐点的位置；x_i 为隧道起点位置；x_f 为隧道终点位置；下标 i 表示隧道起始点的位置，下标 f 表示计算时隧道开挖面的位置。

概率函数 G 定义为

$$G(\alpha) = \frac{1}{\sqrt{2\pi}} \int_{-\infty}^{\alpha} \exp\left(\frac{-\beta^2}{2}\right) d\beta \qquad (6.5.30)$$

除此之外，刘建航根据上海市隧道工程施工监测数据，得到了预测地表纵向沉降的计算公式：

$$S_y = \frac{V_{l1}}{\sqrt{2\pi i}}\left[\phi\left(\frac{y - y_i}{i}\right) - \phi\left(\frac{y - y_f}{i}\right)\right] + \frac{V_{l2}}{\sqrt{2\pi i}}\left[\phi\left(\frac{y - y_i''}{i}\right) - \phi\left(\frac{y - y_f'}{i}\right)\right]$$

$$(6.5.31)$$

式中：V_{l1}、V_{l2} 分别为盾构开挖面和盾尾后补间隙的地层损失。

3. 地表水平位移估算

地面水平位移也可能会造成建筑物的破坏，因此隧道开挖引起的地面水平位移也是工程中值得关注的问题。与沉降不同，有关水平位移的实测资料非常少。O'Reilly 和 New（1982）假定地层位移矢量指向隧洞中心，由此可以得到水平位移与沉降的关系：

$$u = \frac{S_{max}\exp\left(-\dfrac{x^2}{2i^2}\right)x}{H} \qquad (6.5.32)$$

对方程式（6.5.32）微分可以进一步得到任一点的水平应变 ε_h。

4. 地表变形曲线探讨

对地表横向沉降槽和水平位移曲线进行微分，可以得到地表任一点的局部倾斜曲线 l_x、水平应变曲线 ε_x，如图 6.5.4 所示。

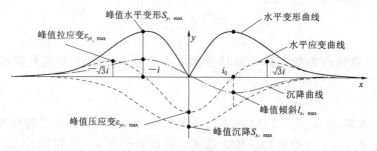

图 6.5.4 地表变形特性曲线

（1）在地表（$-2.5i_0$，$2.5i_0$）处即为沉降零点，沉降槽的最大影响范围在（$-2.5i$，$+2.5i$）之内，其中水平拉应变曲线 ε_{xt} 与水平压应变曲线 ε_{xc} 的交界处突变点、局部倾斜曲线峰值点 l_{max} 和水平位移峰值点 $S_{x,max}$ 所对应的横坐标值均在沉降槽宽度 $\pm i$ 处，而在 $i < x$ 或 $x < -i$ 区域为水平拉应变。

（2）在地表处（$-i$，i）区域为水平压应变区域，水平拉应变峰值点所对应的横坐标为 $\pm\sqrt{3}i$，在（$-2.5i$，$-i$）和（i，$2.5i$）区域属于水平拉应变区域，该区域即为地表开裂点可能发生的位置，也就是顶板岩层潜在滑移面在地表的破坏区域，由此可确定地表的起始开裂点在 $\pm i$ 处。

6.5.1.3　盾构施工引起的地表沉降构成

地表位移沿盾构前进方向的 5 个不同阶段如图 6.5.5 所示。

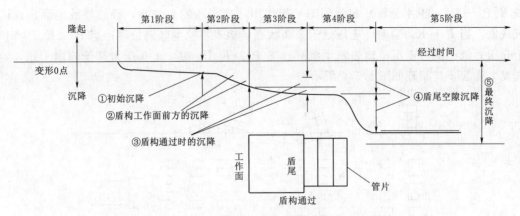

图 6.5.5　盾构施工诱发地表沉降的 5 个不同阶段

（1）初始沉降：在盾构开始时，地表只有因盾构扰动使土体受挤压而引起的初始沉降。由于盾构掘进扰动，前方一定距离外土体压密使孔隙比减小而引起的。

（2）盾构工作面前方的沉降：盾构掘进时，快达测点时，在工作面的前方由土体受挤压和孔隙水压力增大而引起的隆起。

（3）盾构通过时的沉降：由于土体扰动和盾构与土体之间的剪切错动引起的。

（4）盾尾空隙沉降：盾尾经过时，盾尾土体脱离盾构支撑时应力释放引起的沉降。

（5）最终沉降：由于土体扰动，变形随时间增长而引起的。

6.5.1.4　地表变形产生的基本原因

（1）应力扰动引起的地面变形，这种变形对地面建筑物和环境的影响。应力扰动是土体总应力和孔隙水压力变化的施工扰动，这些应力状态的改变使土体经历了挤压、剪切、扭曲等复杂的应力路径。如：开挖卸荷和土拱作用引起的总应力改变。

（2）盾构掘进过程中土体受挤压和地下水位变化引起的孔隙水压力改变。

（3）隧洞支护和灌浆引起的应力改变。

除此之外，盾构施工诱发的地面变形，也受施工场地周围条件的影响，主要包括以下几个方面：

（1）地下管网交叉密集区、大楼群桩区、不良地质区、高架或邻近深大基坑区。

（2）上行、下行线路同时施工区或交叠施工区。

（3）进出口工作区，曲线掘进，盾构纠偏区。

（4）涌泥流沙区，未及时注浆区。

6.5.2　盾构掘进诱发地层移动的经验估算

6.5.2.1　盾构施工期引起的隧道地层沉降

盾构施工诱发隧道拱顶位移的原因较多，主要包括施工期掘进引起的地层损失沉降和工后期地层的固结排水、应力重分布等引起的沉降，其中施工期沉降有主要因素包括：①盾构开挖面支护土仓压力不足引起的沉降；②盾尾注浆填充不足引起的沉降；③盾尾注浆压力不足引起的沉降；④盾构偏航超挖引起的沉降；⑤盾构姿态不合理引起的沉降。

1. 土仓压力不足诱发的拱顶沉降 u_{c1}

土压平衡盾构机掘进期间，土仓压力 P_i 会对开挖面土体的侧压力 $K_0 P_0$（土水合算）

或 $K_0' P_v' + P_w$（土水分算）起到动态平衡作用，当土压发生失衡，必然导致地面出现隆沉现象。当 $P_i = K_0 P_0$ 时，土压处于平衡状态，地表不发生竖向位移；当 $P_i < K_0 P_0$ 时，土仓压力低于侧向土压，地表发生沉降；当 $P_i > K_0 P_0$ 时，土仓压力高于侧向土压，地表发生隆起，其原理如图 6.5.6 所示。

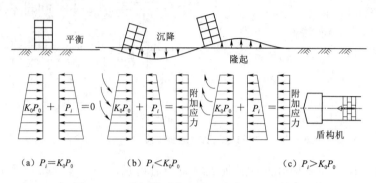

图 6.5.6　地层移动与土仓压力作用关系简图

为了确定盾构土仓压力对掌子面的支护效果及诱发的拱顶沉降，LEE et al.（1992）将这种掌子面出现向开挖面弹性或塑性流动的三维变形问题等效成一个隧道轮廓的二维收敛问题，现定义土仓压力比 $\beta = P_i / (K_0' P_v' + P_w)$，并将土仓压力比 β 引入到 LEE et al.（1992）提出的拱顶最大沉降公式中：

$$u_{c1} = \frac{\Omega R (K_0' P_v' + P_w - P_i)}{2 E_u} = \frac{\Omega R (1-\beta)(K_0' P_v' + P_w)}{2 E_u} \tag{6.5.33}$$

式中：u_{c1} 为盾构推力不足引起的隧道拱顶沉降；Ω 为在开挖面处，土体向盾头方向发生的水平位移系数［在城市地铁隧道中一般不允许开挖面发生塑性流动，当开挖面处于弹性变形状态时，$N \leqslant 2.5$，$\Omega = 1.12$；当开挖面处于弹塑性变形状态时，隧道开挖面稳定系数 $N = (K_0 P_0 - P_i)/c_u = (K_0' P_v' + P_w - P_i)/c_u = 3$，$\Omega = 1.25$；$N = 4$，$\Omega = 1.75$；$N = 5$，$\Omega = 2.67$；$N = 6$，$\Omega = 4.0$ 中间值可采用线性插值计算；K_0 为侧压力系数，P_0 为隧道轴线处竖向土压力，kPa］；K_0' 为不排水条件下水平向侧压力系数；P_v' 为隧道轴线处竖向有效应力，kPa；P_w 为隧道轴线处孔隙水压力，kPa；P_i 为隧道开挖面与盾构压力仓之间的支护压力，kPa；R 为隧道开挖半径，m，$R = D/2$，D 为盾构开挖直径，m；E_u 为隧道上覆地层的不排水弹性模量，MPa。

E_u 可按照下式计算：

$$E_u = \frac{2.718 E_S (1 + \nu_u)}{(1 + \nu_0) e_0} \tag{6.5.34}$$

式中：E_u、ν_u 分别为隧道上覆地层的不排水弹性模量（MPa）和泊松比，不排水条件下泊松比 $\nu_u = 0.5$；$e_0 = $ 为初始孔隙比；ν_0 为考虑排水条件下的泊松比，$\nu_0 = K_0/(1 + K_0)$，K_0 为静止侧压力系数，不排水条件下一般为 0。

2. 盾尾注浆填充不足诱发的拱顶沉降 u_{c2}

盾构掘进期间，盾尾注浆可以实现快速充填盾构钢壳与衬砌之间的物理间隙 $G_p = 2\Delta + \delta$，但由于作业时间并非瞬间完成，必然存在滞后现象，则土体在盾尾钢壳脱离衬砌管片时，迅速填充衬砌外环与盾构开挖环之间的部分间隙，则造成拱顶发生沉降或地层损失，进而诱发地表沉降，其原理如图 6.5.7 所示。

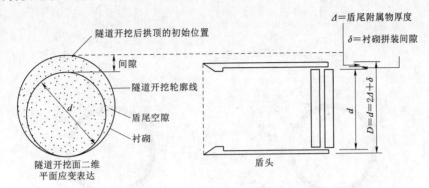

图 6.5.7　盾尾间隙示意图

d—盾构管片外径，m；Δ—盾尾附属物厚度，mm；δ—衬砌拼装间隙，mm；

因滞后充填或浆液收缩、流失等原因导致的拱顶沉降为

$$u_{c2} = (1-\omega)G_p \tag{6.5.35}$$

式中：G_p 为盾构物理间隙参数，mm，为盾构刀盘外径与盾构钢壳之间的间隙总量，盾构机机型确定，则 G_p 参数即可确定；ω 为盾构机尾部注浆填充率，一般取值为 $0.8 \sim 1.0$，平均在 $0.90 \sim 0.95$ 之间。

3. 盾尾注浆压力不足诱发的拱顶沉降 u_{c3}

盾构机在掘进期间，盾尾同步注浆主要分布在衬砌拱圈周围 $90° \sim 180°$ 范围内，为了简便分析起见，将盾尾注浆产生的注浆压力 P_{il} 按照图 6.5.8 所示的"月牙形"分布。这样，由于注浆设备故障造成间歇性施工或注浆压力与初始地层压力不平衡时，必然诱发开挖面轮廓周围土体向盾尾间隙中充填而产生地层损失。当盾尾注浆压力不足以平衡地层压力时（$P_{il} < P_v$），导致衬砌外壁上覆土体由于支护力不足而发生弹性或弹塑性沉降，反之当注浆压力超过地层压力时（$P_{il} > P_v$），地表将出现隆起现象，其作用原理如图 6.5.8 所示。

Rowe（1983）提出了由于支护力不足引起的拱顶沉降，由此也可推广至注浆压力不足产生的拱顶沉降 u_{c3}，由于注浆压力 P_{il} 与地层压力 P_0 为一对不平衡力，令注浆压力比 $\lambda = P_{il}/P_0$，将其引入到 Rowe（1983）提出的公式中，可计算不同注浆压力比作用下拱顶处的最大沉降量：

$$u_{c3} = \left(\frac{1}{3} \sim \frac{1}{4}\right) R \left\{ 1 - \sqrt{\dfrac{1}{1 + \dfrac{2(1+\nu_u)c_u}{E_u}\left[\exp\left(\dfrac{(1-\lambda)P_0 - c_u}{2c_u}\right)\right]^2}} \right\} \tag{6.5.36}$$

式中：E_u、c_u、ν_u 分别为隧道上覆地层的不排水弹性模量（MPa）、黏聚强度（kPa）和泊松比；P_0 为隧道轴心处上覆竖向水土压力，kPa。

上式中系数 1/3 和 1/4 取值规定如下：当隧道顶部土体发生弹性变形，则取 1/3，当隧道上方土体发生弹塑性变形，则取 1/4。

4. 盾构偏航超挖诱发的拱顶沉降 u_{c4}

盾构掘进期间，因地层条件的不均匀性会导致盾构主机蛇行或偏航，其径向最大偏心

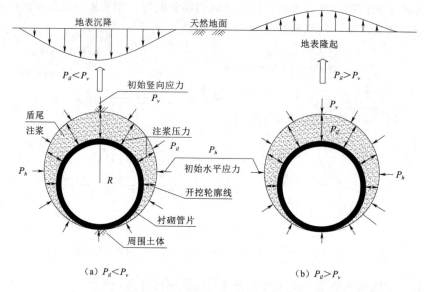

（a）$P_{il} < P_v$　　　　　　　　　（b）$P_{il} > P_v$

图 6.5.8　地表移动类型与盾构内部支护反力关系简图

P_{il}—隧道顶部平均注浆压力，kPa；P_v—隧道拱顶处上覆土压力，kPa

距为 δ_0，可由水平偏心距 S_H 和竖向偏心距 S_V 的实测值经计算得到，其偏心角为 α。然而，当盾构纠正偏航时，必然导致部分侧向土体出现超挖现象，如图 6.5.9 所示的隧道横断面上阴影面积 S_e，盾构因超挖导致的上覆土体出现地层损失而下沉。为了便于计算超挖引起的地层损失，将偏心超挖面积 S_e 等效为拱部的“月牙形”区域，根据图 6.5.9 的间隙参数原理，可得到由于超挖引起的拱顶沉降 u_{c4}：

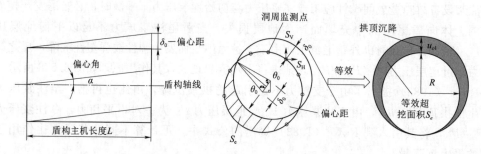

图 6.5.9　盾构偏航超挖产生的等效拱顶位移

$$u_{c4} = 2\left[\sqrt{2R^2\left(1 - \frac{1}{\pi}\arccos\frac{\kappa L}{2R}\right) + \frac{\kappa L}{2\pi}\sqrt{4R^2 - \kappa^2 L^2}} - R\right] \qquad (6.5.37)$$

$$\delta_0 = \kappa L$$

式中：δ_0 为盾头偏航距，mm；κ 为偏心超挖率，$\kappa = 0 \sim \pm 2.0\%$；$L$ 为盾构机主机长度，m。

5. 盾构叩头、仰头诱发的拱顶沉降 u_{c5}

盾构掘进期间，因掘进系统的故障，导致隧道顶部或底部出现挤压变形，则由于盾构叩头、仰头产生的拱顶沉降 u_{c5} 用下式描述：

$$u_{c5} = L\xi \tag{6.5.38}$$

式中：ξ 为盾构机仰头叩头的偏离中轴线坡度，一般取 $\xi = 0 \pm 3.0\%$。

6.5.2.2 工后期引起的隧道拱顶沉降

盾构在施工过程期间引起的拱顶位移造成地层损失，实际上可根据施工经验进行严格控制，然而工后期的沉降也不可忽略。工后期沉降的主要因素包括：①隧道周围扰动圈内土体的再压缩变形；②盾构掘进期间产生的超孔压在工后期的缓慢消散；③衬砌防水失效引起地下水位的下降而导致的周围土体长期固结；④列车长期运行的循环振动荷载引起隧道地基震陷变形等。这些变形实际上是属于工后期地层条件发生变化后产生的长期沉降问题，可采用如下方法进行估算。

1. 扰动圈内地层的再压缩沉降 S_{p1}

盾构在掘进过程中，盾构钢壳与岩土体的摩擦、盾头的旋切导致围岩的扰动等，会引起隧道周围土体产生塑性变形或失稳，则半径为 R_0 的扰动圈内土体再压缩，令扰动圈半径与盾构隧道开挖半径之比为 $\eta = R_0/R$，则由于扰动圈内土体的再压缩，最终向隧道轴心发生的均匀收敛变形为

$$u_{p1} = m_v'[\gamma(H-R_0)-P_{il}](R_0-R) = m_v'(\eta-1)R[\gamma(H-\eta R)-P_{il}] \tag{6.5.39}$$

式中：u_{p1} 为扰动圈再压缩产生的均匀收敛变形；H 为隧道轴线埋深，m；m_v' 为扰动圈内土体的体积压缩系数，MPa^{-1}，一般为原状土体积压缩系数的 3～5 倍，如果考虑到二次注浆或地层预加固效果，则土体体积压缩系数 m_v' 为原状土体的 1/5～1；R_0 为扰动圈塑性区半径，m。

可采用下式计算 R_0：

$$R_0 = R\left\{\frac{(1-\sin\varphi)[0.5(1+K_0)P_0-(1-K_0)P_0+c/\tan\varphi]}{P_{il}+c/\tan\varphi}\right\}^{\left(\frac{1-\sin\varphi}{2\sin\varphi}\right)} \tag{6.5.40}$$

式中：c、φ 分别为土体的黏聚力（kPa）和内摩擦角（°）；K_0 为土体侧压力系数；P_{il} 为注浆压力，kPa，如无实测资料，可取 1/4～1/2 的拱顶竖向土水压力或承载拱土压力。

P_{il} 可采用下式计算：

$$P_{il} = (0.25-0.50)\frac{\gamma R[1+\tan(\pi/4-\varphi/2)]}{\tan\varphi} \tag{6.5.41}$$

实际上，工后期隧道开挖后地层孔隙比变化较为复杂，假定扰动圈内土体再压缩产生的均匀收敛变形，扰动圈之外的土层发生弹性位移，则扰动圈内土体均匀收敛产生的地层损失必然诱发地表产生沉降。实际工程中，由于盾构机及衬砌管片自重作用，实际上开轮廓底部至起拱线部分属于松动后的压密区域，将压密区域产生的收敛变形统一等效至拱圈部位，从而可形成如图 6.5.7 的"月牙形"松动区域，假定由此而产生的地层损失与地表处产生的地层损失量相同，则地层损失量 V 为

$$V = \pi[R_0^2-(R_0-u_{p1})^2] \tag{6.5.42}$$

则可根据式（6.5.39）得到扰动圈土体再压缩产生的拱顶累计沉降量 $2u_{p1}$ 及地层再压缩引起的地表最大沉降量 S_{p1} 与地层损失量 V 的关系为

$$\begin{cases} 2u_{p1} = \dfrac{V}{\sqrt{2\pi}\, i_{z1}} \\[3mm] S_{p1} = \dfrac{V}{\sqrt{2\pi}\, i_1} \end{cases} \tag{6.5.43}$$

工后期扰动圈内土体再压缩引起的深层沉降槽宽度 i_{z1} 与施工期引起的地表沉降槽宽度 i_1 不一致，根据经验表明，深层土体的沉降槽宽度 i_{z1} 与地表沉降槽宽度 i_1 可表示为 $i_{z1} = (1-0.65z_1/H)i_1$。其中，$z_1$ 表示地表与计算深度处的埋深（m），这里 $z_1 = H - R_0$，i_1 表示由于扰动圈再压缩引起的地表沉降槽宽度（m）。

由此可得，扰动圈内地层的再压缩诱发的地表最大沉降 S_{p1} 为

$$S_{p1} = 2u_{p1}\left(1-0.65\frac{z}{H}\right) = 2u_{p1}\left(0.35+0.65\frac{R_0}{H}\right) \tag{6.5.44}$$

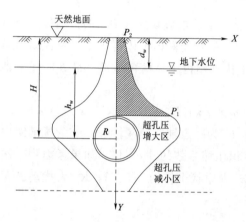

图 6.5.10　超孔压分布特征

2. 超孔压消散引起的固结变形 S_{p2}

盾构施工期间，当盾构推力、注浆压力及盾构钢壳与土体的摩擦力超过原始土水压力时，即产生附加荷载时，会引起隧道开挖面前方及隧道周围一定范围内的土体出现超孔压，假设隧道拱顶处的超孔压 P_1，地表处超孔压 P_2。地下水位线为地表以下 d_w 处，地下水位线与隧道轴心竖直距离为 h_w，则隧道周围的超孔压分布特征如图 6.5.10 中阴影部分所示，隧道周围超孔压的消散必然引起土体固结变形，从而产生地层损失或地表沉降。可采用刘建航、侯学渊提出的计算方法来估算地表沉降：

$$S_{p2} = \frac{(h_w - R)k_y t}{\sqrt{2\pi}\, i_2} \tag{6.5.45}$$

式中：S_{p2} 为考虑超孔压消散引起的地表沉降值；k_y 为隧道上覆土体的竖向渗透系数加权平均，m/d；i_2 为地下水位线处沉降槽宽度，为了简便起见，这里取 i_2 为施工期间的地表沉降槽宽度 i；h_w 为地下水位距离隧道轴线深度，m；t 为超孔压消散时间，d，与隧道上覆土体的平均超孔压 P（当无实测数据时，可取掌子面处平均附加压力 $\pm 20\mathrm{kPa}$）及土骨架的平均压缩模量 E_s 有关。

$$t = \frac{\sqrt{2\pi}\, kHP}{E_s k_y} \tag{6.5.46}$$

当考虑地基采取适当的加固措施后，上式中压缩模量 E_s 可用复合地基的压缩模量 $E_{sp} = [1+m(n-1)]\alpha E_s$ 代替（参数 m 为置换率、n 为桩土模量比、α 为桩间土与原地基土骨架压缩模量比，可参考相应的复合地基设计规范），根据工程经验，一般 $E_{sp} \approx (1.5\sim6.0)E_s$，对于饱和黄土地层可取平均为 4.0 倍。

盾构掘进期间隧道周围饱和土体产生的超孔压的计算，可根据徐方京建议的方法来近

似简化计算隧道上覆土体的平均超孔压 $P=(P_1+P_2)/2$，令隧道稳定性系数 $N=(K_0'P_v'+P_w-P_i)/c_u$，则有：

（1）当 $N \geqslant 0$ 时

$$\begin{cases} P_1=c_u(N+1+a\sqrt{6}) \\ P_2=a\sqrt{6}\left(\dfrac{R}{H}\right)^2\exp(N-1)c_u \end{cases} \tag{6.5.47}$$

（2）当 $N<0$ 时

$$\begin{cases} P_1=c_u(a\sqrt{6}-N-1) \\ P_2=a\sqrt{6}\,c_u\left(\dfrac{R}{H}\right)^2\exp(-N-1) \end{cases} \tag{6.5.48}$$

式中：c_u 为不排水抗剪强度；a 为 Henkel 系数，对于饱和黄土 $a=0.12$。

现假定超孔压比 $\psi=P/P_0$，则由上述分析可得不同超孔压比 ψ 下，超孔压消散引起的地表沉降：

$$S_{p2}=\frac{(h_w-R)P}{E_s}=\frac{(h_w-R)\psi P_0}{E_s} \tag{6.5.49}$$

3. 地下水位下降引起的固结变形 S_{p3}

隧道正常运行后，由于地下结构的排水设施失效，导致地下水位下降，从而引起地表出现长期的固结沉降。假定地下水位埋深为 d_w，以地表以下 H_0 深度处为参考面，初始水位高度、下降后的水位高度及水位降深分别为 h_1、h_2、Δh，E_{s1} 为考虑降水失水后，水位降深范围内土体骨架平均压缩模量（MPa），E_{s2} 为水位以下饱和土体的压缩模量（MPa），则水位下降后土体的有效应力变化值如图 6.5.11 中的阴影面积所示。

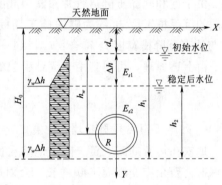

图 6.5.11 地下水位下降引起的附加应力

根据图 6.5.11，基于一维固结理论的分层总和法来计算水位降深范围内土体有效应力 $0.5\gamma_w\Delta h^2$ 引起的固结排水变形 S_1 和浸润线以下由于降水引起附加自重应力 $\gamma_w\Delta h(H_0-\Delta h-d_w)$ 产生的压缩变形 S_2，则 S_1 和 S_2 分别表示如下：

$$\begin{cases} S_1=\dfrac{0.5\gamma_w\Delta h^2}{E_{s1}} \\ S_2=\dfrac{\gamma_w\Delta h(H_0-\Delta h-d_w)}{E_{s2}} \end{cases} \tag{6.5.50}$$

假定黄土地层和孔隙水的平均容重分别为 $\gamma_l=19\mathrm{kN/m^3}$ 和 $\gamma_w=9.8\mathrm{kN/m^3}$，考虑到附加应力的计算深度为 H_0，则有 $\gamma_w\Delta h=0.2\gamma_l H_0$，则 $H_0=2.6\Delta h$，为了便于计算取为 $H_0=3\Delta h$。则有水位降低引起的初始水位线处总固结沉降 u_{p3} 为

$$u_{p3} = \zeta \gamma_w \Delta h \left(\frac{\Delta h}{2E_{s1}} + \frac{2\Delta h - d_w}{E_{s2}} \right) \tag{6.5.51}$$

式中：Δh 为地下水位降深，m，$\Delta h = h_1 - h_2$；d_w 为地下水位埋深，m，[当 $2\Delta h - d_w \leqslant 0$ 时，取 $2\Delta h - d_w = 0$；由于衬砌防水失效导致地下水位的下降，其最大下降高度 $\Delta h = h_w + R$，当 $\Delta h > h_w + R$ 时，已超出本因素的考虑范围，需另行考虑降水引起的地层固结问题。如无实测值，可根据经验取 $E_{s1} = 1.2E_{s2}$]；ζ 为考虑土体骨架结构性效应和土体失水后变形模量和强度增大效应的沉降参数调整系数，黄土地区降水引起地表沉降的实测经验取值，可取 $\zeta = 0.3$。

现令水位降深比 $\theta = \Delta h / h_w$，则上式可表示为水位降深比 θ 的函数：

$$u_{p3} = \zeta \gamma_w \Delta h \left[\frac{\theta h_w}{2E_{s1}} + \frac{(2\theta + 1)h_w - H}{E_{s2}} \right] \tag{6.5.52}$$

同样，假定水位降低后固结沉降引起水位线以下隧道宽度范围内的地层损失量与地表处地层损失量相等，则隧道宽度范围内的地层损失量为 $V = 2Ru_{p3}$，则地表最大沉降量 S_{p3}、地层固结沉降 u_{p3} 与地层损失量 V 及对应的沉降槽宽度的关系为

$$\begin{cases} u_{p3} = \dfrac{V}{\sqrt{2\pi} i_{z3}} \\[3mm] S_{p3} = \dfrac{V}{\sqrt{2\pi} i_3} \end{cases} \tag{6.5.53}$$

由于饱和软黏土隧道管片渗漏引起的地表沉降槽宽度随渗漏时间呈增大趋势，渗漏稳定后的沉降槽宽度 i_3 约为隧道施工期间沉降槽宽度的 1.42 倍，此外，深层沉降槽宽度 i_{z3} 与地表沉降槽宽度 i_3 符合：$i_{z3} = (1 - 0.65z_3/H)i_3$ 的关系，其中 $z_3 = d_w$。

由上述原理，可得到由于固结引起的地表最大沉降值 S_{p3} 为

$$S_{p3} = \frac{i_{z3}}{i_3} u_{p3} = u_{p3} \left(1 - 0.65 \frac{d_w}{H} \right) \tag{6.5.54}$$

4. 列车长期运行引起地基的震陷变形 S_{p4}

地铁在运营期间，黄土隧道地基在长期的小幅值振动循环荷载下，其大中孔隙可能发生塌缩，残余应变因而不断增长，会对隧道地基土体产生一定的疲劳损伤和振动压密现象，导致隧道上覆土体和隧道底部土体整体下沉，以西安地铁饱和黄土地层为例，大量动三轴循环试验得到频率 $f = 2.0\,\text{Hz}$ 情况下，地层的动应力比 $R_d = 0.026 \sim 0.192$，饱和黄土动循环变形稳定后的残余应变 ε_s^c 与动应力比 R_d 的函数关系：

$$\varepsilon_s^c = 2cR_d^m \arctan(202.44R_d^m)/\pi \tag{6.5.55}$$

式中：c、m 为经验系数，$c = 0.333$，$m = 1.259$；R_d 为动应力比，$R_d = 0.5\sigma_d/\sigma_3$；$\sigma_d$ 为动应力幅值，kPa；σ_3 为土体的初始固结围压，kPa。

根据已有经验分析认为，动应力荷载的影响深度在离隧道底 $h_d = 3.0 \sim 5.0\,\text{m}$，盾构隧道地基以下 $4 \sim 6\,\text{m}$ 范围内衰减至 90% 以上，这样可得到隧道地基下饱和黄土下卧层的震陷变形（需要说明的是：经验表明，当隧道地基所处地层为非饱和黄土地层时，列车运行振动基本不存在震陷变形，故震陷变形可忽略不计），假定隧道本身发生刚体位移，根据地层损失量 $V = 2Rh_d\varepsilon_s^c$ 相同原理，从而可得到隧道拱顶处震陷沉降为

$$u_{p4}=\frac{V}{\sqrt{2\pi}\,i_{z4}}=\frac{2Rh_d\varepsilon_s^c}{\sqrt{2\pi}\,i_{z4}}=\frac{0.51cRR_d^m\arctan(202.44R_d^m)h_d}{i_{z4}} \tag{6.5.56}$$

式中：i_{z4} 为深度 $z_4=H-R$ 处的沉降槽宽度，$i_{z4}=[1-0.65(H-R)/H]i_4$，$i_4$ 为由于震陷引起的地表沉降槽宽度。

同上，也可得到由于震陷引起的地表最大沉降量 S_{p4} 为

$$S_{p4}=\frac{i_{z4}}{i_4}u_{p4}=u_{p4}\left(1-0.65\frac{H-R}{H}\right)=u_{p4}\left(0.35+0.65\frac{R}{H}\right) \tag{6.5.57}$$

6.5.2.3 盾构施工引起的地表沉降曲线

1. 施工期地表沉降曲线

由于盾构施工工艺控制不良引起的隧道拱顶沉降估算结果，假定：①隧道断面收敛形式均为"月牙形"；②盾构隧道施工期间不排水条件下导致隧道断面收敛产生的地层损失与地表沉降引起的地层损失相等。则可根据"地层损失率"概念及 Peck 公式原理来预估地表最大沉降，经 Peck 公式推导得到，施工期地表最大沉降量 S_c、地层损失率 V_l（或地层损失量 V）、地表沉降槽宽度 i 及盾构隧道开挖半径 R、隧道拱顶沉降 u_c 的关系如下式：

$$S_c=\frac{V_l\pi R^2}{\sqrt{2\pi}\,i}=\frac{\pi R^2(4u_cR+u_c^2)}{4R^2\sqrt{2\pi}\,i}=\frac{0.313(4u_cR+u_c^2)}{i} \tag{6.5.58}$$

综合前述 5 个影响因素，可得到盾构施工期间地表累计最大沉降 S_c 和拱顶累计沉降量 u_c 的表达式：

$$\begin{cases} S_c=\sum_{j=1}^{5}S_{cj} \\ u_c=\sum_{j=1}^{5}u_{cj} \end{cases} \tag{6.5.59}$$

上式中：S_{cj} 为施工期不同拱顶沉降 u_{cj} 下对应的地表最大沉降值；u_{cj} 为隧道拱顶沉降分量（$j=1\sim5$，为影响因素个数）；i 为地表沉降槽宽度，m，关于其取值说明如下：根据大量经验表明，当隧道洞径 D 不变，且地表或地层内部无建（构）筑物影响情况下，由于地下开挖产生地层损失而诱发地表沉降，其天然地表的沉降槽宽度 $i=kH$，地表沉降槽宽度系数 k 的取值，可采用与隧道轴线埋深 H、隧道洞径 D 的经验函数关系来描述，也可根据实测地表沉降值进行反演分析获得，黄土地区可参考工程实际的统计数据来预估。

综合前述 5 个影响因素，基于 Peck 公式，可得到施工期地表沉降槽曲线 S_{xc} 的估算公式：

$$S_{xc}=S_c\frac{-x^2}{2i^2} \tag{6.5.60}$$

式中：S_{xc} 为施工期不同影响因素诱发的地表沉降量，mm；i 为地表沉降槽宽度；x 为地表点与隧道轴线水平距离，m。

2. 工后期地表沉降曲线

综合前述 5 个影响因素，盾构施工后引起的隧道周围地层发生变异引起的地层损失，

可得到工后期地表沉降曲线估算式：

$$S_{xp}=S_{p1}\frac{-x^2}{2i_1^2}+S_{p2}\frac{-x^2}{2i_2^2}+S_{p3}\frac{-x^2}{2i_3^2}+S_{p4}\frac{-x^2}{2i_4^2} \tag{6.5.61}$$

式中：S_{xp} 为工后地层条件变化诱发的地表沉降量；i_1、i_2、i_3、i_4 分别为不同影响因素下的地表沉降槽宽度。

3. 地表总沉降曲线

根据盾构施工期间及工后期引起的地表沉降特征，基于 Peck 公式，得到综合考虑上述 9 个影响因素的地表沉降曲线估算公式：

$$S_x=S_{xc}+S_{xp}=S_c\frac{-x^2}{2i^2}+S_{p1}\frac{-x^2}{2i_1^2}+S_{p2}\frac{-x^2}{2i_2^2}+S_{p3}\frac{-x^2}{2i_3^2}+S_{p4}\frac{-x^2}{2i_4^2} \tag{6.5.62}$$

6.5.3 盾构掘进施工变形控制措施

1. 注意维护盾构开挖面的稳定

（1）做好正面支撑，疏干开挖面。

（2）对土压平衡盾构，控制舱压使其与前方自然水土压力相平衡。

（3）控制排土量与掘进速度，以维护开挖面的稳定。

（4）减少前方土体的挤压（欠挖时）、扰动（超挖时）和塑性破坏与塌方。

2. 及时注浆、控制注浆时间、注浆压力和注浆量

注浆分为充填注浆（同步注浆）和压密注浆（二次注浆）。充填注浆是指沿盾尾外壳设多根注浆管的同步注浆系统。管片脱离盾尾后，应及时注浆，以充填其间的建筑空隙，以减小地层损失和周边土体的卸荷变形。压密注浆：在充填注浆之后进行，是进一步控制地表沉降的有效辅助手段。控制充填注浆和压密注浆的注浆压力和注浆量。注浆入口的压力应稍大于该处的静止水、土压力之和。注浆量可以根据相应的理论公式进行计算。

3. 注意减小盾构的纠偏量

盾构轴线掘进方向偏差的原因主要有：分区千斤顶推力不均衡、个别千斤顶漏油失控、开挖面排土不均衡、管片拼装失误、管片纵横螺栓松紧不匀称、注浆压力环向不对称、浆液流动不理想、工程地质条件出现突变或渐变、盾构掘进速度异常等。当盾构掘进水平或高度上的偏差超过 30mm 才需要纠偏。

为了保证盾构掘进中的轴线定位走向与设计轴线尽可能一致，减小盾构的纠偏量，以缓和因盾构纠偏对周围土层的剪切挤压扰动和盾尾与管片后背之间的间隙与地层损失，常需要调整分组千斤顶的推力、沿着纵缝和环缝，垫楔形软木、校正定位管片的倾斜度、改进注浆方式和浆液性质、减小一次性纠偏的幅度等。近年来，由于盾构施工掘进及纠偏技术的大大改进，由于盾构姿态变化导致的地层损失已经可以极大限度的避免了，盾构纠偏的问题已不是主要问题。

4. 采用预注浆、跟踪注浆和工后注浆的"三阶段注浆控制"

施工中应急可采用预注浆、跟踪注浆和工后注浆的"三阶段注浆控制"。

5. 控制主要设计施工参数

开挖排土量、超挖、欠挖量；掘进速度；盾构千斤顶推力，舱压力；管片后背同步充填注浆和二次压密注浆的浆压和浆量；盾构每次纠偏量和总的纠偏量等。

6. 加强对邻近已建建筑物、地下管线路基路面等的保护

对于地表变形区域内的结构，应确保其不受损伤；满足其对于建筑损伤（影响外观，裂缝 0.5～1.0mm）、功能损伤（影响使用，无法开窗、掉灰、墙体或楼板开裂、倾倒）、结构损伤（影响稳定，梁、柱、墙体断裂、失稳、扭曲等）等不同等级的要求，控制在规范允许的等级内；一般对建筑物裂缝的控制标准分级如下：可忽略的，裂缝＜0.1mm；很轻，裂缝＜1.0mm；轻，裂缝＜5.0mm；中等，5.0～15.0mm；严重，15.0～25.0mm，还取决于裂缝的数量；很严重，＞25.0mm，还取决于裂缝的数量。

6.5.4 盾构施工变形控制标准

盾构施工对地表变形、邻近管线、建筑物及隧道收敛变形必须控制在许可值范围之内，否则将引起难以估量的环境灾害问题。根据以往地铁施工经验，设计要求及《城市轨道交通结构安全保护技术规范》（CJJ/T 202—2013）规定，建立了相应的控制值和预警值。具体见表 6.5.2～表 6.5.5。

表 6.5.2 施工监控量测控制标准表

序 号	监测项目	控 制 标 准	预 警 值
1	地面沉降	−30～+10mm	−20mm
2	管线沉降	−30～+10mm	据实际要求
3	地面建筑物沉降	30mm	20mm
4	拱顶下沉	30mm	20mm
5	周边收敛位移（B 为开挖跨度）	$0.003B$	$0.002B$

（1）地表变形限值：一般情况为 −30～+10mm，特殊情况另定。

（2）建筑物沉降控制值：根据经验，桩基础建筑物允许最大沉降值不大于 10mm，天然地基建筑物允许最大沉降值不大于 30mm。具体见表 6.5.3。

表 6.5.3 各类建筑物允许倾斜或沉降值表

建筑物结构类型	基 地 土 类 型		备 注
	中低压缩性土	高压缩性土	
砌体承重结构	0.002	0.003	1. L 指相邻桩基的中心距离；2. H 指自室外地面算起的建筑物高度；3. 倾斜是指基础倾斜方向两端点的沉降差与其距离的比值；4. 如有关部门对建筑物的沉降有特殊要求时，以其要求为准；5. 以上控制标准采用，《建筑地基基础设计规范》（GB 50007—2012）基准值
工业与民用建筑物相邻接桩基的沉降差：			
砖石墙填充边排桩	$0.007L$	$0.001L$	
框架结构	$0.002L$	$0.003L$	
不均匀沉降时不产生附加力的结构多层、高层	$0.005L$	$0.005L$	
高层或多层建筑物的基础倾斜：			
$H<24m$	$0.004L$	$0.004L$	
$24m\leqslant H<60m$	$0.003L$	$0.003L$	
$60m\leqslant H<100m$	$0.002L$	$0.002L$	
$H\geqslant 100m$	$0.0015L$	$0.0015L$	

（3）隧道变形限制。控制标准原则上按照《城市轨道交通结构安全保护技术规

范》（CJJ/T 202—2013）控制进行确定。见表 6.5.4、表 6.5.5。

表 6.5.4　　　　　　城市轨道交通结构安全控制指标值

安全控制指标	预 警 值	控 制 值
隧道水平位移	＜10mm	＜20mm
隧道竖向位移	＜10mm	＜20mm
隧道径向收敛	＜10mm	＜20mm
隧道变形曲率半径	—	＞15000m
隧道变形相对曲率	—	＜1/2500
盾构管片接缝张开量	＜1mm	＜2mm
隧道结构外壁附加荷载	—	≤20kPa
轨道横向高差	＜2mm	＜4mm
轨道方向高差（矢量值）	＜2mm	＜4mm
轨间距	＞－2mm	＞－4mm
	＜＋3mm	＜＋6mm
道床脱空量	≤3mm	≤5mm
振动速度	—	≤3.2cm/s
结构裂缝宽度	迎水面＜0.1mm	迎水面＜0.2mm
	背水面＜0.15mm	背水面＜0.3mm

表 6.5.5　　　　　　既有线轨道、道床控制指标参考数值表

控 制 指 标	参 考 数 值	控 制 指 标	参 考 数 值
轨道坡度允许控制值	1/2500	结构变形缝合度	5~7mm
道床剥离量允许控制值	1mm	轨道结构允许垂直位移控制值	5~10mm

6.6　地下施工对古建筑影响问题

6.6.1　刚度修正法原理

以西安市为例，城市地下空间的开发可能会对传统古建筑（土遗址）产生影响，导致古建筑变形、倾斜、开裂甚至坍塌。古建筑的抵抗变形能力较弱，但仍可作为地表的构筑物相对于地层而言，仍具有较高的刚度，对其变形的预测不能将其视为与天然地面一样进行计算分析（图 6.6.1），于是就有学者提出了"刚度修正法"原理，将建筑物的刚度考虑到沉降槽公式中来评估古建筑在地下开挖引起的变形问题。

根据共同作用分析原理，古建筑基础结构刚度对地下施工引起的地层沉降槽的影响的内在机理可归结如下：

（1）由于建筑物具有结构刚度，在这种刚度作用下，会起到对地层位移的约束作用。根据共同作用原理，刚度具有传递、协调作用，由此造成变形均匀化。除此以外，建筑物还具有如下作用：改善了表层土体单元的受力状态，使中心土体塑性沉降变形减小；建筑

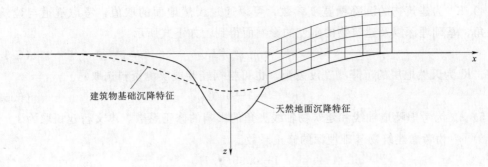

图 6.6.1　建筑物对地表沉降的约束作用示意图

物与地基接触的摩阻力直接抵抗沉降槽内土体向中心位移的趋势；建筑物基底部位与地基的黏结力可承受一部分沉降槽内土体的下沉变形，从而使沉降槽变宽，变浅。事实上，对于厚度为 t、结构刚度为 M 的上部结构刚度，对沉降槽的约束作用影响可以采用一个等效的附加埋深 z_t 来表述，设土的刚度为 m_s，若 z_t 厚度的土体总刚度与该建筑物结构刚度相等，则应有

$$z_t = \frac{M}{m_s} t \tag{6.6.1}$$

由此可见，若考虑结构刚度 M，则从效果上看，可以等效看作隧道埋深增大，隧道埋深增大，沉降槽宽度趋于增大，在地层损失率不变的情况下，沉降槽变浅。

（2）对于刚度分布均匀的建筑物，其对地层位移的约束作用也是均匀而连续的，由此形成建筑物的变形曲线也是连续曲线，且最大沉降点位置不变（或在实际工程中可近似看作不变）。

（3）由于建筑物的结构刚度越大，对地基的约束作用越强，地基在这种约束作用下变形越均匀，也就是表现为沉降槽越平缓。因此，沉降槽的形态直接与建筑物的结构刚度有直接关系。从上式可见，若结构刚度越大，则其等效土的埋深就越深，沉降槽宽度也越大。

根据前面的研究，具有连续而均匀结构刚度的建筑物，与天然地面一样，其沉降槽曲线也可以采用高斯曲线来描述，韩煊提出了如下刚度修正法计算建筑物变形的沉降槽公式如下：

$$S_M = \frac{A V_l^s}{\sqrt{2\pi} K^s H} \exp\left[\frac{-x^2}{2(K^s H)^2}\right] \tag{6.6.2}$$

其中：

1）V_l^s 为建筑物某一个剖面沉降曲线的地层损失系数，可以通过对天然地面的值进行隧道夹角的修正得到，即

$$V_l^s = \eta_{vl}^\alpha V_l \tag{6.6.3}$$

2）V_l 为天然地层情况下的地层损失率。

3）η_{vl}^α 为考虑隧道和建筑物夹角的地层损失率修正系数。

$$\eta_{vl}^\alpha = \frac{1}{\cos\alpha} \tag{6.6.4}$$

4）K^s 为建筑物的沉降槽宽度参数，可以通过天然地面的取值，考虑隧道与建筑物的夹角、基础埋深以及建筑物的刚度的影响而得到。如下式所示：

$$K^s = \eta_k^a \eta^d \eta^M K \tag{6.6.5}$$

式中：K 为天然地层的沉降槽宽度系数，也可根据经验或实测资料选取。

$$K^{M=0} = 1 - 0.02\varphi \tag{6.6.6}$$

5）η_k^a 为考虑隧道轴线和建筑物轴线夹角的影响的修正系数，本文暂建议取为 1。

6）η^d 为考虑建筑物基础埋深的修正系数。

$$\eta^d = \frac{1 - 0.65(z/H)}{1 - z/H} \tag{6.6.7}$$

7）η^M 为考虑建筑物结构刚度的修正系数。

$$\eta^M = 0.70 M^{0.20} \tag{6.6.8}$$

8）M 为结构的截面剪切刚度，单位为 N。

$$M = \sum_{i=1}^{n} 0.5\zeta_i E_i A_{si}/(1+\nu_i) \tag{6.6.9}$$

式中：E_i 为截面上第 i 个结构构件材料的弹性模量，GPa，对于采用石灰砌筑的砖石砌体古建筑结构而言，由于年代久远而造成的劣化损伤，可采用面波法、环境激励法来实测古建筑的综合弹性模量，$E_i = 0.1 \sim 3.0$ GPa 不等，视损伤等级而定；砌体结构材料泊松比 $\nu_i = 0.15 \sim 0.21$；A_{si} 为截面上第 i 个结构构件截面面积，m²；ζ_i 为考虑建筑物截面上第 i 个结构构件的开洞面积对整体刚度的折减效应；n 为建筑物某截面上构件总数，可采用表 6.6.1 来计算。

表 6.6.1　　　　　　　考虑结构开洞影响的刚度折减系数 ζ_i

墙 体 类 型	长度 $l <$ 高度 h	长度 $l > 2h$
没有开洞	1.00	1.00
开洞面积 0~15%	0.70	0.90
开洞面积 15%~25%	0.40	0.60
开洞面积 25%~40%	0.10	0.15

由此可见，刚度修正法具有如下特点：

（1）考虑了复杂的结构刚度等因素对地层位移的影响。与目前国内外常用的经典 Peck 法相比，刚度修正法继承了经典 Peck 公式简单、实用的优势，但避免了直接对建筑物采用 Peck 法导致的估算建筑物变形过大（往往因此而失去其实用价值）的不足，因为刚度修正法考虑了结构刚度这一关键因素对沉降曲线的影响。

（2）计算简单。与同样可以考虑地基-上部结构共同作用影响的数值分析方法相比，刚度修正法明显具有简单、快捷的特点。所需的计算参数均为常规数据，在计算结构刚度时，仅需对所需要研究的建筑物进行简单的考察、获得结构信息即可；所需的计算过程也十分便捷。

（3）计算结果全面，适用性强。与目前国际上唯一的一个考虑结构刚度调整作用的 Potts 和 Addenbrooke（1996，1997）方法相比，刚度修正法可以得到完整的建筑物沉降曲线，而不仅仅是挠曲比或水平应变的修正系数。如果隧道和建筑物为斜交，还可以得到不同观测剖面的沉降曲线。上述计算成果不仅可以满足对结构安全性的完整评估，还可以进一步得到建筑物的倾斜、弯曲、甚至扭曲变形值。

（4）上述方法是基于工程实测数据提出的，个别建议的参数可能会随着实践检验、实测数据的积累而有所修正、补充或完善，但基本原理和方法有工程普遍适用性，因此具有工程实用价值。

6.6.2 古建筑基础变形的预测与评价

根据前文所述的盾构施工诱发的天然地表沉降槽公式 S_x，对其进行刚度修正法修正后可得到考虑古建筑刚度的修正沉降槽公式 S，然后根据横向沉降槽与水平变形之间的关系，也可得到水平位移曲线 S_y：

$$S_y = S_M x / H \tag{6.6.10}$$

将式（6.6.10）进行微分可得到水平应变 ε_y 曲线：

$$\varepsilon_y = S'_y(x) \tag{6.6.11}$$

将式（6.6.11）微分得到沉降槽曲线的斜率或局部倾斜 L_d：

$$L_d = \frac{\mathrm{d}S_M}{\mathrm{d}x} \tag{6.6.12}$$

将式（6.6.12）微分得到古建筑基础的曲率 C_{ur} 为

$$C_{ur} = \frac{\mathrm{d}^2 S_M}{\mathrm{d}x^2} \tag{6.6.13}$$

根据上述曲线，可得到曲线对应的峰值或突变点。

对于古建筑基础变形控制标准，可借鉴中华人民共和国煤炭工业部《建筑物、水体、铁路及主要井巷煤柱留设与压煤开采规范》（2017 年版）提出的砌体结构破坏标准评判方法，但对于古建筑而言，需要修正规范，根据多年的研究经验，将其评判标准修正为表 6.6.2。

表 6.6.2　　　　　　　　　　砌体结构破坏等级、许可变形及修复建议划分表

破坏等级		破坏程度（裂缝宽度 d）	变形许可值				处理方法
			局部倾斜 /(mm/m)	曲率 /(10^{-3}/m)	水平应变 /(mm/m)	沉降量 /mm	
古建砌体		$d \leqslant 2mm$	$\leqslant 0.5$	$\leqslant 0.05$	$\leqslant 1.0$	± 5	不修
一般砌体	Ⅰ	$d \leqslant 4mm$	$\leqslant 3.0$	$\leqslant 0.2$	$\leqslant 2.0$	—	不修
	Ⅱ	$4mm \leqslant d \leqslant 15mm$	$\leqslant 6.0$	$\leqslant 0.4$	$\leqslant 4.0$	—	轻修
	Ⅲ	$16mm \leqslant d \leqslant 30mm$	$\leqslant 10.0$	$\leqslant 0.6$	$\leqslant 6.0$	—	中修
	Ⅳ	$d > 30mm$	> 10.0	> 0.6	> 6.0	—	大修或重建

对于古建筑而言，古建筑基座的变形许可控制标准：局部倾斜应控制在 $L_d \leqslant 0.5mm/m$（即 0.5‰），水平应变应控制在 1.0‰，基础的沉降控制在 $S_{max} \leqslant \pm 5mm$，天然地表沉降控制在 $S_{max} \leqslant \pm 20mm$，地表曲率控制在 0.05×10^{-3}/m。因此，采用上述方法计算得到古建筑砌体结构基础在隧道作用下变形特征值与规范中的许可变形值进行对

比，超过许可值，则认为盾构隧道施工控制不合理，应迅速采取地基加固措施、改善盾构工艺参数等，从而实现对盾构施工工艺控制和地基加固措施方案的制定。

6.6.3 地下施工对古建筑的保护措施

盾构施工引起地表沉降和结构物变形是不可避免的。针对这一问题工程技术人员在长期的施工实践中找到了很多对策，以有效地控制沉降范围和沉降量，保证各类建筑物的安全。除了采取适当的盾构施工工艺来控制地层沉降，即在施工前合理选用盾构类型和在施工中精心操作，使盾构处于最佳状态之外，还采用加固地层的方法来消除地层沉降。

1. 盾构施工工艺控制

最佳盾构推进是指盾构推进中对周围地层及地面的影响最小，表现在地层的强度下降小、受到扰动小、超孔隙水压小、地面隆沉小以及盾尾脱开后的沉降幅度小，这些理想指标也是盾构施工中控制地面沉降、保护环境的首要条件和治本办法。

根据 5.1.2 节中的大量分析表明，盾构施工工艺主要控制参数包括：前仓压力、千斤顶顶力及分布、推进速度、盾构坡度、纠偏方向与纠偏量、浆液配式、数量、压力等。掘进过程中，必须视隧道上覆土厚度、地质条件、地面荷载、设计坡度及转弯半径、轴线偏差情况及盾构现状姿态、地表监测情况等，上述 10 个参数，既是独立的，又有互相匹配、优化组合的问题，其根本目的是控制盾构推进轴线偏差不超出允许范围及尽量减少地层变形的影响。在盾构过城墙前，应通过对盾构已穿越段的各项参数的分析（盾构掘进土压、掘进速度、注浆压力、注浆量等）来预估盾构穿越古城墙的最佳通过参数，从而保证古城墙的安全。

在盾构推进中参数优化组合的宏观表现就是地表变形的控制，同时必须配以相应的监测手段，将实测的各类数据与监测的地表沉降值整理分析、优化组合，指导下一步的掘进，实行信息化施工。在盾构推进过程中应做到如下几点：

(1) 严格控制切口土压力，确保土压平衡，在土压平衡状态下均速通过，防止超挖，穿越时降低推进速度，保证平稳推进，严格控制盾构推进方向，减少纠偏，特别是大量值纠偏，纠偏坡度控制在 $\pm 1‰$ 以内，平面偏差控制在 15mm 以内，每次纠偏量不得超过 5mm。

(2) 及时注浆减少地层损失，严格控制同步注浆量和注浆压力，注入量一般为 150%～200% 的理论盾尾空隙量。注浆压力一般略大于隧道底部的土压力。

(3) 采用二次注浆辅助施工法，进一步加固因开挖松动的土层，防止松动现象向上扩展，控制好盾构姿态，确保盾尾间隙均匀。

(4) 对同步注浆及二次注浆或环箍补浆（多次补浆）的浆液质量、注浆量、注浆压力、速度严格控制，防止注浆引起土体隆起，在施工中对地上地下进行跟踪监测，并根据反馈数据及时调整施工参数。

(5) 对该段管片采取单片验收。要求管片生产龄期达到 28d，管片强度达到设计强度的 100%，抗渗指标合格，管片厚度合格，防迷流指标合格，管片无缺角掉边，无麻面露筋，表面密实，预埋件完好，位置正确。

(6) 盾构掘进前准备支顶加固材料、注浆材料、抢险机具设备、车辆、警戒标识物等备用。

（7）在到达城墙影响范围前选择一开挖面自稳性较好的地段对盾构机进行全面检修，减少在下穿城墙段停机检修的风险，加强施工过程管理，确保盾构连续穿越，并对盾构的各个工艺流程尤其是注浆工艺进行 24h 监控，及时记录实际发生的各项数据，同时将监测结果及时反馈给项目主管和作业层，及时调整掘进参数。

（8）左右线施工时，为了万无一失，两台盾构机前后距离控制在 30D 以上，避免第一台盾构通过后土体还未稳定情况下，第二台盾构施工对土体的二次扰动，减小地表沉降。

2. 地层加固控制

由于地面沉降产生的主要原因是土体损失，因此要控制地面沉降量及其影响范围就是要使土体损失量降至最低。正确地选用各种地基加固方法，就能使地层蠕动趋势减少，颗粒土被黏结，孔隙被填充，土体稳定程度增强，从而达到减小地面沉降的目的。目前常用的一些保护建筑物方法有承压板法、截止墙法、地层加固法等。

（1）承压板法。承压板法是在盾构机通过之前，预先在原有建筑物下方设置钢筋混凝土承压板，利用千斤顶来支承建筑物。然后，随时观测掘进过程中承压板的下沉量，根据下沉量调整千斤顶的高度，以保持建筑物的稳定。这种方法对于规模较大、精度要求高的建筑物不宜采用；但对于中小型建筑物而言，由于其造价低、工期短，故较为常用。该方法在施工时对城墙的扰动太大，不宜采用。

（2）截止墙法。截止墙法是为了防止盾构机通过时导致地层扰动和沉降对原有构造物造成不良影响，而在隧道和构造物之间设置一道用板桩法、排柱桩法、地下连续墙法构筑的截止性隔墙。以此切断盾构推进给原有构造物带来的影响，进而实现保护原有构造物的目的。构筑隔墙形成后对原有构造物的变形抑制十分有效，所以常用来防护允许变形量小的构造物。由于隔墙本身也是临近施工，在构筑隔墙时，也要考虑施工对构造物的影响。

（3）地层加固法。地层加固法分为灌浆法和高压喷射注浆法两种。前者是向周围地层和原有构造物近旁地层注入固结性浆液；后者是向地层喷射注浆的同时搅拌地层使土体与注浆混合在一起然后固结。两者的目的都是固结地层，提高地层的强度和防渗性能。进而抑制盾构机通过时的松动范围，从而防止地层变位。灌浆法是指利用液压、气压或电化学原理通过注浆管把浆液均匀地注入地层中，浆液以填充、渗透和挤密等方式，赶走土颗粒或岩石裂隙中的水分和空气后占据其位置，经人工控制一定的时间后，浆液将原来松散的土粒或裂隙胶结成一个整体，形成一个结构新、强度大、防水防渗性能高和化学稳定性良好的"结石体"。这种方法简单易行，关键技术是根据地基条件选用适宜的浆液和注入工法。施工时注入压力不能过高，随时监测注入压力和构造物的变位状况。

在本工程中推荐使用钻孔灌注桩和注浆两种方法相结合加固地层。该方法简单易行、工期短，费用较低，而且能有效提高地层的强度和防渗性能，进而抑制盾构机通过时的松动范围，防止地层变位，从而保证国家重点保护文物古城墙的安全。为保证国家级重点文物西安城墙的安全和稳定，沿城墙两侧布设钢筋混凝土隔离桩，桩顶设置连续冠梁；在城门洞脚预设可重复注浆的袖阀管，即时监测反馈信息，以便于跟踪补偿注浆（采取该项措施后，有效地控制了城墙的沉降，盾构施工前后均未启动补偿注浆）；同时在门洞内设置工字钢拱圈加强支护。

3. 盾构下穿城墙及钟楼保护措施案例分析

（1）城墙保护措施。盾构穿越城墙前在距离城墙两侧 8m、在瓮城两侧 5m 处布置 $\phi1.0m\times1.4m$ 的钻孔灌注桩，桩长分两种：盾构线路两侧桩长至盾构底下 2m，并在桩顶设宽度 1m，高度为 0.8m 的冠梁；盾构穿越处桩长至盾构顶 1m，并在桩顶设宽度 1m，高度为 0.8m 的冠梁，在每间隔 5m 处设一肋。

（2）钟楼保护措施。为了尽可能地保护西安钟楼，应以增强建筑物的自身抗干扰能力主要以隔断基座与隧道之间的土体联系为主要思路，利用钻孔桩隔断地层沉降槽，减小钟楼方向地层沉降。工程实际中加固方式为：隔离排桩设置在盾构隧道和钟楼基础之间，在钟楼基座外围 8m 左右，大桩与小桩相间布置，大桩直径为 1m，型桩长 27m，共 105 根，小桩直径 0.6m，间距 1.3m，长 20.9m，共 34 根。桩顶加冠梁，尺寸为 1m×0.8m（宽×高），埋深 2.5m。桩尖进入地层下部粉质黏土 2m，所有的灌注桩被连为整体通过桩间施工旋喷封闭，跳桩施工。地铁二号线、钟楼基座及周围加固桩的平面关系如图 6.6.2 所示。

（3）实际监测结果。2008 年 11 月—2009 年 9 月，4 台盾构先后 4 次下穿护城河、城墙，2 台盾构 2 次绕穿钟楼。盾构施工期间监测结果表明，城墙段地面最大累计沉降为 −7.50mm，钟楼基座最大沉降为 −1.40mm，地面最大累计沉降量为 −6.09mm，表明经过地层加固、建筑物本体加固和精细的组织施工，古建筑物基础及地表变形均控制在许可值范围 （−15，＋5)mm 之内。

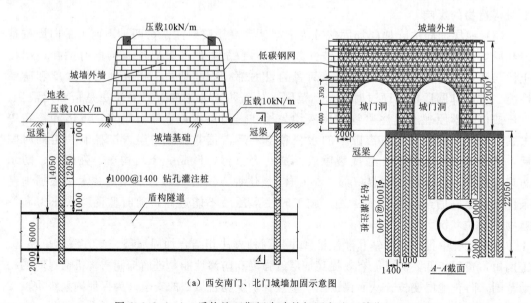

（a）西安南门、北门城墙加固示意图

图 6.6.2 （一） 盾构施工期间古建筑加固方法（单位：mm）

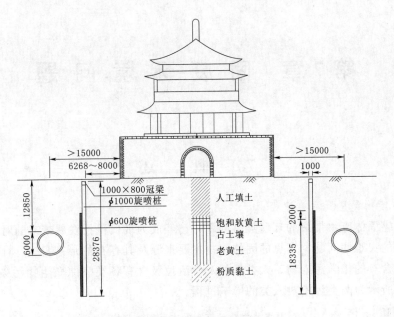

（b）西安钟楼地基加固示意图

图 6.6.2（二）　盾构施工期间古建筑加固方法（单位：mm）

第7章 固废环境问题

7.1 概　　述

1. 固体废物类型及污染途径

对于有害固体废物带来的环境灾害问题，已经成为现代科技发展带来的对人类生存环境产生影响的灾难性问题，常见的固体废物主要来源及其存在的形态见表 7.1.1。工矿业固体废物所含有的化学污染物、人类粪便及生活垃圾含有各类病原微生物污染。图 7.1.1 和图 7.1.2 所示为两类污染对人类的影响过程。

表 7.1.1　　　　　　　　　　从各类发生源产生的主要固体废物

发 生 之 源	产生的主要固体废物
矿业	废石、尾矿、金属、废木、砖瓦和水泥、砂石等
冶金、金属结构、交通、机械等工业	金属、渣、砂石、模型、芯、陶瓷、涂料、管道、绝热和绝缘材料、黏结剂、污垢、废木、塑料、橡胶、纸、各种建筑材料、烟尘等
建筑材料工业	金属、水泥、黏土、陶瓷、石膏、石棉、砂、石、纸、纤维等
食品加工业	肉、谷物、蔬菜、硬壳果、水果、烟草等
橡胶、皮革、塑料等工业	橡胶、塑料、皮革、布、线、纤维、染料、金属等
石油化工业	化学药剂、金属、塑料、橡胶、陶瓷、沥青、污泥油毡、石棉、涂料等
电器、仪器、仪表等工业	金属、玻璃、木、橡胶、塑料、化学药剂、研磨料、陶瓷、绝缘材料等
纺织服装工业	布头、纤维、金属、橡胶、塑料等
造纸、木材、印刷等工业	刨花、锯末、碎木、化学药剂、金属填料、塑料等
居民生活	食物、垃圾、纸、木、布、庭院植物修剪物、金属、玻璃、塑料、陶瓷、燃料灰渣、脏土、碎砖瓦、废器具、粪便、杂品等
商业、机关	同上，另有管道、碎砌体、沥青等其他建筑材料，含有易霉、易燃、腐蚀性、放射性废物以及废汽车、废电器、废器具等
市政维护、管理部门	脏土、碎砖瓦、树叶、死禽畜、金属、锅炉灰渣、污泥等
农业	秸秆、蔬菜、水果、果树枝条、人和禽畜类便、农药
核工业和放射性医疗单位	金属、含放射性废渣、粉尘、污泥、器具和建筑材料等

注　引自《中国大百科全书》环境科学卷。

2. 城市生活垃圾

（1）全球每年的垃圾量高达 $100×10^9 t$（100 亿 t，全球 78 亿人），人均 1.3t。

其中，加拿大 36.1t/人，13.3 亿 t/年；保加利亚 26.7t/人，1.9 亿 t/年；美国 25.9t/人，84.3 亿 t/年；爱沙尼亚 23.5t/人，3091.2 万 t/年；芬兰 16.6t/人，9169.8 万

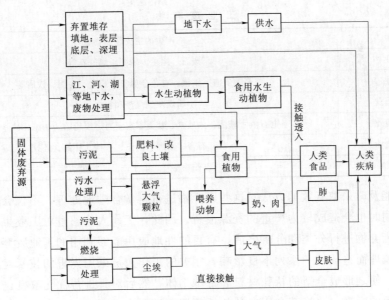

图 7.1.1　化学物质固体废物传播疾病途径

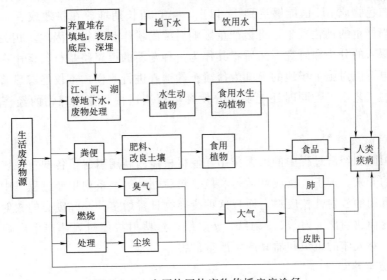

图 7.1.2　病原体固体废物传播疾病途径

t/年。

（2）根据全球统计发现，城市生活垃圾总量：1979 年 0.25 亿 t，1997 年已达 1 亿 t，2012 年 1.7 亿 t。我国城市生活垃圾的年总产量以每年大约 8%～10% 的速度增加，1993 年 552 个城市统计已达 8971 万 t，出现了"垃圾包围城市"的形象。垃圾存放引起了一定的环境问题。

3. 工业垃圾

在社会发展和工业快速发展的过程当中，电力、煤炭、冶金等的产业规模不断扩大，这也就意味着在生产的过程当中将会产生大量的工业废弃物，见表 7.1.2。

表 7.1.2　　　　　　　　　　　　**工 业 废 弃 物**

来　源	产生的主要废弃物
采矿业	废石、尾矿、磷矿、煤矸石等
冶金业	高炉矿渣、钢渣、有色金属渣、粉尘、污泥、铁屑等
燃烧制造业	粉煤灰、煤渣和粉尘等
化学制造业	电石渣、碱渣、木质素、盐泥、废塑料、废轮胎、油泥、油脂等
键槽制造业	石灰、石膏、水泥、砂土、石棉、纤维、纸等
其他废渣	农作物秸秆、电子产品、核废渣等

如果不能及时采取有效的方法对这些废弃物进行科学合理地处理，不仅会造成环境的严重污染，同时也会造成较为严重的资源浪费。因此，工作人员通过对工业生产过程当中产生的各种废弃物进行分类和分析之后，有目的性地应用能够利用的工业废弃物，这样能减少焚烧和填埋而造成的一系列不良影响。相关的工作人员采用先进的技术对工业废渣进行处理之后，使之形成全新的特殊材料和特殊土体，然后对其进行优化改良，以确保能够达到二次使用的标准，并将其利用在其他的领域建设和生产当中。

在进行乙炔气、聚乙烯醇、聚氯乙烯（PVC）等工业产品生产时会产生电石渣，这种特殊的灰白色物质 pH 值能够达到 12 以上。电石渣长期堆放在耕地或者土地上，会使土壤出现相当严重的钙化现象，将会严重影响后续的耕作和复耕。因此，相关人员就对电石渣进行了深入的分析和研究，然后将其作为一种全新的道路路基材料运用在工程建设当中。如利用电石渣对施工场地的土壤为盐渍土的地基进行改良，不仅能够显著地提升注入技术和整体的工艺水平，同时还能够充分发挥电石渣这种工业废弃物的经济效益和社会效益。

4. 放射性核废料

核能在国防和经济过程中的巨大作用，使得核能的利用引起了各国重视。在核能利用过程（铀矿的开采、加工、反应堆运行和核燃料后处理等一系列生产过程）中，会产生许多人类不再有用的放射性核废料，而且这种废弃物日益增多。这些废弃的放射性核素，通过自身的衰变而放射出 α 射线、β 射线、γ 射线，这些射线能对人体产生影响，在较大的辐照剂量下，对人体的组织和器官产生严重危害。

5. 固体废弃物处置

卫生填埋是城市固体废弃物的主要处置方法，在中国和美国分别占终端总处置量的 88% 和 80%。深地质填埋是核废料的主要处置方法。城市固废填埋场和核废料处置库的功能特殊，服役环境极端，极易成为灾害源而引发环境灾害。城市固废填埋场的服役寿命不少于 100 年，核废料处置库则至少要达到 10000 年，因此发展可持续填埋技术是必经之路。

近年来，为了实现城市固废填埋场环境灾害的可持续防控，发展了以灾变源主动调控为核心的可持续填埋技术，即：①通过以液气为媒介的生化环境调控，显著降低灾变源负荷及持续时间；②提高屏障服役性能，实现屏障的全寿命服役，包括顶部覆盖屏障与底部防污屏障，其服役寿命要大于填埋场运行时间与主要污染物稳定化时间之和。

7.2 城市垃圾环境问题

7.2.1 垃圾土的特性

1. 垃圾土不同于污染土

不同之处在于垃圾土完全属于用城市废弃物和生活垃圾倾倒堆置而成的杂填土层，不是原有的地质土层受外来污染物侵入而形成的污染土。

2. 垃圾组成复杂

由生产、生活、商业垃圾和覆盖土混合形成一种特殊土，而生产垃圾、生活垃圾和商业垃圾的性质各不相同。生活垃圾中大量有机质极易被微生物分解转化（生物降解），无机物和不易腐烂的有机物中也常包含着物质成分和形体极为复杂的废弃物。生活垃圾多以厨房垃圾和废品垃圾为主。

3. 组成与性质受多种因素影响

组成与性质随当地气候条件、地理环境、地区经济发展水平，居民的消费观念以及垃圾的收集和处理方式等的不同而有复杂的变化。

4. 垃圾土的物理力学性质及测定方法

垃圾土物质成分、形体的复杂性和有机质降解过程的阶段性，使垃圾土物理力学性质发生复杂变化。如有资料表明：它的重度 $3.1 \sim 13.2 kN/m^3$（或为 $9.4 \sim 11.8 kN/m^3$）；含水量 $60\% \sim 110\%$（随深度增大而减小）；颗粒相对密度 $2.0 \sim 2.4$；平均渗透系数为 10^{-3} cm/s（久而深的土较小）；孔隙比 $0.67 \sim 1.08$；持水率（长期重力排水后的水分体积比）$22.4\% \sim 55\%$；凋萎湿度（通过植物蒸发后最低的水分体积率）约为 $8.4\% \sim 17\%$；压缩的主固结较快（$1 \sim 2$ 月），而次固结很长（几年或几十年）；黏聚力为 $0 \sim 23 kPa$，内摩擦角 $24° \sim 41°$（有纤维状和粒状物质）。

垃圾土的化学成分的测定内容及方法主要包括：总氮（半微量开氏法）、总磷（高氯酸、硫酸溶解或钼锑抗比法）、有机质（重铬酸钾容量法、稀释热法）、重金属（原子吸收分光光度法）、pH 值（pH 计）、垃圾土温度（温度计）。

5. 垃圾土生物降解特性

垃圾土经地表放置和填埋后，内部发生了一系列的物理、化学和生物变化过程。垃圾填埋后有机质在微生物的作用下降解，转化为可溶性有机小分子，随垃圾渗滤液排出或产生气体（主要为甲烷、二氧化碳、氮气、氢气、水蒸气和其他微量气体）而释放，而塑料、陶瓷和玻璃等杂物的性质比较稳定，绝对质量基本不变。垃圾土中有机质的生物降解过程可以分为好氧分解阶段、厌氧甲烷不稳定阶段、厌氧甲烷稳定阶段和厌氧递减阶段共 4 个化学反应阶段。

（1）好氧分解阶段。垃圾土经地表放置和填埋后土中含有少量的氧。有机物在微生物作用下，首先进行好氧分解作用，反应速度较快，释放出较多的热量。土体温度明显上升（有时达 40° 以上），放出大量的 CO_2 和 H_2O。CO_2 达到一定的浓度时，开始产生氢；垃圾土中产生 H_2O，致使氧的含量大幅度下降。产生的水和外来的水（降水、地下水等）混合形成污水，称为淋滤液。此阶段产生的气、液体对于垃圾土的强度和稳定性是不利的。

（2）厌氧甲烷不稳定阶段。随着含氧量的逐渐降低，反应进入厌氧阶段。先是厌氧甲烷不稳定阶段。垃圾土中的有机质成分被分解成有机酸，参与甲烷生成过程，随着甲烷浓度的增加，不仅使土中含气量增加，威胁到垃圾填埋场地区的稳定，而且甲烷浓度达到 $5\%\sim15\%$ 时，会导致场区存在爆炸隐患。

（3）厌氧甲烷稳定阶段。甲烷逐渐增大至峰值后，垃圾土基本趋于稳定，称为厌氧甲烷稳定阶段。

（4）厌氧递减阶段。进入厌氧递减阶段，反应过程缓慢，持续时间可达几年甚至几十年，对垃圾土的性质影响较小。垃圾场内部发生了一系列的物理-化学-生物变化，垃圾土中有机物降解是在微生物的作用下进行的，微生物菌群数量的变化规律反映了垃圾土中有机质动态降解程度的发展与变化。

6. 衡量有机物降解情况的指标

（1）表示土中有机物和少量无机物含量的 COD_{Cr}（采用重铬酸钾 $K_2Cr_2O_7$ 作为氧化剂测定出的化学耗氧量，即重铬酸盐指数），其中有机物主要为脂肪酸、高分子量腐殖酸等。

（2）表示可以被好氧微生物分解的有机物含量的 BOD_5（Biochemical oxygen demand，生化需氧量），垃圾土中有机物的生物降解过程，也是一个 COD_{Cr} 和 BOD_5 值不断变化的过程。

（3）COD_{Cr} 和 BOD_5 值在前述 4 个阶段中的变化规律。

在生物降解的初期（好氧分解阶段），由于有机质的分解速度较快，而且易溶于水的有机物比较多，使得此时的 COD_{Cr} 和 BOD_5 值比较大；然后随着易腐物的降解结束（厌氧甲烷不稳定阶段），COD_{Cr} 和 BOD_5 值产生一个下降的过程；在厌氧甲烷稳定阶段，垃圾土中的易分解物质在微生物的作用下降解成小分子，并逐渐进入林滤液中，使得 COD_{Cr} 和 BOD_5 值逐渐回升；在厌氧递减阶段，甲烷的生成作用占据主要地位，而有机物的降解速度也相应地逐渐降低，因而导致 COD_{Cr} 和 BOD_5 值开始呈逐渐下降的趋势，直至下降至接近于零。COD_{Cr} 和 BOD_5 值在前述几个阶段中依次表现为由较大、下降到再回升，再下降至零。

7.2.2 垃圾存放环境问题

7.2.2.1 垃圾存放存在的环境问题

我国城市固体废弃物产量超过 2 亿 t/年，且仍以每年 $8\%\sim15\%$ 高速增长，全国城市固废积存量超过 50 亿 t。我国现有上万座城市固体废弃物填埋场需进行无害化评估及治理，未来 20 年还需新建 1000 多座城市固体废弃物填埋场。我国亟须开展填埋场孕育城市环境灾害机理、评估方法与可持续防控的科学基础理论研究，发展可持续填埋技术，以满足填埋场城市环境灾害防控、渗滤液减量、填埋气资源化的重大需求。

垃圾土对环境影响主要来自有机物降解反应过程中形成的淋滤液与甲烷等气体。它们是垃圾填埋处理中需要解决好的主要问题。主要有以下危害：侵占大量的土地；垃圾中的有害微生物，有机和无机污染物以及其他污染物会污染水体，大气和土壤及农作物；有时还会引起火灾、爆炸等其他危害。

对于城市固体废弃物而言，其工程特性更为复杂，填埋场服役环境极端，容易引发在役填埋场城市环境灾害，主要包括：填埋场失稳流滑，引发灾难；填埋场渗滤液渗漏，污染城市地下水土环境；填埋气无序扩散污染城市空气，引发火灾和爆炸、加剧温室效应；填埋场所采用的土工合成材料对环境的污染（①因填埋体变形导致土工合成材料拉伸破坏；②复合衬垫系统界面强度低易引发填埋场沿衬垫系统界面的失稳滑坡；③渗滤液及污染物击穿衬垫系统污染地下水土环境）等。

以美国为代表的西方发达国家正发展可持续填埋技术。"可持续"填埋的内涵主要包括：有效防控填埋场城市环境灾害，实现固废处理的无害化；大幅增加单位土地面积填埋量、减少渗沥液产量和填埋气排放量，实现固废处理的减量化；高效收集和利用填埋气，实现固废处理的资源化。

7.2.2.2 垃圾处理方法

根据多年以来的经验表明，关于垃圾的处方法较多，一般工业固体废弃物的处理和资源化利用技术主要包括：①建材应用（如，利用固体废弃物加固路基、土壤等）；②水泥窑协同焚烧；③填埋。具体如下：

1. 填埋法

采取严格封闭措施将垃圾与周围环境严密隔离的填埋常称为垃圾卫生填埋场。它的成本是堆肥法的1/3，焚烧法的1/10，是一种经济实用的方法。

填埋法是我国处置固体废弃物的主要方法。城市生活垃圾填埋场渗滤液中 COD、BOD、氨氮、有机酸、苯系物、芳香族化合物等污染物浓度很高，而尾矿库经雨水淋滤出的污染液中含有高浓度重金属化合物。每一座固体废弃物填埋场都是一个潜在的集中污染源，可能对周边土体和地下水造成严重的污染，其污染监测、评价及控制问题迫需解决。卫生填埋是城市固体废弃物的主要处置方法，在中国和美国分别占终端总处置量的88%和80%。近年来，为了实现城市固废填埋场环境灾害的可持续防控，发展了以灾变源主动调控为核心的可持续填埋技术，即：①通过以液气为媒介的生化环境调控，显著降低灾变源负荷及持续时间；②提高屏障服役性能，实现屏障的全寿命服役，包括顶部覆盖屏障与底部防污屏障，其服役寿命要大于填埋场运行时间与主要污染物稳定化时间之和。

常见的填埋处理手段主要包括防污屏障和覆盖屏障，如图7.2.1所示。

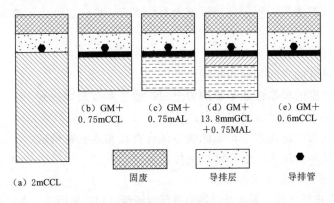

图 7.2.1　典型复合防污屏障结构形式

覆盖屏障从最初的简易覆土→由土工膜和压实黏土组成复合阻断型覆盖层→基于水分储存-释放原理的替代型土质覆盖层。替代型土质覆盖层主要有两种类型：单层型和毛细阻滞型。前者由一层粉土组成，此土下雨时可储存水分随后通过蒸腾作用释放水分，从而实现雨水防渗；后者在粉土下增加了一层碎石，粉土和碎石界面处的毛细阻滞作用可显著增加粉土层的储水能力，其防渗性能优于单层型。

现代卫生填埋场的底部和周边设有防污屏障，它是阻滞渗滤液渗漏与扩散污染地下水土的重要防线。通常采用的材料包括土工膜（Geomembrane，GM）、土工聚合黏土衬垫（Geosynthetic clay liner，GCL）、压实黏土衬垫（Compacted clay liner，CCL），及压实土壤保护层（Attentunation liner，AL）。

2. 焚烧法

在一些土地资源稀少且经济实力较强的国家（如日本、瑞士、新加坡等国），焚烧法也是垃圾处理的主要方法。缺点：这种方法要求垃圾的热值应达到 800kcal。因垃圾成分复杂，往往不易达到，我国垃圾成分混杂，只有 300～400kcal。处理能力有限。日本三菱重工机器设备的焚烧炉，每日每台可焚烧垃圾 150t，扣除机器的日常检修时间，年平均日处理垃圾仅 100t 左右。它的有效使用还有待于随经济发展使垃圾成分发生变化以及垃圾分类回收和分拣制度的完善。

3. 堆肥法

直接处理时，垃圾的肥效很低。故常需添加氮、磷、钾，使费用增大。并且还需采用新的生物技术，添加多种生物活性菌作为垃圾的除臭剂、降解剂、活性剂以除虫固氮。经过一次、二次堆肥处理，才能生产出颗粒状的生物活性肥（绿色肥料）。

4. 我国的垃圾处理方法

在现阶段，我国的垃圾处理政策是以填埋法为主，发展焚烧、堆肥和综合利用技术，并加强管理制度，试行垃圾分类投放和回收，探索资源化综合利用的新途径。

7.2.2.3 垃圾填埋场的设计原则

1. 填埋场的选址流程

垃圾填埋场的选址及施工工艺流程较为复杂，通常需要进行如图 7.2.2 所示的流程。

根据上述流程，垃圾填埋场的选址要求应考虑如下因素。

（1）应距垃圾源适当；距公共场所或人蓄供水点 800m 以外，远离古迹、景观、学校和医院。

（2）运输方便。

（3）尽量有足够的空间和使用年限。

（4）有一定厚度的弱渗性或坚硬的岩土层；渗透系数最好达到 10^{-8} cm/s 以下。

（5）避开断层带、活动或崩岩等危险地带。

（6）避开地下水、地面水丰富地区或与其有直接相连的补给区。

（7）避开雨量多、洪水泛滥和排水条件不良的地方。

2. 填埋场的场地调查方法及内容

垃圾填埋场在选址之前，需要针对场地进行现场调查和实地勘测，主要是为了确定固废的特性、存放场地周边自然环境、人文环境等信息，便于为设计提供一手资料，具体见表 7.2.1。

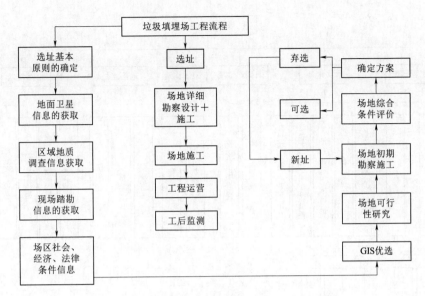

图 7.2.2 垃圾填埋场工程的选址及工艺流程图

表 7.2.1　　　　　　　　　　　　填埋场地调查项目汇总表

项目	序号及内容
现场调查	(1) 地区性质：①人口密度；②场地对地区开发的影响。 (2) 固体废物的性质与数量。 (3) 气象：①年降水量和逐月降水量；②风向风力；③气温情况；④日照量。 (4) 自然灾害：地震、滑坡等。 (5) 地质地形：①地质构造走向；②地下水位，流向；③地形图。 (6) 水文：①地表水位、水系、流量及走向；②开发利用情况。 (7) 场地出入口：①进入场地方法；②路线及交通量。 (8) 场地容量。 (9) 生态：①重要的植物种群；②动物生息状态。 (10) 文化：古迹、场地使用情况。 (11) 有关的环境保护法律、标准
实地勘测	(1) 地质及水文地质：①钻孔试验；②弹性试验；③电性能；④遁水试验；⑤地下水位及流向；⑥地下水使用情况；⑦地区流域及自流量。 (2) 地质：①标准贯入试验；②土工试验（轴向压缩、击实试验，粒度分布、透水试验、孔障率、含水率、容积密度等）。 (3) 生态：①目前及将来植物生长情况；②稀有动物生息情况。 (4) 交通量：①地区交通情况；②交通事故情况；③噪声。 (5) 建筑物：①已有建筑情况；②文化古迹等

3. 填埋场的场地区域综合地质调查

垃圾填埋场在选址之前，还需要针对场地的综合地质情况进行详细调查，包括：工程地质、水文地质、第四纪地质、地质构造、地层岩性、自然地理等，便于确定岩土体的相关物理力学性质，具体如图 7.2.3 所示。常用的综合地质调查主要采用物探技术进行勘察，如：电测探法、静电法、地震法、地震雷达、电磁法、充电法、电测井、放射性测井、声波测井等，其调查的具体内容如图 7.2.4 所示。

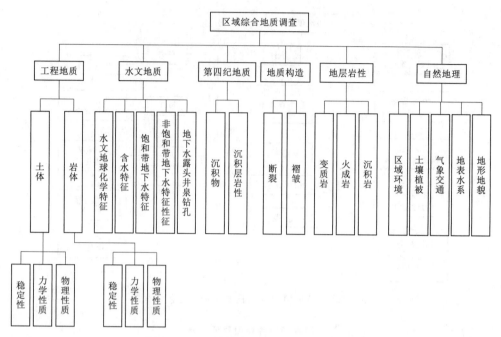

图 7.2.3 区域综合地质调查的基本内容

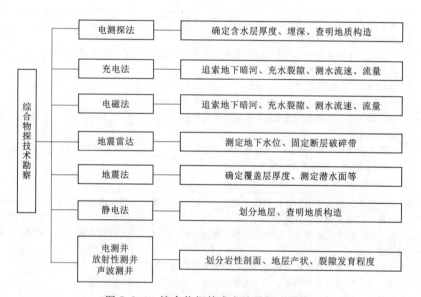

图 7.2.4 综合物探技术方法及调查内容

4. 填埋场的场地环境影响评价

垃圾填埋场在确定选址之前,还需要针对固废场地的现状及未来可能造成的环境影响进行单项和综合评价,其评价程序具体如图 7.2.5 所示。根据环境影响评价的程序,首先要确定场地的环境影响因素和环境要素。然后根据二者之间的关系进行分析比较,确定环境影响评价的主要内容,填埋场的环境影响因素与环境要素之间的关系见表 7.2.2。从表中可以看出,环境影响因素主要会对水文、地质、噪声、振动及恶臭等环境要素发生影响。

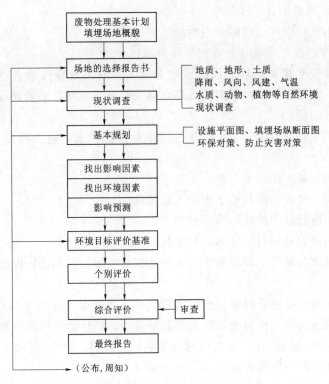

图 7.2.5　环境影响评价程序

表 7.2.2　　　　　　　　　　环境影响因素与环境要素之间的关系

环境影响因素＼环境要素	水文	水质	淤泥	水生生物	地形	地质	土质	大气	局部气象	气味	动物	植物	交通	噪声振动	风景	娱乐场所	文化古迹	农作物	渔业
建筑机械车辆								C					A	A					
挖掘	B	A	B	B	B	A					C	B		C			B		C
填埋	B	A	B	B	B	A					C	B		C			B		C
施工	B	A	B	B	B														C
废物运进							C						A	A	C	C			
破碎作业								C		B				A					
填埋作业								B		A				A	B				
管理		C	C	C										C					
清除		B								B									
废物贮存	A	A			A	A	C	C		B					B	C			B
污水贮存	A	B								B						C			
淋洗液处理	B	A	B	B						C					C	C		B	B
封场	A	A	B	B	B	A	A	A	B	C	A	B	B	A	A	B	C	B	B

注　影响程度：A 为严重，应着重研讨；B 为中等，简要研讨；C 为轻度，一般不研讨。

217

5. 填埋场的防渗排水材料选取原则

防渗排水材料就地取材，这样才有后续发展条件。

6. 阻断淋滤液、废气、有害物质同环境联系的措施

我国城市固体废弃物填埋场的渗滤液产量较大，在南方地区通常达填埋量的 30%，导致渗滤液处理厂负担较大和运行费用很高，且易引发填埋场渗滤液导排系统淤堵及渗滤液水位雍高等工程问题。

填埋场这个"生物反应堆"，输入物是固体废弃物和水，输出物是淋滤液和填埋废气（污染的来源）。

主要措施是防、堵、排、治。即：

（1）防止降雨、地表径流和地下水侵入填埋场。

（2）封堵场内淋滤液的扩散和污染水源。

（3）排出场内淋滤液和有害气体，不使其阻塞或无序迁移。

（4）治理淋滤液与废气，即对其作无害化处理或收集，做到达标排放或实现资源化的利用。

城市固体废弃物中有机质降解会产生大量气体（主要是甲烷和二氧化碳）。如果填埋气无控制、无组织地排放，不但会引起火灾甚至爆炸，而且会加剧温室效应，并造成资源的浪费（其热值约为 $20MJ/m^3$，与煤气热值接近）。目前我国填埋场填埋气的收集率仅为 25%～40%，远低于西方发达国家 60%～80% 的水平。

对于我国高渗滤液水位填埋场而言，可通过立体导排措施（包括水平导排盲沟、深层抽排竖井等）降低渗滤液水位，提高填埋体的导气性和抽气井影响范围，实现填埋气的高效收集。

7. 填埋场的类型

一般有山谷型（利用山谷）、平原型（利用天然坑底或人工挖坑）、堆填型（利用海边滩涂）。

8. 填埋场的组成系统

（1）固体废弃物的垃圾堆积层。固体废弃物的垃圾堆积层是填埋场的主要组成部分，它们通常由几个分层组成，每个分层则由垃圾和薄层黏土组成。垃圾层厚 3～10m，黏土层厚 0.1～0.2m。在垃圾堆放中，为能有效地汇集和排放废弃物中的淋滤液，需要设计若干淋滤液排放层，材料为砂或碎石，厚度为 3～5m。淋滤液排放层之间互相连通，汇集到淋滤液收集排放系统中。

（2）内衬垫系统。在垃圾体的周围设置衬垫系统，以防垃圾体中的废液废气污染周围土体，既是一种隔离屏障体系，又是一种垫护体系。衬垫系统从上到下可按排放铺盖层、保护层和密封层的顺序组成。密封层可防止废物淋滤液从衬垫层中渗入到地基中污染地下水和土壤介质，材料为密实黏土、土工材料＋黏土复合体系。底部和侧部渗透系数 K 小于 $10^{-8}cm/s$，抗压强度大于 0.6MPa，厚度大于 2.0m。常见的衬垫系统如图 7.2.6 所示。

（3）淋滤液收集排放系统。淋滤液收集排放系统位于内衬垫系统之上，它由排放铺盖层、保护层、监测井（竖井）和收集管组成；排放铺盖层可以汇集和排放废弃物中的淋滤

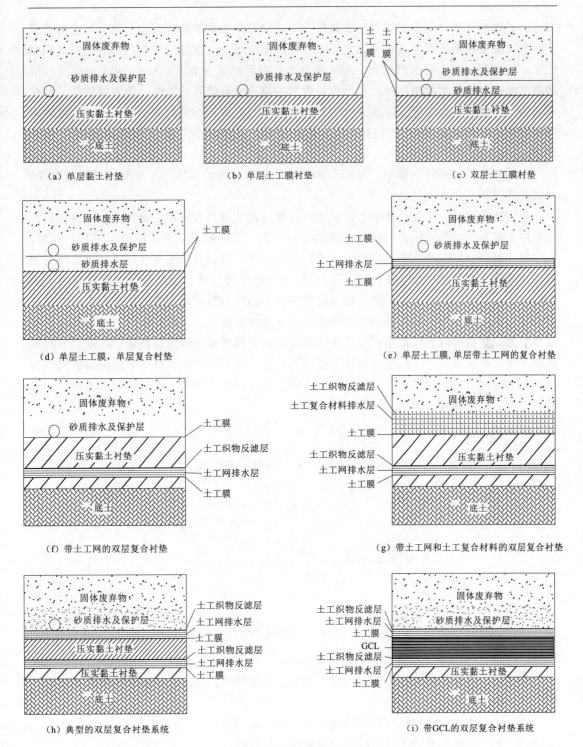

图 7.2.6　衬垫系统分类示意图

液，防止淋滤液积聚在密封层上面。材料为砂或碎石。其厚度至少为 0.3m，透水性 $1\times$ 10^{-3} m/s。保护层使排放铺盖层棱角颗粒产生的集中应力得到长期的均匀分布；材料为土工布、矿物料（砂、砾石、碎石）或其组合。收集管在排放铺盖碎石层中放置，它可使积聚在排放铺盖层中的淋滤液汇集起来。为方便淋滤液通过，设计时应参照排放物质的颗粒大小，选择最大的孔眼面积百分率和孔眼大小，内直径至少为 250mm。为了提高排放淋滤液的效率，除排放铺盖层外，可另设鱼骨形的高透水性碎石排放沟，流入排放管。加横向盲沟、径向管作为疏导。监测井（竖井）一般安排在废弃物堆积物的外部。淋滤液体可循环回灌，由蒸发减量，可外送处理。其作用是：疏导滤液，排放到废水处理厂统一处理。

（4）气体控制系统。作用：收集气体，处理或利用。场内导气，石笼井随填埋升高，收集的沼气可利用发电。

（5）封顶系统。在垃圾体的上部设置封顶系统防止地表水入渗。排放层，可使作用在排放层下密封层的静水压力量减低，组成材料可为：砂或卵石、土工网或土工复合材料。防渗层，可防止地表水入渗，材料为：密实黏土、土工材料＋黏土复合体系、再循环利用的废物沥青。集气层（位于防渗层之下），可以回收填埋气体，材料为：粗砂或砾石、土工网或土工复合材料、土工织物。排气管安装在不透气的顶部覆盖层中，它与设置在浅层砾石排气通道或设置在填埋物顶部的多孔集气支管相连接，可排出气体。在地质体中开挖或自然的窟坑内分层堆放垃圾；在垃圾体的周围设置衬垫系统以防垃圾体中废液废气污染周围土体；在垃圾体的上部设置封顶系统以防止地表水入渗；在垃圾体的内部设置气体和滤出液的管理系统。衬垫层和封顶层要由不同功能（防渗、排放、密封）的层带组成。一般情况下，垃圾填埋场的结构如图 7.2.7 所示。

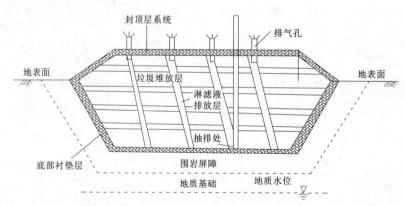

图 7.2.7　标准垃圾填埋场的结构示意图

9. 填埋场在力学上应满足强度和稳定性的要求

设计时，填埋场在力学上应满足强度和稳定性的要求，应该进行稳定性验算，如

（1）填埋体的边坡稳定问题。

（2）周围潜在失稳区段废弃物的强度和变形稳定问题。

（3）各不同的抗剪强度衬垫层之间的剪切失稳问题。

（4）场地的总体稳定性问题。

（5）废弃物堆积体的竖向和侧向变形问题（保证衬垫系统，封顶系统和气液管理系统等不受损害）。

（6）衬垫及封顶层的渗透稳定问题（冲刷与潜蚀）。

（7）排放系统的水力学问题。

（8）排放系统的结渣堵塞与化学稳定问题。

上述问题可以采用岩土工程的方法，但由于垃圾土成分的复杂性，物理力学指标的非均匀性，气水作用的三相介质特性，龄期和分解作用对力学性质的影响等，给正确计算与评价带来了很大的困难。

10. 隔离屏障的设计与施工问题

填埋场虽然有密封措施，但仍会有少量淋滤液从填埋场底盘中渗出，其中有害物质进入到土壤和地下水后，会对地下系统造成不同程度的污染。常用现场隔离法进行处理。现场隔离法是在污染区范围内设置不透水的障碍层来阻止污染进一步向外扩散。障碍层有地下连续墙，交叉桩墙，灌浆帷幕，搅拌桩，冻土墙，高压喷射灌浆等。这些障碍层的深度一般以隔离含水层为宜。各类隔离屏障体系的特点对比见表7.2.3。

表 7.2.3　　　　　　　　　　　常用的污染物隔离屏障体系构造

隔离原则	污染物隔离屏障系统	平面图	土 性	材 料 及 优 缺 点
就地开挖泡槽，放入密封料	单向地下连续墙		限用于泥炭及腐殖酸的情况	"一阶段法"施工，不须另行填筑回填料。成本低，材料柔性好，适应地基变形能力强，工期短，但墙身通常较厚，墙体强度较低，须快速开挖，渗透系数为 $10^{-8} \sim 10^{-7}$cm/s
	二向地下连续墙		限用于泥炭及腐殖酸的情况	水泥、水、骨料混合物，施工不受地下水位影响，涉透系数为 $10^{-8} \sim 10^{-7}$m/s
	复合式地下连续墙		限用于泥炭及腐殖酸的情况，仅适用于单向法施工	斑脱土水泥浆＋密封料（如高密度聚乙烯或钢板桩）
	交叉桩墙		用套管钻孔，不限于土类	混凝土、天然混凝土，适用于要求墙身深度较大的场合。桩孔直径约 $60 \sim 130$cm
就地挤土，安放密封料	薄壁墙		土质适用于外向锤击或振动沉桩法	斑脱土水泥浆＋添加剂
	钢板桩墙			钢板桩墙锁口处防渗效果差，在化学污染环境下须进行防腐处理，施工费用高，能有效地抑制污染物的扩放迁移
减少现场土的渗透性	灌浆帷幕（水泥斑脱土泥浆）		可灌浆的土	水泥斑脱土泥浆，有或无硅胶，可灌性好，成本低，灌注时水泥不易分层离析，但凝结时间长，工艺复杂，表层难灌，项压重，强度较低。渗透系数为 $10^{-5} \sim 10^{-4}$cm/s
	高压喷射灌浆板墙（定喷水泥斑脱土泥浆）		也适用于细颗粒中	斑脱土水泥浆，能人为控制墙体外形，不浪费浆液，施工设备复杂，成本较高。渗透系数 $10^{-8} \sim 10^{-5}$cm/s
	搅拌桩墙			水泥＋添加剂
	冻土墙			液态氮、冷冻机

7.2.2.4　现代卫生填埋场的设计原则

现代卫生填埋工程是最终处置城市固体废物的一种方法，它是将固体废物铺成一定厚度的薄层，加以压实，并覆盖土壤。一个现代卫生填埋工程主要应由组合衬垫系统、淋洗液收集和排除系统、气体控制系统和封顶系统组成。图 7.2.8 所示为卫生填埋场的剖面示意图。

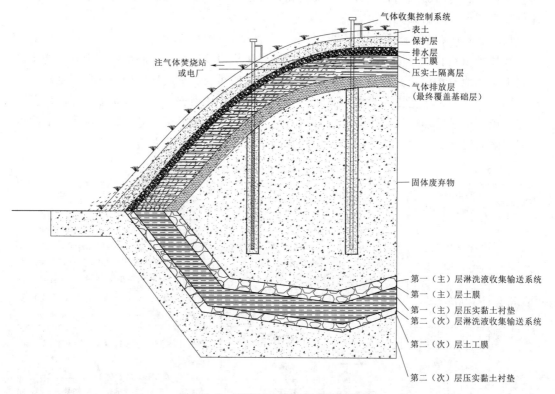

图 7.2.8　现代卫生填埋场剖面示意图

一个规划、设计、运行和维护均很合理的现代卫生填埋工程，必须具备合适的水文、地质和环境条件，并要进行专门的规划、设计、严格施工和加强管理，严格防止对周围环境、大气和地下水的污染。

城市固体废物一般包括工业垃圾、商业垃圾和生活垃圾。一个现代化城市的固体废弃物每天可高达数十吨以上，经过分选以后，极大部分均要集中堆放到某一场地。一个开敞的、没有严格控制措施的垃圾堆，将是一个巨大的污染源，其淋洗液会污染地下水或附近的水源；排出的气体会污染空气，有时还有毒；丑陋的外形也会影响城市的美好形象。所有这些问题在一个规划、设计、运行和维护均很合理的现代卫生填埋工程中都可以得到解决。一个现代卫生填埋工程必须进行合理的规划、选址、设计，严格施工并加强管理。为严格防止地下水被污染，还必须设有一个淋洗液的收集和处理系统，提供气体（主要是沼气、二氧化碳）的排除或回收通道，同时对淋洗过程中产生的水、气和附近地下水进行监测，此外对于一些沿江沿河的城市，现代卫生填埋工程还必须要达到能抵御百年一遇以上洪水的设计标准。

7.3 放射性废弃物环境问题

7.3.1 放射性废弃物特性

1. 定义

放射性废弃物指在铀矿开采与加工、反应堆运行以及核燃料后处理等一系列生产过程中出现的废弃物。

2. 放射性废弃物分类

(1) 按其物理状态可以分为气载废弃物、液体废弃物和固体废弃物。按放射性浓度 Av(Bq/m³)（或 Bq/m³）把气载废弃物和固体废弃物均可分成低放、中放和高放；按放射性比活度 Am(Bq/kg)把液体废弃物分成弱放、低放、中放和高放。核素放射性活度，单位为贝可（Bq）；放射性比活度是指物质中的某种核放射性活度除以该物质的质量而得的商。不同类型放射性废弃物的危害性不同，处理时的要求也是不同的，见表 7.3.1。

表 7.3.1   固体放射性废物分类依据

废物类型	特 性	处置方式
免管废物	放射性比活度等于或小于清洁解控水平	不按放射性废物处置要求对待
中低放废物	比活度大于清洁解控水平，释热率小于 2kW/m³	近地表处置或地质处置
短寿命废物	单个废物包装体中长寿命 α 核素比活度不大于 4×10^6 Bq/kg，多个包装体平均值不大于 4×10^5 Bq/kg	近地表处置或地质处置
长寿命废物	长寿命放射性核素比活度大于上述规定的限值	地质处置/工程处置
高放废物	释热大于 2kW/m³，长寿命放射性核素比活度大于上述规定的限值	地质处置/工程处置

(2) 按处置前管理要求分类。综合考虑废物处理、整备及处置要求，对气载废物、废水（废液）及非 α 固体放射性废物的定量分类依据见表 7.3.2 和表 7.3.3。

表 7.3.2   气载放射性废物和放射性废水（废液）的分类

气载放射性废物			放射性废水（废液）的分类		
级别	名称	放射性核素浓度 $C/(Bq/m^2)$	级别	名称	放射性核素浓度 $C/(Bq/m^2)$
Ⅰ	低放	$C \leqslant 4 \times 10^7$	Ⅰ	低放	$C \leqslant 4 \times 10^6$
Ⅱ	中放	$C > 4 \times 10^7$	Ⅱ	中放	$4 \times 10^6 < C < 4 \times 10^{10}$
			Ⅲ	高放	$C > 10^{10}$

表 7.3.3   非 α 固体放射性废物的分类

级别	名称	放射性比活度 $A/(Bq/m^3)$			
		$T_{1/2} \leqslant 60d$ [①]	$60d < T_{1/2} \leqslant 5a$ [②]	$5a \leqslant T_{1/2} < 30a$ [③]	$T_{1/2} > 30a$
Ⅰ	低放	$A \leqslant 4 \times 10^6$	$A \leqslant 4 \times 10^6$	$A \leqslant 4 \times 10^6$	$A \leqslant 4 \times 10^6$
Ⅱ	中放	$A > 4 \times 10^6$	$A > 4 \times 10^6$	$4 \times 10^6 < A \leqslant 4 \times 10^{11}$（或释热率不大于 2kW/m³）	$A > 4 \times 10^6$（或释热率大于 2kW/m³）
Ⅲ	高放			$A > 4 \times 10^{11}$（或释热率不大于 2kW/m³）	（或释热率大于 2kW/m³）

注   ①包括 ^{125}I($T_{1/2} = 60.14d$)；②包括 ^{60}Co($T_{1/2} 5.27a$)；③Cs($T_{1/2} = 30.17a$)。

（3）放射性废物的非定量分类。除上述两个定量分类系统外，为了更明确地表明放射性废物的某些特征，还可按以下非定量依据进行分类：

1）按废物的产生来源，可分为矿冶废物、核电厂废物、乏燃料后处理废物、退役废物及城市废物等。

2）按废物采用的处理、整备方法，可分为可燃废物、可压缩废物等。

3）按废物某些特殊的物理性质，可分为挥发性废物、有机废物、生物废物等。

3. 放射性废弃物造成的危害

它通过自身的衰变放射出的 α、β 和 γ 射线，对人体的组织和器官会产生不良影响或危害。对它的妥善处理是环境问题的重要任务。

放射性废物中所含核素的衰变及随之产生的电离辐射是其原子核本身固有的特性，其辐射强度（活度）只能随时间的推移按指数规律逐渐衰减，除了尚在研究之中的分离-嬗变技术之外，任何物理、化学、生物处理方法或环境过程都不能予以消除。因此，放射性废物在其所含核素的衰变过程中，始终存在着对公众健康和环境造成辐射危害的潜在危险（风险）。

有鉴于此，放射性废物管理的根本任务在于为废物中核素的衰变提供合适的时间和空间条件，将其对公众可能造成的辐射危害始终控制在许可水平以下。基本途径是将气载和液体放射性废物做必要的浓缩及固化处理后，在与环境隔绝的条件下长期安全地存放（处置）。净化后的废物则可有控制地排放，使之在环境中进一步弥散和稀释，固体废物则经去污、整备后处置，污染物料有时可经去污后再循环再利用。

放射性废物中同时也含有多种非放射性污染物质，应该指出的是，一般情况下放射性核素的质量浓度远低于非放射性污染物的浓度，但其净化要求极高。另一方面，由于放射性核素与其稳定同位素的化学性质基本相同，因此，去除废物中稳定性元素的常规处理方法亦可用于去除放射性同位素，例如，水质软化处理中，稳定性钙及 45Ca 同位素均可被有效地去除。

7.3.2 放射性废弃物的处置

7.3.2.1 放射性废弃物处理与处置

针对放射性废物的管理步骤具体如图 7.3.1 所示，基本步骤可分为处理和处置。

（1）处理。经过浓缩、减容、固化、包装等过程把放射性废弃物转变为适于运储的形态。

（2）处置。将处理过的放射性废弃物在建造的发放场地的处置单元中封存。

7.3.2.2 放射性废弃物处置的封存时间

对中放的放射性废弃物约需 300～500 年，对高放的放射性废弃物约需几千年到几十万年。

7.3.2.3 放射性废弃物处置方法

1. 地质处置

地质处置是利用多重屏障和距人类环境的距离，将废弃物和人类环境相隔离，使其在地层中释放出的放射性变小，达到无害的水平。地质处置的方法在国际上应用最多。

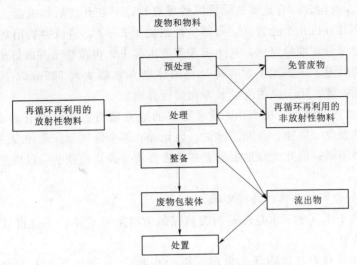

图 7.3.1　放射性废物管理的基本步骤

2. 非地质处置

（1）核素嬗变法。通过中子或其他高能量质子的轰击或辐射，使一种核素转变为另一种核素。

（2）宇宙处置法。把废物从地球运到遥远的空间，送到太阳或太阳轨道。

（3）冰雪处置法。把废物装入罐内，由废物自身产生的热使冰雪融化沉入冰雪底部。

（4）岩石熔化处置法。把废物投入地下洞穴，由废物产生的热使周围的岩石熔化和废物分解，最后与熔浆均一混合。这些方法在美国已作了少量的研究。

7.3.2.4　地质处置

1. 放射性废弃物地质处置的屏障

设置五道屏障：第一道为放射性废弃物与水泥、沥青、玻璃、塑料等煅烧固化成固化体，固化体与水接触时，溶出速度极慢；第二道为用碳钢和不锈钢做成的固化体容器（耐腐蚀）；第三道为容器外的黏土材料回填层，既能隔水，又能强烈地吸附放射性核素；第四道为回填层外的钢筋混凝土库，阻止地下水进入；第五道为地质层，阻止地下水进入。

2. 放射性废弃物地质处置的方法

（1）浅地层处置。浅层处置是指地表或地下，具有防护覆盖层的，有工程屏障或无工程屏障的浅埋处置，深度小于 50m，称为浅地层处置。中低放射性废物中的放射性强度已衰变到原来的 0.01%，它的危险期为 500 年，此后不再会对公众健康和安全造成危害。因此，浅地层处置适用于中、低浓度、短寿命的放射性废弃物。

浅层处理场址的选择：应在满足长期安全的要求的基本因素下，对区域地质环境、场址区水文地质环境、工程地质及地质环境、场址区自然地理和社会环境以及灾害事件的可能性与后果作综合分析的基础上确定。

浅地层处置一般有两种：填沟法和坟埋法。

1）填沟法。即在地面开挖若干沟槽，内置废弃物，用黏土覆盖，必要时作混凝土盖板与沥青顶盖防御。

2）坟埋法。对包装并有足够放射屏障的废弃物，可在开挖后作混凝土基础，底部用沥青覆盖，再将其分成几个处置区，每区浇注混凝土 3～5t，将废弃物沿各区界堆放，用砾石填满间隙以保证坟堆稳定性，其上覆盖不透水黏土，再覆耕土并做好植被。

（2）深地层处置。挖掘地下贮存库，将固体废弃物罐放入 500m 以下深度的贮存库内，称为深地层处置。用于高浓度、长寿命的废弃物。

1）深地层处置的优点。在 650m 或者更深的地方建造贮库已没有多大的技术困难；地表作用与自然现象（风蚀、侵蚀、冰蚀、风化等）不会影响到深层的废物；被处置的废物可以与生物圈隔离；因此，深地层处置高放废弃物是最终处置的一种理想方案，具有很强的吸引力。

2）深地层处置场址选择的特殊要求。

a. 必须使地下水（地下水是最易与废物接触的溶剂或载体）不会将放射性溶质迁移到人类生活环境中。

b. 必须在构造稳定及地震活动微弱（小于 6 度），最近几万年无火山活动区域的岩石中。

c. 避开断层及其他岩石裂隙。

d. 作为贮库环境屏障的岩体，应具有：低渗透性、高吸附性和高热行为，与放射物无放射性核素迁移反应，具有足够大的范围（厚度对盐岩大于 200m，黏土岩大于 100m，结晶岩大于 500m），使核素意外释出时，达到生物圈的强度不超过安全含量。

3）贮库的特性。

a. 一方面应有足够的深度，200～300m 以上。

b. 另一方面又要使岩石的静压力不超过贮库岩石的强度，以免贮库坑道坍塌。

c. 贮库周围相当大的环境岩体都应该隔绝，不得以任何理由进行挖掘。

因此，必须事先查明周围的资源，将贮库对自然资源的影响限制到最低程度。

（3）层状盐岩层处置。以天然盐岩地层作为中、低放射性固体废弃物的贮存库。此法有许多优点：盐岩易于开挖；可塑性好，可塑变形可使密封性、不透水性更好；常有稳定的厚度；盐岩层致密，均匀；不透水，裂隙少；不含地下水；封存废弃物时费用较低。

（4）坑道处置（洞穴法）。采用人工洞穴、废坑道、废地下采石场、废砂井、天然洞穴等贮存中低放固体废弃物。坑道处置系统包括：

1）废物包，在不锈钢罐中用铅或硼硅酸玻璃封固。

2）存贮库，放入贮库前要先在中间贮库中暂存数十年，使其衰变，减容和冷却，然后送入地下永久处置。

3）环境岩石等多重屏障。用砂-膨润土混合层作防泄屏障，砂-膨润土混合层具有低渗透性（10～10cm/s）和高韧性引起的自密封性质，可以弥补混凝土屏障可能破裂造成的危害。

（5）水力劈裂法。

1）定义。在地下不含水，倾角接近水平的岩层中钻孔，下入钢管固井，建造几百米深的注射井；在井下预定层位作水力喷砂旋转切割或炮弹射孔，将套管和围岩冲击出一条 30cm 左右的环形裂缝；然后将掺和了水泥及其他添加剂的中放废液灰浆，在大于岩层覆盖层自重力的高压力下注入岩体裂缝，灰浆沿水平方向不断向四周扩展，延伸到一定的范围，形成薄的固化层，与岩层固结成一体。在井管中合适的处置段，可多次切割，形成多层固化层。

2）水力劈裂法的基本特点。

a. 与生物圈隔绝的安全性。它将放射性核素固定在深层封闭地质环境中，实现了对放射性废弃物的双层包容，即废液和水泥浆的固化和不透水岩层的包容，具有高离子交换容量的黏土矿物对放射性核素的化学包容。因此放射性废弃物被固定在岩层中是安全的。

b. 地质处置的永久性。废液灰浆被固化在地下地质层中，达到了废液的处理和最终处置。

c. 技术上的可行性。水力劈裂处置放射性废弃液的主要设备：废液泵、喷射混合器、缓冲泵和注射泵等，是石油系统的常规设备，因此技术上是可行的。

d. 建设上的经济性。水力劈裂处置中低放废液实现了废弃物的永久处置，没有其他地质处置中固化块的运输与贮存问题，可节省大量费用，此法是所有地质处置中最为经济的。

（6）包气带法。地面以下潜水面以上的地带，称为包气带，即非饱和带。包气带渗透性低，核素迁移速度小；包气带是一个十分广泛且复杂的天然降解系统。这些固有特性使污染物进入包气带以后除直接进入含水层外，大部分残留在包气带土层中，在包气带中经吸附、过滤、离子交换以及生物降解多种作用，得到去除、净化。

（7）海底沉积层处置。它利用一组连续的屏障隔绝核素的释出途径；海洋处置主要分为两类：一类是海洋倾倒，另一类是近年来发展起来的远洋焚烧。海洋倾倒有两种方法：一种是将固体废物如垃圾、含有重金属的污泥等有害废弃物以及放射性废弃物等直接投入海中，借助于海水的扩散稀释作用使浓度降低；另一种方法是把含有有害物质的重金属废弃物和放射性废弃物用容器密封，用水泥固化，然后投放到约5000m深的海底。远洋焚烧是利用焚烧船在远海对固体废物进行焚烧处置的一种方法，适于处置各种含氯有机废物。

（8）熔岩自埋处置。利用废物衰变热将结晶岩熔化成洞穴，在自重下移动，上部的熔岩浆重新凝固。

（9）"犁头"处置。用地下核爆炸冲击，在硅酸盐岩中造成一个深孔柱状洞，使废液在其自沸、蒸干、固化，它的衰变热能融化周围的岩石，使废物包固起来。

（10）深穴处置。钻井深达16km，由熔岩将废物岩石混合埋起。

参 考 文 献

[1] 方晓阳. 21 世纪环境岩土工程的展望 [J]. 岩土工程学报, 2000, 22 (1): 1-11.

[2] Fang H Y. Introductory remarks on environmental geotechnology [A]. Int Symposium on Env Geotechnology [C]. EWO Publishing Company, ONC, 1986: 1-14.

[3] 龚晓南. 21 世纪岩土工程发展展望 [J]. 岩土工程学报, 2000, 22 (2): 238-242.

[4] 罗国煜, 陈新民, 李晓昭, 等. 城市环境岩土工程 [M]. 南京: 南京大学出版社, 2000.

[5] 周健, 刘文白, 贾敏才. 环境岩土工程 [M]. 北京: 人民交通出版社, 2004.

[6] 周健, 吴世明、徐建平. 环境与岩土工程 [M]. 北京: 中国建筑工业出版社, 2001.

[7] 缪林昌, 刘松玉. 环境岩土工程学概论 [M]. 北京: 中国建材工业出版社, 2005.

[8] 于广云, 盛平. 环境岩土工程 [M]. 徐州: 中国矿业大学出版社, 2007.

[9] Zhu Caihui. Surface Settlement Analysis Induced by Shield Tunneling Construction in Loess Region, Advances in Materials Science and Engineering, 2021.

[10] 朱才辉, 李宁. 深厚黄土地基高填方机场变形规律系统研究 [M]. 西安: 陕西科学技术出版社, 2014.

[11] 刘松玉, 詹良通, 胡黎明, 等. 环境岩土工程研究进展 [J]. 土木工程学报, 2016, 49 (3): 6-30.

[12] 陈云敏, 施建勇, 朱伟, 等. 环境岩土工程研究综述 [J]. 土木工程学报, 2012 (4): 165-182.

[13] 薛强, 詹良通, 胡黎明, 等. 环境岩土工程研究进展 [J]. 土木工程学报, 2020, 53 (3): 84-98.

[14] 韩煊. 隧道施工引起地层位移及建筑物变形预测的实用方法研究 [D]. 西安: 西安理工大学, 2006.

[15] 邱发兴. 地基沉降变形计算 [M]. 成都: 四川大学出版社, 2007.

[16] 朱才辉, 李宁. 砖-土古建筑基座病害机理及控制 [M]. 北京: 中国水利水电出版社, 2019.

[17] 朱俊, 梁建文. 饱和土-隧道动力相互作用对地震动土作用和孔隙动水压力的影响 [J]. 自然灾害学报, 2018, 27 (6): 066-74.

[18] 刘建达, 苏晓梅, 陈国兴, 等. 地铁运行引起的地面振动分析 [J]. 自然灾害学报, 2007, 16 (5): 148-154.

[19] 段绍伟, 黄磊, 鲍灶成, 等. 修正的 Peck 公式在长沙地铁隧道施工地表沉降预测中的应用 [J]. 自然灾害学报, 2015, 24 (1): 164-169.

[20] 杨峰. 饱和软黄土地铁隧道施工地表沉降特性及其控制技术 [D]. 西安: 西安科技大学, 2017.

[21] 贾嘉陵. 湿陷性黄土地层盾构施工引发地层变形特性研究 [D]. 北京: 北京交通大学, 2008.

[22] 贺农农, 李攀, 邵生俊, 等. 西安地铁隧道穿越饱和软黄土段的地表沉降监测 [J]. 地球科学与环境学报, 2012, 34 (1): 96-103.

[23] 朱才辉, 李宁, 柳厚祥, 等. 盾构施工工艺诱发地表沉降规律浅析 [J]. 岩土力学, 2011, 32 (1): 158-164.

[24] 马可栓. 盾构施工引起地基移动与近邻建筑保护研究 [D]. 武汉: 华中科技大学, 2008.

[25] 朱才辉, 李宁. 西安地铁施工诱发地表沉降及对城墙的影响探讨 [J]. 岩土力学, 2011, 32 (S1): 538-544.

[26] 雷永生. 西安地铁二号线下穿城墙及钟楼保护措施研究 [J]. 岩土力学，2010，31 (1)：223 - 228.

[27] Caihui ZHU，Ning LI. Prediction and analysis of surface settlement due to shield tunneling for Xi'an Metro [J]. Canadian Getechnical Journal，2017，54：529 - 546.

[28] 朱才辉，李宁. 地铁施工诱发地表最大沉降量估算及规律分析 [J]. 岩石力学与工程学报，2017，36 (S1)：3543 - 3560.

[29] Gonzales C，Sagaseta C. Patterns of soil deformations around tunnels. Application to the extension of Madrid Metro [J]. Computers. And Geotechnics，2001，28：445 - 468.

[30] Verruijt，A.，Booker，J. R. Surface settlements due to deformation of a tunnel in an elastic half plane [J]. Geotechnique，1996，46 (4)：753 - 756.

[31] Lognathan N，Poulos H G. Analytical prediction for tunneling - induced ground movement in clays [J]. Journal of Geotechnical and Geoenvironmental Engineering，1998，124 (9)：846 - 856.

[32] Lee K M，Rowe R K. Subsidence due to tunnelling：Part II - Evaluation of a prediction technique [J]. Canadian Geotechnical Journal，1992，29 (5)：941 - 954.

[33] Lo K Y，NG R M C，Rowe R K. Predicting settlement due to tunneling in clays [C]// Lo KY ed. Tunneling in Soil and Rock，Proceedings of two sessions at GEOTECH' 84. American Society of Civil Engineers. [S. l.]：[s. n.]，1984：48 - 76.

[34] R M C NG，K Y Lo，Rowe R K. Analysis of field performance - the Thunder Bay tunnel [J]. Canadian Geotechnical Journal，1986，23：30 - 50.

[35] Rowe，R. K，Lo，K. Y. and Kack，G. J. A method of estimating SS above tunnels constructed in soft ground [J]. Canadian Geotechnical Journal，1983，20 (8)，11 - 22.

[36] Lee，K. M.，Rowe，R. K. Subsidence due to tunnelling：Part Ⅱ—Evaluation of a prediction technique [J]. Canadian Geotechnical Journal，1992，29 (5)，941 - 954.

[37] Chou W，Bobeta. Predictions of ground deformations in shallow tunnels in clay [J]. Tunnelling and Underground Space Technology，2002，17：3 - 19.

[38] Park K H. Analytical solution for tunnelling - induced ground movement in clays [J]. Tunnelling and Underground Space Technology，2005，20：249 - 261.

[39] 魏新江，张金菊，张世民. 盾构隧道施工引起地面最大沉降探索 [J]. 岩土力学，2008，29 (2)：445 - 449.

[40] 胡云世，孙庆，韩进宝. 圆柱孔收缩的线弹性-完全塑性解及其应用 [J]. 岩土力学，2012，33 (5)：1438 - 1444.

[41] Atkinson H，Potts D M. Subsidence above shallow tunnels in soft ground [J]. Journal of the geotechnical engineering division，1977，103 (GT4)：307 - 325.

[42] Clough G W，Schmidt B. Design and performance of excavations and tunnels in soft clay [J]. In Soft Clay Engineering，1981：569 - 634.

[43] 周文波. 盾构法隧道施工对周围环境影响和防治的专家系统 [J]. 地下工程与隧道，1993 (4)：120 - 128.

[44] 岳广学，何平，蔡炜. 隧道开挖过程中地层变形的统计分析 [J]. 岩石力学与工程学报，2007，26 (S2)：3793 - 3803.

[45] 李桂花. 盾构法施工引起的地面沉陷的估算方法 [J]. 同济大学学报，1986，14 (2)：253 - 261.

[46] 卿伟宸，廖红建，钱春宇. 盾构法施工影响地面最大沉降的若干因素分析 [J]. 现代隧道技术，2006，(S 刊)：274 - 277.

[47] 张海波，殷宗泽，朱俊高. 隧道盾构法施工地面沉降影响因素分析 [J]. 铁道建筑技术，2005 (1)：32 - 35.

[48] 刘建航，侯学渊. 盾构法隧道 [M]. 北京：中国铁道出版社，1991：329 - 369.

［49］ 徐方京. 软土中盾构隧道与深基坑开挖的孔隙水压力与地层移动分析 ［D］. 上海：同济大学，1991.

［50］ Peck P B. Deep excavations and tunneling in soft ground ［C］// Proceedings of the 7th International Conference on Soil Mechanics and Foundation Engineering. Mexico City：Sociedad Mexicana de Mecanica de Suelos A C，1969：225 - 290.

［51］ Shen S L and Xu Y S. Numerical evaluation of land subsidence induced by groundwater pumping in Shanghai. Canadian Geotechnical Journal，2011，48（9）：1378 - 1392.

［52］ Shui - Long Shen, Huai - Na Wu, Yu - Jun Cui, et al. Long term settlement behaviour of metro tunnels in the soft deposits of Shanghai ［J］. Tunneling and Underground Space Technology，2014，40，309 - 323.

［53］ 丁智，王凡勇，魏新江，等. 饱和土盾构施工引起的三维土体变形及孔压研究 ［J］. 岩石力学与工程学报，2018（37）：1 - 11.

［54］ 杨建华. 饱和软黄土地层地铁隧道施工诱发的地表变形 ［J］. 西安科技大学学报，2018，38（1）：91 - 98.

［55］ 张柯. 地铁行车荷载作用下黄土地层的振动响应和沉降 ［D］. 西安：西安建筑科技大学，2011.

［56］ 崔广芹. 饱和黄土动力本构模型及地铁隧道周围土层变形分析 ［D］. 西安：西安建筑科技大学，2014.

［57］ 刘祖典. 黄土力学与工程 ［M］. 西安：陕西科学技术出版社，1997.

［58］ 葛世平，姚湘静. 地铁振动荷载下隧道周边土体孔压响应特征研究 ［J］. 工程地质学报，2015，23（6）：1093 - 1099.

［59］ 韩煊. 隧道施工引起地层位移及建筑物变形预测的实用方法研究 ［D］. 西安：西安理工大学，2006.

［60］ Attewell P B, Farmer I W. Ground deformations resulting from shield tunnelling in London Clay ［J］. Canadian Geotechnical Journal，1974，11（3）：380 - 395.

［61］ 杜磊. 黄土地区深基坑降水引起的地面沉降规律研究 ［J］. 铁道标准设计，2013（2）：89 - 92.

［62］ 张冬梅，黄宏伟，杨峻. 衬砌局部渗流对软土隧道地表长期沉降的影响研究 ［J］. 岩土工程学报，2005，27（12）：1430 - 1436.

［63］ 宫全美，徐勇，周顺华. 地铁运行荷载引起的隧道地基土动力响应分析 ［J］. 中国铁道科学，2005，26（5）：47 - 51.

［64］ 韦凯，翟婉明，肖军华. 软土地基不均匀沉降对地铁盾构隧道随机振动的影响分析 ［J］. 中国铁道科学，2014，35（2）：38 - 45.

［65］ 葛世平，廖少明，陈立生，等. 地铁隧道建设与运营对地面房屋的沉降影响与对策 ［J］. 岩石力学与工程学报，2008，27（3）：550 - 556.

［66］ 张引合. 西安地铁隧道盾构施工诱发的地表沉降规律及其控制技术 ［D］. 西安：西安科技大学，2011.

［67］ 王正兴，缪林昌，王冉冉，等. 砂土中隧道施工引起土体内部沉降规律特征的室内模型试验研究 ［J］. 土木工程学报，2014，47（5）：133 - 139.

［68］ Glossop, N. H. Ground movements caused by tunnelling in soft soils ［D］. PhD Thesis；University of Durham，1978.

［69］ Andrew C. Palmer, Robert J. Mair. Ground movements above tunnels：a method for calculating volume loss ［J］. Can. Geotech. J. 2011，48，451 - 457.

［70］ Mair, R. J. , Taylor, R. N. Theme lecture：Bored tunnelling in the urban environment ［C］. Proceedings of the fourteenth international conference on soil mechanics and foundation engineering. Hamburg，1997（ed：Publications committee of XIV ICSMFE）Balkema，1997，

2353 - 2385.

[71] O'Reilly, M. P. , New, B. M. Settlements above tunnels in the United Kingdom – their magnitude and prediction [C]. Proc. Tunnelling 82, Institution of Mining and Metallurgy, London, 1982, 173 - 181.

[72] 魏纲. 盾构隧道施工引起的土体损失率取值及分布研究 [J]. 岩土工程学报, 2010, 32 (9): 1354 - 1361.

[73] Hurrel M R. The empirical prediction of long – term surface settlements above shield driven tunnels in soil, Proceeding of the Second International Conference of Ground Movements and Structures, Cardiif, July 1984, Edited by Geddees, J. D, Pub. Pentech press, London: 161 - 170.

[74] 中铁第一勘察设计院集团公司. 西安市城市快速轨道交通二号线工程区间隧道施工方法专题研究报告 [R]. 西安: 中铁第一勘察设计院集团有限公司, 2006.

[75] 中铁第一勘察设计院集团有限公司. 西安市城市快速轨道交通二号线断面初步设计图 [Z]. 西安: 中铁第一勘察设计院集团有限公司, 2007.

[76] 中铁第一勘察设计院集团有限公司. 西安市地铁二号线绕穿钟楼、城墙南门及北门区段文物保护设计方案专题研究报告 [R]. 西安: 中铁第一勘察设计院集团有限公司, 2008.

[77] 中国工程建设标准化协会标准. 黄土填方场地岩土工程监测技术规程 [S]. 北京: 中国计划出版社, 2021.

[78] 中华人民共和国住房和城乡建设部, 中华人民共和国国家质量监督检验检疫总局. 水利水电工程地质勘察规范 (GB 50487—2008) [S]. 北京: 中国计划出版社, 2009.

[79] 中华人民共和国住房和城乡建设部, 中华人民共和国国家质量监督检验检疫总局. 工程岩体分级标准 (GB/T 50218—2014) [S]. 北京: 中国计划出版社, 2015.

[80] 中华人民共和国住房和城乡建设部, 中华人民共和国国家质量监督检验检疫总局. 岩土工程勘察规范 (GB 50021—2009) [S]. 北京: 中国建筑工业出版社, 2009.

[81] 冶金部建筑研究总院. 锚杆喷射混凝土支护技术规范 (GB 50086—2018) [S]. 北京: 中国建筑工业出版社, 2009.

[82] 重庆交通科研设计院. 公路隧道设计规范 (JTG D70/2—2014) [S]. 北京: 人民交通出版社, 2004.

[83] 上海现代建筑设计 (集团) 有限公司. 上海市地基基础设计规范 (DGJ 08 - 11—2010) [S]. 上海: 上海市建筑建材业市场管理总站, 2010.

[84] 交通运输部公路局. 公路工程技术标准 (JTGB 01—2014) [S]. 北京: 人民交通出版社, 2014.

[85] 中交第三公路工程局有限公司. 公路路基施工技术规范 (JTG/T 3610—2019) [S]. 北京: 人民交通出版社有限公司, 2019.

[86] 中交第二公路勘察设计研究院有限公司. 公路路基设计规范 (JTG D30—2015) [S]. 北京: 人民交通出版社有限公司, 2015.

[87] 建设综合勘察研究设计院有限公司. 建筑变形测量规范 (JGJ 8—2016) [S]. 北京: 中国建筑工业出版社, 2016.

[88] 中国有色金属工业协会. 工程测量标准 (GB 50026—2020) [S]. 北京: 中国计划出版社, 2008.

[89] 中华人民共和国住房和城乡建设部. 高填方地基技术规范 (GB 51254—2017) [S]. 北京: 中国建筑工业出版社, 2017.

[90] 中国工程爆破协会. 爆破安全规程 (GB 6722—2014) [S]. 北京: 中国标准出版社, 2015.

[91] 中国电力企业联合会. 土工离心模型试验规程 (DL/T 5102—2013) [S]. 北京: 中国电力出版社, 2014.

[92] 中华人民共和国水利部. 土工试验方法标准 (GB/T 50123—2019) [S]. 北京: 中国计划出版社, 2019.

［93］ 中华人民共和国住房和城乡建设部. 建筑地基基础设计规范（GB 50007—2011）［S］. 北京：中国建筑工业出版社，2011.

［94］ 中华人民共和国交通运输部. 公路路基设计规范（JTG D30—2015）［S］. 北京：人民交通出版社有限公司，2015.

［95］ 中铁第一勘察设计院集团有限公司. 铁路路基设计规范（TB 10001—2016）［S］. 北京：中国铁道出版社有限公司，2017.

［96］ 黄河水利委员会勘测规划设计研究院. 碾压式土石坝设计规范（SL 274—2001）［S］. 北京：中国水利水电出版社，2002.

［97］ 中国民航机场建设集团公司. 民用机场岩土工程设计规范（MH/T 5027—2013）［S］. 北京：中国民航出版社，2013.

［98］ 中华人民共和国住房和城乡建设部. 湿陷性黄土地区建筑规范（GB 50025—2018）［S］. 北京：中国建筑工业出版社，2018.

［99］ 中华人民共和国住房和城乡建设部. 膨胀土地区建筑技术规范（GB 50112—2013）［S］. 北京：中国建筑工业出版社，2012.

［100］ 北京交通大学. 孔内深层强夯法技术规程（CECS 197：2006）［S］. 北京：中国计划出版社，2006.

［101］ 中华人民共和国住房和城乡建设部. 城市轨道交通结构安全保护技术规范（CJJ/T 202—2013）［S］. 北京：中国建筑工业出版社，2013.

［102］ 李荣建，邓亚虹. 土工抗震［M］. 北京：中国水利水电出版社，2014.

［103］ 中华人民共和国住房和城乡建设部，中华人民共和国国家质量监督检验检疫总局. 建筑抗震设计规范（GB 50011—2010）［S］. 北京：中国建筑工业出版社，2016.

［104］ Kanamori H. The energy release in great earthquakes［J］. J Geophys Res，1977，82（20）：2981 - 2987.

［105］ Purcaru G and Berckhemer H. A magnitude scale for very large earthquakes［J］. Tectonophysics，1978，49：189 - 198.

［106］ Purcaru G and Berckhemer H. Quantitative relations of seismic source parameters and a classification of earthquakes. In：Duda，S J and Aki K eds［M］. Quantification of Earthquakes，Tectonophysics，1982，84（1）：57 - 128.

［107］ Hanks T C and Kanamori H. A moment magnitude scale［J］. J Geophys Res，1979，84（B5）：2348 - 2350.

［108］ Aki K and Richards P G. Quantitative Seismology：Theory and Methods. 1 & 2［M］. San Francisco：W H Freeman，1980：1 - 932.

［109］ 陈运泰，刘瑞丰. 矩震级及其计算［J］. 地震地磁观测与研究，2018，39（2）：1 - 9.